岭南建筑丛书 第三辑

生活世界与
岭南城市居住文化

黄　捷
王　瑜
孙竹青
著

U0196543

中国建筑工业出版社

图书在版编目（CIP）数据

生活世界与岭南城市居住文化／黄捷，王瑜，孙竹青
著.—北京：中国建筑工业出版社，2015.9
（岭南建筑丛书　第三辑）
ISBN 978-7-112-18358-6

Ⅰ.①生…　Ⅱ.①黄…　②王…　③孙…　Ⅲ.①城市文
化-居住文化-研究-广东省　Ⅳ.①TU241.5

中国版本图书馆CIP数据核字（2015）第183971号

　　本书以当代文化哲学理论为基础，借鉴建筑现象学的方法，综合地研究岭南城市居住文化，从而系统地建立关于岭南城市居住文化模式、文化危机和文化转型的理论框架，深入剖析岭南城市现代化进程中城市居住文化的内涵和文化转型机制。把岭南城市居住文化哲学中的理论性课题和岭南城市居住实践性课题紧密结合起来，建构一种关注日常生活、回归生活世界的岭南城市居住文化哲学，一种立足于中国的城市化及城市现代化进程中的岭南城市居住文化理论体系。

责任编辑：唐　旭　李东禧　张　华
责任校对：赵　颖　陈晶晶

岭南建筑丛书　第三辑
生活世界与岭南城市居住文化
黄　捷　王　瑜　孙竹青　著
*
中国建筑工业出版社出版、发行（北京西郊百万庄）
各地新华书店、建筑书店经销
北京锋尚制版有限公司制版
北京中科印刷有限公司印刷
*
开本：787×1092毫米　1/16　印张：16½　字数：315千字
2015年11月第一版　2015年11月第一次印刷
定价：59.00元
ISBN 978-7-112-18358-6
（27501）

总　序

　　"岭南建筑丛书"第二辑已于2010年出版，至今"岭南建筑丛书"第三辑于2015年出版，又是一个五年。

　　2012年，党的十八大文件提出："文化是民族的血脉，是人民的精神家园。全面建成小康社会、实现中华民族的伟大复兴，必须推动社会主义文化大发展、大繁荣"；又指出"建设优秀传统文化传承体系，弘扬中华优秀传统文化"，要求我国全民更加自觉、更加主动地推进社会主义建设新高潮。

　　2014年，习近平总书记指出："要实现社会主义经济文化建设高潮，要圆中国梦。"对广东建筑文化来说，就是要改变城乡建设中的千篇一律的面貌，要实现"东方风格、中国气派、岭南特色"的精神，要实现满足时代要求，满足群众希望，创造有岭南特色的新建筑的梦想。

　　优秀的建筑是时代的产物，是一个国家、一个民族、一个地区在该时代社会经济和文化的反映。建筑创作表现有国家、民族的特色，这是国家、民族尊严和独立的象征和表现，也是一个国家、民族在经济和文化上成熟和富强的标志。

　　岭南建筑创作思想从哪里来？在我国现代化社会主义制度下，来自地域环境，来自建筑实践，来自优秀传统文化传承。我们伟大的祖国建筑文化遗产非常丰富，认真总结，努力发扬，择其优秀有益者加以传承，对创造我国岭南特色的新建筑是非常必要的。

陆元鼎

2015年6月

前　言

　　生活世界与岭南城市居住文化的研究以当代文化哲学理论为基础，借鉴建筑现象学的方法，系统综合地研究岭南城市居住文化，力求突破传统的研究中主要强调资料考证、个案分析的局限，提倡研究方法的革新，重视理论概括和实践解析。通过理论建构与实践探索相结合的研究方法，采用跨学科的、历史综合的技术路线，从相对更大的领域和创新的视角，系统地研究岭南城市居住文化的发展轨迹。

　　为了较全面地理解和认识岭南城市社会居住行为和居住活动的深层结构，正确解决和处理城市居住环境的规划、设计和建造中的复杂矛盾，全面把握居住建筑和社区以及城市的关系，我们从城市居住文化研究的视角，系统发掘岭南城市居住文化的本质特征，整体建构岭南城市居住文化的理论框架。这对于合理构筑岭南城市居住环境的空间形态，探索岭南城市社会居住的发展方向以及营造高品质岭南城市生活的"精神家园"和"生活世界"等方面，具有重要的现实意义，也有一定的理论指导价值和实践探索价值。

　　本书结构是从岭南城市居住文化理论层面的建构出发，内容包括居住文化的生成、居住文化的构成、居住文化的模式、居住文化的危机与转型等，与回归生活世界的岭南城市居住文化重建的实践层面的探索紧密结合起来，展开岭南城市居住文化研究的整体思路。

　　前四章主要是岭南城市居住文化理论层面的建构，如第一章首先论述了岭南城市居住文化研究课题提出的背景和意义，并对研究的主要内容进行概念限定，结合国内外相关理论的发展脉络，提出本课题研究的指导思想、内容、方法和目标。第二章针对岭南城市居住文化的生成及其演进过程，从居住文化的人本规定性与居所的起源和居住文化的生成的角度，论证了岭南城市居住文化生成的根源——人的超越性和创造性。并对岭南城市居住文化的产生与岭南城市居住文化的演进的主要历程进行了全面的回顾和总结。第三章全面、深刻地论述岭南城市居住文化的功能、本质与特质，从个体居住层面与社会居住层面，探讨城市居住的行为规范和价值体系与城市社会居住活动的内在机理和图式。并从实践、安居、地域等三个方面揭示居住文化的本质含义，然后找寻出多元文化交融下的岭南城市居住文化特质。第四章通过系统地论述岭南城市居住文化的构成与模式,揭示岭南城市居住文化的物质文化、制度文化、精神文化三种构成形态,同时也解读了共时性与历时性的岭南城市居住文化模式,分析了岭南城市居民的性格心理的共性和各个历史时期岭南城市居住文化模式的特点。

后四章则主要是岭南城市居住文化实践层面的探索,如第五章针对当代岭南城市居住文化危机及异化现象,分析了岭南城市居住文化危机的含义、根源和形态,并对岭南城市居住文化技术理性与大众文化现象进行了解析与反思,揭示了岭南城市居住文化危机与转型机制,在分析了居住文化转型的方式和历程基础上,领会岭南城市居住文化转型的深刻意义。第六章对基于生活世界回归的岭南城市居住文化重建进行理论与实践相结合的探讨,把"生活世界"、"日常生活"和"主体间交往"理论作为研究的主要内容,并提出了岭南城市居住生活世界现象考察方法,以使当代岭南城市居住文化重建实践中能与城市生活世界的对应关系更加契合。第七章在实践探索的层面上,从居住文化建构之价值取向和目标确立、审美体检和诗意追求以及过程探索和方法创新等方面,论述了当代岭南城市居住文化建构的策略,并通过居住实践实例的解析,重点探讨了"与自然共融"、"与城市共生"、"与邻里共享"等三种设计原则以及"符号叠加"、"类型变换"、"拓扑变形"等三种设计语言,并重点推介了深圳万科·第五园、万科土楼公舍、佛山岭南新天地等较为成功的探索"再现岭南城市居住文化"的居住实践项目。为当代岭南城市居住文化建构提供更加直观的借鉴和启示。第八章从岭南城市社会居住发展的"宜居"目标和全球化和信息化时代的岭南城市居住文化发展方向出发,提炼出走向本真的岭南城市新居住文化精神内涵。

因此可以说,岭南城市居住文化研究主要侧重于岭南城市居住文化的社会历史透视和价值学思考,系统地建立关于岭南城市居住文化模式、文化危机和文化转型的理论框架,深入剖析岭南城市现代化进程中城市居住文化的内涵和文化转型机制。把岭南城市居住文化哲学中的理论性课题和岭南城市居住实践性课题紧密结合起来,建构一种关注日常生活、回归生活世界的岭南城市居住文化哲学,一种立足于中国的城市化及城市现代化进程中的岭南城市居住文化理论体系。

目 录

第一章
绪论

第一节　课题的研究背景与意义

一、居住文化研究课题的提出

当前，中国正处于一个社会转型的关键时期，这个时期，国家正从封闭的农业社会走进开放的工业社会，从传统的乡村社会转向现代的城市社会。这个时期，国家社会发展的最基本特征是全面的城市化和城市现代化，而文化转型是实现我国社会转型，走向现代化本质的核心内容之一。

人总是生活在文化之中，从日常生活的衣食住行到各种社会活动，都显示出鲜明的文化内涵。有学者认为："文化是历史地凝结成的稳定的生存方式，哲学是人类文化精神或文化模式的自觉外显。"[①]当代文化哲学把文化所代表的生存方式表述为特定时代、特定民族、特定地域中占主导地位的生存模式，其存在方式通常或以自发的文化模式或以自觉的文化精神。它一方面宛若血脉一般构成人的存在的灵魂，对于置身于这一文化中的个体的生存具有决定性的制约作用；另一方面，又构成了社会运行的内在机理，从深层制约着社会经济、政治制度等各领域的发展。因此，可以说：文化的变迁或转型总是社会较为深刻的变革，代表着人的根本生存方式的转变。

居住是文化的基本因素之一，对"住"的需要是人类与生俱来的最基本的生存需求。不同的民族，由于其所处地域的地理气候、历史传统、宗教信仰、风俗习惯等方面的差异，其居住行为和生活方式，以及对环境氛围和文化品位的取向也会相去甚远。居住文化是人类居住的创造活动及文明成果在历史长河中自觉或不自觉地积淀或凝结成的稳定的居住生存方式，因而居住文化融地域性、民族性、历史性、艺术性于一体。

居住建筑伴随着人类的进步从远古走来，作为一种客观的存在，它是居住文化的一种物化的外在表现形式，是人与自然相互作用的结果，是人对居住场所进行创造活动的积淀，是历史凝结而成的人的居住生存方式的载体。人类营造的居所与蜜蜂砌筑的蜂巢，其根本区别就在于居所是一种文化形态，而蜂巢仅仅是一种物态而已。居所作为"人类居住文化的结晶"，深刻地反映着居住者的伦理道德、宗教信仰、审美情趣、价值取向和民族特性等。而不同时代的居住建筑又呈现出不同的历史风貌，反映出这个时代居住文化的精神追求与社会风尚。因此，可以说居住文化对于人类自身的基本生存关系重大，值得进行全面和深入的探讨和研究。

二、岭南城市居住文化研究的现实意义

随着中国的城市化和城市现代化的快速推进，城市作为一个社会结构单位在各种社会文化研究与论述中越来越受到人们的青睐，美国城市理论家L.芒福德就提出"城市是文化的'容器'"[②]的观点，这说明城市不仅是人类为满足自身生存和发展而创造的人工环境，而且是一种文化的载体和容器。毫无疑问，城市文化是人类文明的一种特殊形态，是城市的灵魂，是一座城市的凝聚力和自信心的源泉。在城市发展进程中，不同历史时期、不同地域的居民创造了各具特色的城市文化。城市精神体现在城市社会生活的方方面面，正如美国建筑师（伊利尔）E•沙里宁（E. Saarinen）所言："让我看看你的城市，就能说出这个城市的居民在文化上追求的是什么？"[③]

在当代岭南城市现代化进程中，城市居住环境的营造，是一个大家关注的重大课题。居住功能历来是城市的重要功能之一，在城市空间结构体系中起着举足轻重的作用。而居住文化又是城市文化的重要组成部分，与城市生活建立起千丝万缕的联系，城市居住文化代表着一个城市居住的精神内涵、价值观念和行为模式。研究岭南城市居住文化就是为了营造坚持"以人为本"，关注"日常生活"，充满活力和魅力，能够真正延续地方历史文化、场所精神与独特景观的岭南城市居住环境，使未来的岭南城市居住场所不仅成为市民特有的"栖身之地"，也成为市民共有的"精神家园"和"生活世界"。

从岭南城市居住文化研究的视野来看，本书提倡岭南城市居住文化研究应落实到区域，回归到岭南地域，并在岭南地域文化中实现整合。不再是就城市论城市，而是从更大的区域范围来认识岭南城市居住文化，把城市与其周边地区以及与它相关的城市，视为一个相互关联的整体，从而把岭南城市居住文化赖以存在的地域空

间上升到应有的地位。毫无疑问，这对于我们准确把握岭南城市居住文化在城市空间结构发展上的层次性、多样性和差异性十分有利。

岭南城市居住文化研究力求从文化哲学的角度探索岭南这个区域城市居住建筑与文化的相互关系。更重要的是跳出建筑学以往注重从"设计与建造"的角度来研究的局限性，采用跨学科的、历史综合研究的方法，从相对更大的领域和创新的视角，系统地研究岭南城市居住文化的发展轨迹。这在一定程度上充实了建筑学的研究内容，是新时期岭南城市居住快速发展的必然要求。为了较全面地理解和认识岭南城市社会居住行为和居住活动的深层结构，正确解决和处理城市居住环境的规划、设计和建造中的复杂矛盾，全面把握居住建筑与社区以及城市的关系，我们从城市居住文化研究的视角，系统发掘岭南城市居住文化的本质特征，整体建构岭南城市居住文化的理论框架。这对于合理构筑岭南城市居住环境的空间形态，探索岭南城市社会居住的发展方向以及营造高品质岭南城市生活世界等方面，具有重要的现实意义，也有一定的理论指导价值和实践探索价值。

第二节　研究对象及时空限定

一、岭南城市的界定

岭南地处中国的南方，北倚连绵的南岭，南濒浩渺的南海。五岭山地（即大庾岭、骑田岭、都庞岭、萌渚岭和越城岭）横亘于粤北、湖南、江西之间以及广西东北部，是一道蜿蜒重叠、险峻难越的天然屏障，把两广和中原地区分隔开来。因而在中国历史上，两广被称为岭南、岭表、岭外。由于古代交通落后，岭南地区与中原地区在相当长的历史时期处于相对隔绝的状态，社会经济发展缓慢，直至唐朝，岭南还作为边远的化外之地、蛮夷之邦，以及封建王朝发配流放的荒僻之所。

关于岭南地区范围的界定，建筑学界以研究的角度划分为广义和狭义两种。依地理位置，五岭之南均称为岭南。因此以广义的范围，广东、海南，福建泉州、漳州以南，广西东部桂林以南如南宁、北海等地区，都属于岭南。而狭义的划分，岭南则主要指广东的珠江三角洲地区，即广府民系地域范围，也包括肇庆、湛江和香港、澳门地区。

为使岭南城市居住文化研究的对象具有代表性的意义，本书对岭南城市的界定，采用狭义范围的划分。因为从习惯上，广东文化作为岭南文化的主体，岭南文化与广东文化通常相互混用，并没有较为严格的区分。从实践上，岭南地区范围可以集中到最为中心的地带，即珠江三角洲地区，主要以讲广府话的广府民系地域范围为主。因此本书研究的对象——当代岭南城市主要指广州、深圳、珠海、佛山等珠江三角洲地区的主要城市。香港、澳门虽在社会制度等方面与内地差异较大，但也会粗浅论及。

二、文化的概念

文化是人之本质性的、与生俱来的存在方式，其所具有的普遍性特征无所不在。尽管人们每时每刻都生活在特定的文化中，文化因素也无时不在地影响、制约与决定人们的行为，但是人们往往对于文化的规定性并不很清楚。学术界有关文化的界定多种多样，以至众说纷纭、莫衷一是，而文化的概念更是侧重不同，各有所指。

"文化"（culture）一词在西方来源于拉丁语cultura，其原意是指"耕耘"或"掘种土地"，18世纪的法语中，文化逐渐所指修炼心智、思想、情趣的结果和状态，也指风度、文学、艺术和科学。直到19世纪，文化才逐渐开始获得了其现代意义，在接近"文明"的含义上得以延伸运用，开始指谓个人的完善和社会的风范，包括宗教、科学、艺术、习俗、工艺、技巧等社会生活的主要方面，并包蕴着培养、教育、修养等含义。[①]

"文化"在中文古籍里也是中国语言系统中较早出现的词汇。从字面含义上，"文"一般是指纹理，"化"则代表着生成、变易、造化等。而"文"与"化"并用，就构成了"文化"这一范畴，这要追溯到战国末年的《易·贲卦·象传》："（刚柔交错），天文也。文明以止，人文也。观乎天文，以察时变；观乎人文，以化成天下。"文化学家张岱年先生也以此来解释汉语中的文化的起源，他指出，"这段话里的'文'，即从纹理之义演化而来。日月往来交错文饰于天，即'天文'，亦即天道自然规律。同样，'人文'，指人伦社会规律，即社会生活中人与人之间纵横交错的关系，如君臣、父子、夫妇、兄弟、朋友，构成复杂网络，具有纹理表象。这段话说，治国者须观察天文，以明了时序之变化，又须观察人文，使天下之人均能遵从文明礼仪，行为止其所当止。在这里，'人文'与'化成天下'紧密联系，'以文教化'的思想已十分明确。"[④]

中西方都突出了文化的"人为的"性质，文化通常借助传统、习惯、伦理、纲常、价值、规范等表现出来。这是由于它是内在于人的各种活动之中的深层的、机理性的要素，影响和制约人的行为方式，是人们所确立的不同于自然秩序和生存本能的社会行为规范。随着文化学和人类学研究的进展，文化范畴的内涵越来越深化和丰富了。由于文化的无所不在，却又无形、难以把握的特性，相关研究者只能从各自不同的视角揭示和界定文化的规定性。

英国人类学家泰勒从文化进化论的立场出发，着眼于文化的整体性和精神性，较早地把文化归纳为整个生活方式的总和。他在《原始文化》一书中阐述道"文化或文明，乃是包括知识、信仰、艺术、道德、法律、习俗和任何人作为一名社会成员而获得的能力和习惯在内的复杂整体。"⑤

我国的《辞海》也有类似解释："文化"一词从广义来说，指人类社会历史实践过程中所创造的物质财富和精神财富的总和。从狭义来说，指社会的意识形态，以及与之相适应的制度和组织结构。文化是一种历史现象，每一社会都有其相适应的文化，并随着社会物质生产的发展而发展。作为意识形态的文化，是一定社会的政治和经济的反映，又给予巨大影响和作用于一定社会的政治和经济。⑥

美国文化学家博厄斯从历史特殊论的角度，把文化理解为特定社区的所有习惯及由这些习惯所决定的人们的活动。英国人类学家马林诺夫斯基注重社会文化功能方面的研究，把文化当作满足人的各种需要的习俗、环境、制度体系。他认为："文化在其最初时以及伴随其在整个进化过程中所起的根本作用，首先在于满足人类最基本的需要。"⑦文化进化论代表怀特和文化哲学家卡西尔等人则把文化视作"象征的总和"，是代表价值体系的符号。

在关于文化的各种定义中，文化哲学的文化概念是关于人的生存方式或生存模式的理解。中国近代文化学家胡适和梁漱溟对于文化的理解较清晰地表述了这种界定。胡适曾经把文化定义为"人们生活的方式"。他从区分文化与文明的角度论述道："第一，文明（Civilization）是一个民族应付他的环境的总成绩。第二，文化（Culture）是一种文明所形成的生活的方式"。⑧梁漱溟在解析文明和文化的意义上，也对文化作了相近的界定："文化并非别的，乃是人类生活的样式……文化与文明有别。所谓文明是我们在生活中的成绩品，譬如中国所制造的器皿和中国的政治制度等都是中国文明的一部分，生活中呆实的制作品，算是文明，生活上的抽象的样法是文化。"⑨

美国人类学家克鲁克洪在《文化的研究》一文中也突出了生存方式的内涵，认为："文化是历史上所创造的生存式样的系统，既包含显型式样又包含隐型式样；它具有为整体共享的倾向，或是在一定时期中为群体的特定部分所共享。"⑩

当代文化哲学认为，文化是指"文明成果中那些历经社会变迁和历史沉浮而难以泯灭的、稳定的、深层的、无形的东西。具体说来，文化是历史凝成的稳定的生存方式，其核心是人自觉不自觉地建构起来的人之形象。"因此，文化所代表的生存方式总是特定时代、特定民族、特定地域中占主导地位的生存模式，它通常或以自发的文化模式或以自觉的文化精神的方式存在。[11]

要揭示文化的本质，还应重点关注以下三个方面的基本特征。第一，文化的"人为性"。与自然和人的先天遗传因素相对应，它是历史地凝结成的人的活动的产物，代表着人对"自然性"的逾越。第二，文化的"创新性"。文化是人类超越自然本能而确立的、后天的"第二本性"，或者说，人是"非决定的"自我创造的、"内在的自由"的存在，这其中已经包含着对自然给定性的超越，包含着人凭借理性的规范进行自主活动和自由行为的可能性。第三，文化的"群体性"。它是历史积淀下来的被群体所共同遵循或认可的共同的行为模式，因此，文化对于个体的存在往往具有先在的给定性或强制性。[11]

三、居住文化的定义

1. 居住的概念

"居住"本身具有特定的文化内涵。据《辞源》（修订本，1991）中载文解说："（一）'居'的本义为蹲，居处的居，古作'凥'、后因有蹲踞的'踞'字，本义遂广，见清段玉裁说文解字注；（二）居住，易繫辞下：'上古穴居而野处'。也指住宅，文选晋向子期（向秀）思旧赋：'济黄河以汛舟兮，经山阳之旧居'"。"居住"一词，现代汉语词典解释为："较长时期地住在一个地方。"[12]由此看来，"时间"和"空间"是"居住"本身的两个维度。

"居住"一词从辞源学的角度来看，其本意是指平静地处于受到保护的地方。居住建筑的营造活动帮助人们在世界中定居下来，居住也就意味着人们"存在于世"有了牢固的立足点。也就是说，人们不仅从感官上，而且更重要的是从心灵上认识和理解自身所处的具体空间环境及其特征。中国古人则认为"居住乃心性之器"，"心性本具，相（象）由心生，三界唯心，境随心转。"由此表明：居住就是"人"的意象结合，是心性的延伸——"器者，心之用也"；也就是"人"的心身归属于某种特定的生存环境。能够使人产生归属感的居住环境就是场所。在这里，人们通过本真的居住活动感受到生活与存在的价值和意义，因而，"居住"具有"物质"和"精神"两个层面。

挪威建筑理论家克里斯蒂安·诺伯格·舒尔茨（Christian Norberg-Schulz）在其著作《居住的概念——走向图形建筑》前言中提出："居住"一词的含义不仅仅是人们头上的屋顶和所需要的面积。首先，居住意味着要与他人交往，以交换产品、交流思想和情感，也就是说，居住包含了众多方面的生活内容。其次，居住是与他人的一种契约；接受一组共享的价值观念。最后，居住也是人们为自己所选择的小世界。[13]他把居住的这三层含义分别看作集合的居住、公共的居住和私密的居住。

2．居住文化的概念

在对文化作了初步的界定之后，还需要从人的生存的视角进一步发掘居住文化的深刻内涵。居住的本质究竟是什么？人应当怎样居住？从人类与居住的关系来看，中国古代《黄帝宅经》早有"宅者，人之本。人因宅而立，宅因人得存。人宅相扶，感通天地。"[14]的辩证分析。西方也有"人造住宅，住宅造人"的相近认识。20世纪德国伟大的哲学家海德格尔十分推崇德国诗人荷尔德林的著名诗句："人充满劳绩，但还诗意地安居在这块大地上。"[15]其实，海德格尔并非借此描述人的现实的居住状况，而是从哲学的角度揭示人的存在方式。

诺伯格·舒尔茨认为居住意味着归属某地，或是繁花似锦的大地、或是丰富多彩的街道、或是温馨舒适的居所。"定性意义上的居住是人类的一个基本条件。当人们认同一个地方时，人们就确定了自己存在于世的方法。"[16]从实质上看，居住就是一种有意义的生活，与人之存在于世的目的和利益相一致。具体来说，人的居住是在生活世界中展开的，而生活世界又是通过居住环境对生活和事物的聚集形成的。这种聚集意味着居住环境并非一个中性的生活容器，而是生存方式的一个重要的组成部分。

居住是人得以生存的基本形态和方式，是人类生存最基本的需求和活动之一。"一切人类生存的第一前提也就是一切历史的第一前提，这个前提就是：人们为了能够'创造历史'，必须能够生活。但是为了生活，首先就需要衣、食、住以及其他东西。因此第一个历史活动就是生产满足这些需要的资料，即生产物质生活本身。"[17]"住"这一物质生活本身的生产和创造过程就是居住场所的建造过程。人生存的境遇条件决定了人选择怎样的居住形态和方式，由此，我们可以尝试参照文化哲学有关文化的概念把居住文化定义为：历史地凝结成的，在特定时代、特定地域、特定民族或特定人群中占主导地位的有关居住的生存方式。

居住文化的历史和人类文明的历史一样久远，伴随着居住文化的诞生，人类才进入文明社会。人类的居住方式从远古的穴居和巢居走向村落和集镇，形成了早期的城市和不同的居住文化形态。人是城市的主体，居住是城市的最基本的功能之一，城市居住文化孕育着城市文明。在这里居住建筑远非简单的构筑物，而是城市居住空间构成的最基本元素，它体现了城市社会居住的进步和生活方式的变迁，承载着城市居民对美好生活的梦想与追求。

第三节　研究现状

一、岭南城市传统居住建筑与文化研究现状概述

居住建筑与文化的研究在我国主要还集中于传统民居建筑与文化领域，自20世纪40年代以来，刘敦桢开启中国民居建筑研究至今已有七十多年，各种测绘调查、介绍研究具体民居建筑实例的著述十分丰富。而有关岭南传统居住建筑的有：《中国美术全集》丛书之一的《民居建筑》（陆元鼎、杨谷生，中国建筑工业出版社，1988年）、《中国居住建筑简史》（刘致平，中国建筑工业出版社，1990年）、《广东民居》（陆元鼎、魏彦钧，中国建筑工业出版社，1990年）、《民居史论与文化》（陆元鼎主编，华南理工大学出版社，1995年）、《中国客家民居与文化》（陆元鼎主编，华南理工大学出版社，2001年）、《岭南历史建筑测绘图选集》（汤国华，华南理工大学出版社，2001年）、《广州建筑》（吴庆洲，广东省地图出版社，2000年）、《中国民居建筑》（陆元鼎主编，华南理工大学出版社，2003年）、《开平碉楼——中西合璧的侨乡文化景观》（程建军，中国建筑工业出版社，2007年）、《广东民居》（陆琦，中国建筑工业出版社，2008年）、《广府民居》（陆琦，华南理工大学出版社，2013年）等研究专著。目前岭南民居研究在深入调查研究了大量的民居实例个案之后，尝试去把握传统居住建筑的整体，对于"民居研究"的内涵方面，学者们不再局限于"民宅"的研究，而已广泛论及村镇中的宗祠、寺庙、书塾、戏台、商铺、客栈等各种类型的建筑。在外延方面，学者们也不再局限于建筑的平面、梁架、造型和装饰的研究，而在详尽论述思想和设计方法之外，广泛论及地理、历史、社会和文化等因素与民居建筑的互动关系。总之，岭南民居研究已经开始扩展到传统的岭南社会生活和文化领域。

同时还有以区系类型方法研究南方传统民居建筑的：如中国东南系建筑区系类型研究[①]就是通过对东南传统社会与文化整体上的把握，进而以历史民系地域的角度，探索不同地域性的社会文化特性，包括地域社会背景、人口迁徙过程、迁徙路线和文化交流等，以地域生活圈为基本的研究范围，探讨聚落和建筑与宗教组织、家庭生活之间的互动关系，分析聚居模式、居住模式的类型特征，并援引区系类型理论，对不同地域的建筑模式及衍化予以进一步的比较研究。研究采用"历史民系地域综合分析法"，论述了聚落和建筑的互动关系以及它们所表达的社会文化意义，并着重分析了东南社会文化背景对聚落形态、建筑形制的影响和作用。通过"基型与衍化"的研究，提供了区别于以往研究方法的、专门针对东南系建筑的区系类型

研究的另一种研究模式。与此类型相似的研究还有《越海系居住建筑与文化》（刘定坤）[博士论文]、《闽海系居住建筑与文化》（戴志坚）[博士论文]、《广府系居住建筑与文化》（王健）[博士论文]等。

岭南建筑，作为岭南地域文化的一种独具特色的物化现象，与岭南文化内涵互为表里，岭南建筑的生成、发展的过程与创作实践蕴含了建筑的地域、时代、文化等多方面因素整合发展的规律和特点。可喜的是，对岭南建筑的系统研究越来越受到岭南建筑界的重视。最近几年在华南理工大学何镜堂院士、陆元鼎教授的倡导下，组织编写了一套岭南建筑系统研究的丛书，第一辑六册已经由中国建筑工业出版社出版发行，内容有关于建筑与人文（陆元鼎《岭南人文·性格·建筑》）；城市与建筑的发展（周霞《广州城市形态演进》）、园林（陆琦《岭南造园与审美》）、类型建筑（董黎《岭南近代教会建筑》）；建筑技术（汤国华《岭南湿热气候与传统建筑》）等。几年来，在大家的共同努力下，第二辑四册也已陆续出版发行，第三辑四册正在编辑出版中，《岭南建筑丛书》对岭南建筑与文化的研究和岭南新建筑的创作有举足轻重的推动和启示作用。

二、人类聚居学和人居环境科学研究

人类聚居学（Ekistics）是一门以包括乡村、集镇、城市等在内的所有人类聚居（Human Settlement）为研究对象的科学，它着重探讨人与环境之间的相互关系，强调把人类聚居作为一个整体，从政治、经济、社会、文化、技术等各个方面，全面地、系统地、综合地加以研究，而不像城市规划学、地理学、社会学等那样，仅仅涉及人类聚居的某一部分或是某个侧面。人类聚居学的目的是了解、掌握人类聚居发生发展的客观规律，以更好地建设符合人类理想的聚居环境。

人类聚居学由希腊建筑师道萨迪亚斯（C. A. Doxiadis）在20世纪50年代创立。他系统地研究了古代希腊的城市，深入了解古希腊城市中宜人的生活环境，同时更清楚地感觉到现代城市中人们的生活环境质量正在日益恶化。他认为自己所从事的建筑师的工作，对于创造更好的人类的生活环境只作了微不足道的贡献。而城市规划也仅仅涉及城市实体形态，而没有成为一门科学，它主要是处理工业革命后出现的城市问题的一种技巧，而没有能力去面对世界不同地区的处于不同发展阶段的问题。有鉴于此，道萨迪亚斯认为需要创立一门以完整的人类聚居为对象，进行系统综合研究的科学，通过对这门科学的深入研究，真正地理解城市聚居和乡村聚居的客观规律，以指导人们正确地进行人类聚居的建设活动。

人类聚居的含义为"人类聚居是人类为了自身的生活而使用或建造的任何类型

的场所。他们可以是天然形成的（如洞穴），也可以是人工建造的（如房屋）；可以是临时性的（如帐篷），也可以是永久性的（如花岗岩的庙宇）；可以是简单的构筑物（如乡下孤立的农房），也可以是复杂的综合体（如现代的大都市）"。道萨迪亚斯在《为人类聚居而行动》一书中提出了广义的人类聚居的定义："人类聚居是人类为自身所作出的地域安排，是人类活动的结果，其主要目的是满足人类生存的需要"。其终极目标是要"创造使居民能幸福、安全地生活的人类聚居。"[19]

人类聚居学依据人类聚居地的人口规模和土地面积的对数比例，将整个人类聚居系统划分为15个单元，从最小的单元——单个人体（Athropos）开始，到居室（Room）、住宅（House）、住宅组团（House Group）等，一直到普世城（全球际都市带Ecumenpolis）结束。主要是从所有角度对人类聚居进行综合考察，规模宏大，包罗万象。它一方面注重理论和方法研究，发展一种体系和方法，对所有的聚居进行研究分析，获得与聚居有关的知识，掌握聚居发展的规律；另一方面作为应用学科，要进行付诸实践、指导实践的研究，要解决人类聚居的实际问题。

人类聚居学所做的努力随着1965年世界人类聚居学会（World Society of Ekistics）在希腊雅典的成立而获得学术界的认可。但在此后，聚居学作为独立的学科所进行的研究并未得到深入展开，而是在全球逐步形成的对人居环境的关注中，因与生态环境的天然交织的密切联系，日益受到全世界的重视，并明显地进一步融入生态运动之中。1976年在加拿大温哥华召开了第一次人类住区国际会议（Habitat I），会议正式接受了人类住区的概念，并发表了《温哥华人类住区宣言》；1977年成立了联合国人类住区委员会，其执行机构是总部设在内罗比的联合国人类住区中心，简称"人居中心"（UNCHS）；1996年在伊斯坦布尔召开第二次人类住区国际会议（Habitat II），将1992年里约热内卢联合国环发大会的精神贯穿于"人人享有适当的住房"和"城市化进程中人类住区可持续发展"两个具有全球意义的议题之中。自此，通过联合国的努力，"改善人居环境的问题已经从学术界和工程技术界专业范围的讨论，上升为世界各国首脑的普遍认识，并成为全球性的奋斗纲领。"[20]

在我国建筑界，吴良镛院士在"人类居住"概念的启发下，撰写了《广义建筑学》一书，吴院士在书中指出，仅认为建筑就是为"避风雨、御寒暑"而建造的庇护所，或建造完毕后，"基于美的需要"，慢慢对它进行艺术加工就形成建筑艺术这类传统概念定义建筑，是远远不够的。盖房子确实是为人居住的，但人的居住并非是一种简单、孤立的行为，他们总是聚而居之，而聚居就要形成聚落，就要建造村镇、城市，就会有不断发生的公共性和私密性活动，因此对于聚居现象的研究便不是一幢或几幢建筑的问题，而是围绕人类居住行为与建筑文化所进行的综合研究。《广义建筑学》是近年来我国建筑文化研究的一部重要著作，它从更大的范围和更高的层次上提供了一个理论框架，为后来的人居环境科学奠定了一定的理论基础。1993年吴良镛院士第一次正式提出要建立"人居环境科学"（The Science of Human Settlements），人居环境科学针对城乡建设中的实际问题，尝试以一种建筑文化的战略性、综合性思维，确立一种以人与自然的和谐为中心，以居住环境为研究对象的新学科体系。1995年清华大学成立了"人居环境研究中心"，1999年开设了"人居环境科学概论"课程。2001年吴良镛院士出版了专著《人居环境科学导论》，阐述了人居环境科学的由来、人居环境的构成（其中居住系统是人居环境五大系统之一）、人居环境建设的基本观念、人居环境科学的方法论，以及在保护和建设可持续发展的人居环境方面的研究实例。人居环境科学的研究工作正在全面地开展，2011年吴良镛院士获得国家最高科技奖，其探索和实践得到国家的充分肯定。2014年11月他们正式出版了《中国人居史》，旨在以文化自觉的精神重新认识中国人居传统中的人文智慧。《中国人居史》梳理了我国古代人居建设的历程，就各个时期人居与自然、社会、空间治理、规划设计、审美文化的关系进行归纳与总结，并从人居文化复兴的角度对我国未来人居建设提出基本看法。该书对中国人居环境的研究奠定了扎实的理论基础，并对我国人居环境建设实践的可持续发展起到一定的指导作用。

三、住居学研究

住居学英文名为"Housing and Living"，是解读居住生活机制，提出社会的、技术的课题，探究居住生活的应有方式的学问。住居学是通过研究从古到今人类的住居与居住行为、生活方式等内在、外在因素的演变，以及人和社会的各种空间需要与营造行为之间的关系来揭示人类居住形态的发展规律的科学。住居学认为"住居"不同于"住宅"：在"住居"上，包含了人与生活。虽然"住宅"是建筑物，但是所谓的"住居"不是建筑物，而是以住在那里的人的生活为主角。[21]

日本明治时期在住生活方面直接引入了欧美方式的家政学（Eathenics），也称优境学。住居学是日本战后在研究建筑学、家政学等学科的基础上发展形成的一个新兴科学门类，研究的历程还不算太长。战后日本的新制大学里都增设了住居学学科，进行包括住宅设计在内的建筑讲座，设置了建筑规划学、住居规划、居住生活、住居史、生活文化等与住居学相关的专业。对住居学的研究，日本比较普及并且领先于其他国家，其研究的方法、内容和角度与建筑学有所不同，是从"居住者"的角度来研究居住建筑。住居学研究的目的是从历史的、社会的角度说明和认识居住生活的内在规律，探索居住行为和生活方式与住居空间的相互关系，以及发生、发展、变化的因果关系和结构关系等方面，是对传统建筑学的补充和深化。因为文化框架意义中的空间秩序与根据使用功能需要创建的空间性质有着本质的不同。

1963年日本建筑师学会设立了建筑策划委员会，此外生活文化史学会的学术刊物《生活文化史》以及相关各种主题的学术会议为住居学的研究提供了视角广阔的学术平台。日本住居学研究的先驱是吉阪隆正，他著有一系列住居学研究方面的论著，如《住居的形态》、《住居的意味》、《住居的发现》和《住生活的观察》等。较早期对住居学有比较完整的论述的还有西山卯三先生撰写的《住居学笔记》。经过大半个世纪的探索，日本住居学研究方面已积累了丰硕的成果，并回报于社会。住居学在科学地揭示新的居住生活方式、提出新的居住模式等方面发挥了不可估量的作用，为日本住宅设计质量的提升奠定了深厚的学术基础。因此，近年来日本的居住生活质量、社区的结构发生了巨大的变化。

而我国对住居学的引入和研究则方兴未艾，译著有《图说日本住居生活史》、《居所中的水与火》、《西洋住居史》、《世界住居史》等。研究方面有东南大学的张宏先生采用住居学的学科方法，以人类社会物质资料生产，特别是以人自身的再生产为基本理论依据，尝试建立了以中国历史上的家庭组织和社会组织为研究对象的住居学研究体系。探讨了家庭组织的产生与住居形成和发展的演变规律，提出了居住的原点以及广义居住和狭义居住的概念。他在《从家庭到城市的住居学研究》一书中还运用住居城市学的研究方法，探讨了历史上以井田制为代表的土地制度和等级居住与城市空间结构的关系，揭示了城市性质的改变与城市活力再生之间的关联性，以及反映在城市空间结构上的演变规律。而更深入的探索反映在作者的另一部专著《中国古代住居与住居文化》中，书中从住居的社会构成和营造技术构成两个方面，分析研究了中国古代住居发生、发展的某种规律和特征。力求从较新的视角来认识中国古代住居文化的构成特点，进而深化中国古代传统居住文化的研究。总的来说，住居学在我国的研究还刚刚起步，系统性的研究成果十分缺乏，而且中国地区性的居住活动差异较大，这还有待于进一步有针对性地对地域性的住居学进行系统研究。

纵览浩瀚如海的国内外相关的研究成果，我们发现有关岭南城市居住文化研究中，单一学科专题研究型较多，综合研究型较少；注重历史研究型较多，近现代研究较少；描述客观现象研究型较多，解析深层结构研究型较少；乡村居住建筑文化研究型较多，城市居住建筑文化研究型较少。对传统居住建筑研究还偏重于个体，而对建筑群体，乃至城市居住空间的整体研究还显得不够。并且对岭南城市居住建筑的研究，多从建筑学领域出发，集中于对居住的物质空间形态的研究，缺乏对居住的社会人文深层结构的关注，缺乏多学科理论的整体思考与融会贯通的综合研究方法，尤其是从城市居住文化角度的探索。造成研究相对比较片面，不同学科理论间的相互交流和借鉴渠道还不通畅，尚无全面系统的有关岭南城市居住文化整体的研究成果。理论研究上的滞后，影响了实践的科学性。岭南城市居住建筑创作与实践的迫切需求与岭南城市居住文化理论研究的严重不足，使本课题的研究具有重要的理论价值和指导意义。

第四节　研究的指导思想：文化哲学、建筑现象学

一、文化哲学

以文化现象和文化体系为研究对象的文化学，同经典的哲学、历史学等人文学科相比，显得较为年轻。其兴起开始于19世纪中叶，一些思想家把探寻理性的目光投向人类和人类社会生活的深层结构，即文化层面。一大批杰出的文化学家和人类学家，随着文化学、人类学、民俗学、民族学、文化人类学、历史哲学、古代文化学等学科的相继创立和发展脱颖而出，学术成果既包括以狄尔泰、斯宾格勒、汤因比等人为代表的人文传统的文化学研究，也包括由泰勒、马林诺夫斯基、博厄斯、本尼迪克特等为代表的实证传统的文化学研究。其中较有影响的论著有《西方的没落》上、下卷（[德]奥斯瓦尔得·斯宾格勒）、《文化模式》（[美]露丝·本尼迪克特）、《菊花与刀》（[美]露丝·本尼迪克特）、《历史研究》上、下卷（[英]汤因比）、《文化论》（[英]马林诺夫斯基）、《文化的变迁》（[美]C·恩伯和M·恩伯）、《文化：历史的投影》（[美]菲利普·巴格比）等。

当文化层面作为人类历史和人类社会最深层的、最重要的内蕴或制约因素为人们所关注时，文化学开始同哲学研究交汇，形成自觉形态的文化哲学。学术界较多的研究者把1984年在罗马尼亚召开的第17届哲学大会作为世界哲学的重点由科学哲学转向文化哲学的标志。

在近现代哲学各学派演进中，斯宾格勒和汤因比等人的历史哲学理论、本尼迪克特等人的文化人类学理论、以韦伯和帕森斯等人为代表的现代社会学理论、以存

在主义为代表的人本主义思潮、以法兰克福学派为代表的新马克思主义的文化批评理论、以德里达和福柯等人为代表的后现代主义等，都从不同的角度和不同的层面，自觉或不自觉地走近和揭示了文化哲学的主题。可以说，文化哲学特殊性虽然表现为一种自觉的哲学理论形态，但又非一个界限分明、体系独立的哲学学科或研究领域，而是内在于众多现代哲学流派和学说之中的哲学主流精神或哲学发展趋势。

中国在20世纪上半叶，在"五四"新文化运动时期围绕着中西文化的比较问题，曾发生过关于文化问题的大争论。到了20世纪80年代，深刻的社会转型再一次引起"文化热"，关于文化问题的热烈讨论在20世纪90年代推动了文化哲学研究走向自觉。

中国哲学虽然自古以来非常关注人文因素，比西方哲学更蕴含文化哲学的意味，但是自觉意义上的文化哲学研究开始于20世纪现代人类文化演进的大背景，更确切地说，它是全球化现代化背景中的中国社会转型的文化显现。从20世纪80年代末到90年代的自觉的文化哲学及其发展哲学、交往哲学、新儒学、后现代主义等相关领域所涉及的文化哲学研究论题入手，展示世纪之交中国文化哲学研究的主要内容。其中主要涉及两个层面的论题，其一是理论层面的文化哲学论题，主要是对文化现象和文化哲学体系的一般理性的探讨，如文化的界定、文化的结构层次、文化哲学的对象和主题等；其二是实践层面的文化哲学论题，主要是对中国社会转型过程中的文化模式的反思与批判以及对新文化精神的自觉建构，这是中国文化哲学特有的内涵，如关于传统文化模式的争论、主导性文化精神的冲突、文化转型与新文化的具体内涵等。

建筑作为人类文化的重要载体，极大地影响着社会文化的全面发展。反过来，也应该从人类整体文化的高度，以各种文化相互作用的原理来考察各类型建筑现象。从20世纪80年代文化热兴盛起来，"建筑与文化"研究似一股春风，使沉寂多年的中国建筑理论界的学术探索如春芽萌动，呈现蓬勃生长的景象。自1989年11月在湖南长沙召开了第一次"建筑与文化"学术讨论会以后，1992年8月和1994年7月又分别在河南三门峡市和福建泉州市召开了第二次和第三次"建筑与文化"学术讨论会。第四次、第五次、第六次和第七次全国"建筑与文化"学术讨论会分别在长沙、昆明、成都和庐山召开。"十五"国家重点出版工程《中国建筑文化研究文库》32本著作也陆续出版问世。近期涉及建筑文化研究的论著和译著也不断涌现，并取得了丰硕的成果。从各个角度和层面探讨"建筑与文化"的论题。

1999年，在北京召开的UIA第20届建筑师大会的学术主题是"21世纪的建筑"，在"建筑与文化"议题中提到,建筑设计一方面要汲取世界优秀建筑文化,但同时要看到世界文化积极的一面和消极的另一面,与此同时更需要重视发掘、继承和发扬地区文化。其中大会"建筑与文化"分题报告题目为"开创建筑与文化的新纪元",论文回顾了20世纪建筑与文化的发展历史,探讨了全球化环境中建筑与文化的地域性、民族性和国际性的问题,并展望了21世纪建筑与文化的发展趋势。

为了从更广泛的视角和更深刻的层次重新认识和把握建筑存在的本质,找回失去的建筑意义与价值,建筑的文化哲学就成为建筑理论家和建筑师乃至整个建筑文化思想领域共同关注的课题。而这种关注,归根到底是对人类自身生存状况的关切。因此,对岭南城市居住文化的哲学思考和研究,就是当代岭南人在寻求自身生存和发展的战略性思考——一种城市居住文化哲学。力求在文化与哲学相结合所产生的活力与影响中造就一种新的岭南城市居住文化氛围,而居住建筑将在这种关注人类自身的存在价值、意义与方式的城市居住文化氛围中获得新的发展契机。

二、建筑现象学

探求人的存在及其意义,梳理人与世界和空间的基本关系,是近现代学者们所关注的重大课题。他们从不同的研究领域里各显其能:文化人类学家关注具体的人群在具体环境中的行为方式,从社会和文化的角度来揭示影响人们心理和行为的环境因素和意义。社会学家致力于研究人们的个性与社会属性的形成和发展与特定空间环境形式的关系。心理学家尤其是环境心理学家研究人们认识理解空间环境的基本模式和影响人们分析评价环境质量的基本因素,探讨人们意识和行为与空间环境的相互作用及其意义,其研究成果已经成为研究人们环境经历的一个重要基础。有学者还从释义学的角度出发,来研究环境原初和本真的意义。影响巨大的是德国哲学家埃德蒙得·胡塞尔(Edmund Husserl)所创立的现象学,尤其是德国哲学家马丁·海德格尔(Martin Heidegger)关于人类存在属性和真理的研究,关于世界、居住和建筑之间的关系的论述,为建筑现象学提供了指导思想和理论基础。建筑学家也突破以往单专业研究的狭小天地,借助并结合相关领域的知识和研究成果,探讨建筑环境形式与创造特定活动气氛之间的关系,进而揭示人的存在与建筑空间创造的本质关系。因此,可以说现象学的思想和方法奠定了建筑现象学的哲学基础。

刘先觉先生主编的《现代建筑理论——建筑结合人文科学自然科学与技术科学的新成就》[22]指出建筑现象学具有广义和狭义两层含义。其中广义的建筑现象学是指人们自觉或不自觉地运用现象学方法,对人与环境关系所进行的研究。由于其中心议题涉及人、环境、场所、建筑和世界等内容,建筑现象学在不少论著和文章中也被称为场所现象学，人居环境现象学或人居世界现象学。而狭义的建筑现象学则特指由挪威建筑理论家克里斯蒂安·诺伯格·舒尔茨（Christian Norberg-Schulz）所创立的一种建筑理论。

以现象学思想和方法为指导的建筑研究兴起于20世纪70年代初期，舒尔茨的《存在、空间和建筑》（Existance, Space and Architecture）便是这一时期的一部重要著作。此后逐步引起了各方面广泛的关注和参与，并且取得了一系列重要成果。舒尔茨随后又写成《场所精神——迈向建筑现象学》（Genius Loci—Towards a Phenomenology of Architecture）（1979年）、《居住的概念——走向图形建筑》（The Concept of Dwelling: On the Way to Figurative Architecture）（1984年）、《建筑——存在、语言、场所》（Architecture: Presence, Language and Place）（1996年）等一系列建筑现象学理论的代表作，开创了吸收胡塞尔、海德格尔的哲学思想，用现象学的方法研究建筑历史和理论的学术之路。

这种研究的广泛性主要表现在两个方面。一方面是内容的广泛性，建筑现象学的内容几乎涉及建筑环境的各个层次以及与之相应的自然环境和社会文化环境。尤其值得一提的是，不少学者还从动态的角度，即从历史发展的过程中来考察具体的人群与特定建筑环境之间的相互作用和影响，从而使研究成果不仅具有特殊的价值，而且又有一定的普遍意义。另一方面是学科的广泛性，体现在众多学科的关注和介入。不少学科的研究内容和目的都或多或少与人和环境关系有着内在而深刻的联系，因而对这种关系的全面和完整研究体现出学科交叉的特性。许多哲学家、社会学家、地理学家、心理学家、建筑理论家、城市规划师、建筑师以及其他一些相关学科的学者，从不同的角度出发，运用现象学的方法和若干相关学科的知识，对人与世界之间相互关系的研究作出了各自的贡献。

建筑现象学的理论和哲学基础源于20世纪初期胡塞尔所创立的现象学，以及海德格尔运用现象学方法20世纪前期如"存在于世"所创立的新本体论和后期如"诗意地安居"从语言和诗学角度对存在的研究。总体而言，建筑现象学的影响主要体现在两个方面，一是现象学的方法，二是现象学关于人的存在与世界联系的研究。

胡塞尔的现象学的方法不像实证哲学中所采用的自然科学分析方法那样，只注意从具体的事物中抽象出中性、客观和简单的科学事实，把经验事实中所包含的人类生存目的、价值和意义排除在外，而是通过人的出场，将事物同其在人们生活中的价值和意义紧紧联系在一起。在胡塞尔提出的"生活世界"（Lebenswelt）这个概念指人们进行日常生活的世界，这是一个具有目的、意义和价值的世界。在人的经历与历练的基础上，人们的意识活动赋予这些对象以一定的意义和价值，这些意义和价值同人们在生活世界中的目的是紧密相连的。"生活世界"这个概念所包含的意义与上述的现象学的方法，在相当程度上影响了众多的有关人和世界相互关系的研究。

而海德格尔的哲学思想对建筑现象学的研究内容和成果似乎有着更为直接和重要的影响。海德格尔把对存在的研究奠定在现象学的基础之上，因为在他看来，现象学能够使现象以其原初和本真的面貌清晰地呈现在人们的面前。海德格尔关于人的存在的研究，为探讨人类属性和环境现象提供了全新的方法与尺度[22]。

综上所述，现象学的方法和海德格尔的存在哲学为建筑现象学奠定了坚实的哲学基础。在实际运用现象学方法研究建筑的领域中，挪威建筑理论家舒尔茨作出了较为突出的贡献。在舒尔茨的一系列理论著作中，现象学不仅是考察建筑现象的一个重要方法，而且还建立一种新的建筑理论，即"建筑现象学"的基础和架构（图1-1）。我国建筑界对"建筑现象学"的理论研究也非常关注，多年的引进和探讨已取得了相当可观的成果，为此，2008年还在苏州举办了首届"现象学与建筑研讨会"。这也是近期出现在国际建筑界的一系列与建筑现象学有关的学术会议之一，显示了建筑界经过世纪末的焦虑和怀疑后，重返建筑本源的一种期盼。

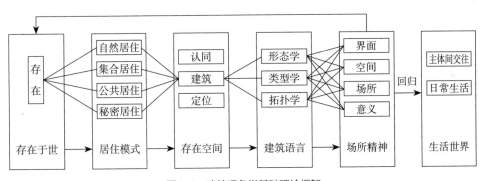

图1-1　建筑现象学基础理论框架

（来源：参考陈伯冲. 建筑形式论·逆向图像思维. 北京：中国建筑工业出版社，1996：25. 改绘）

第五节　岭南城市居住文化的研究内容、方法及目标

一、课题研究内容

建筑是文化的载体，既是人类基本的生产活动，又是一种文化现象。作为与人类日常生活最直接相关的物质与文化产品，居住建筑可谓人们最熟悉、最了解的事物之一。城市居住文化作为城市文化的一个重要组成部分，具有重大的研究价值。

而作为历史悠久，且具有深厚的传统居住文化的岭南城市，能否在新世纪的岭南城市居住环境建设中，继续发展和创新具有岭南地域特色的城市居住文化，建构现代城市居住文化理论框架，是当代岭南城市居住环境营造与发展的重要研究课题。

对于岭南城市居住文化研究这样一个庞大而复杂的研究客体，本书研究的思路与方法，首先需要将文化哲学、建筑现象学等理论和方法引入研究之中，以此探求岭南城市居住文化产生与发展的社会背景和人文历史环境条件，同时结合岭南社会居住的整体历史进程，把城市居住文化的课题置于整个岭南社会和文化变迁的背景中加以考察，研究城市居住文化与社会结构及其变迁的互动关系，研究现代化进程中当代城市居住文化的危机与转型，及其整合及创新机制，探讨全球化、信息化时代全新的岭南城市居住文化精神内涵。

二、课题研究方法

本课题的研究方法以当代文化哲学理论为基础，借鉴建筑现象学的方法，系统综合地研究岭南城市居住文化，力求突破传统的研究主要强调资料考证，个案分析的局限，提倡研究方法的革新，重视理论概括和解析。通过理论建构与创作实践相结合、跨学科与历史综合相结合，全面系统地进行分析研究是本课题研究所采用的技术路线。

建筑现象学的基本目的和任务是帮助人们完整理解人与建筑环境之间的各种复杂联系及其意义，彻底认识当代岭南城市居住环境中存在的问题及其产生的根源，进而从根本上寻求解决问题的方法。在建筑现象学中，采用现象学的方法显得尤为重要。

现象学方法的一个基本思想，就是通过直接面对事物或现象本身来发现本质。直接面对事物和现象本身意味着直接沉浸在所要考察的事物之中，不以任何前提和假设为先决条件，而是以怀疑和审视的态度面对现象的属性及其出现的方式，面对现象的本真属性即未经歪曲和缩减的原初属性，以仔细考察构成现象的各个方面作为描述现象的依据和基础。这种直接、具体和零起点考察现象的方法是为了确保准确和本真地描述现象，并从中发现本质。

现象学的研究还没有在建筑领域中引起足够的重视，这不仅是因为某些现代建筑理论对具体的生活环境及其意义的冷漠或忽视，而且还由于流行于建筑理论研究中的科学分析方法的一些根本的局限性。自然科学中所采用的分析方法，主要关注于经过抽象或缩减的中性和客观事实，但它对于探讨建筑环境的总体氛围和特征这类与建筑质量相关的根本问题，存在一定的缺陷，因而不能从精神的层面上揭示和把握建筑的本质意义，而现象学的方法则可以克服这种方法的局限性，从存在和建筑环境的内在关系中发掘出深刻的建筑意义，帮助人们理解、保护和创造有意义的建筑环境。舒尔茨在研究中特别强调了现象学方法在建筑研究中的重要性和迫切性，因此，他把研究的目光转向了现象学的方法，着重从"精神"的高度探讨了建筑的意义，逐步系统地提出并发展了这样一种观点，本真的建筑作品是具体化生活状况的艺术品，其本质的意义在于帮助人们在世界中获得存在的根基[23]

岭南城市居住文化研究课题在具体的分析和研究方面，就沿用建筑学传统的实证法与建筑现象学考察法相结合的操作方法，以掌握的实例和资料为依据展开分析和论证，通过直接面对事物或现象本身来发现本质。同时采用综合比较的方法，从岭南城市居住文化模式入手，解析传统中原城市居住文化与岭南城市居住文化的渊源关系，海外居住文化对岭南城市居住文化的影响，以及岭南地区城市居住文化的特质。

在城市化和城市现代化进程中，当代岭南城市社会中各种社会组织关系、文化价值取向、居住行为、生活方式、家庭结构、社区结构、城市结构等都在不断发生相应的变化，包含人们大部分日常生活的城市居住文化研究应适应发展变化的趋势和条件。因此应注重岭南城市居住形态的调查与研究，解析当代城市文化结构及生活方式的转变对城市居住文化的影响。

由于岭南城市居住文化涉及岭南城市社会生活的方方面面，只有系统而全面地进行研究，才能把握当代岭南城市居住文化发展的整体态势。同时研究的内容涉及广泛、横跨若干学科，因此，本课题研究应尽可能做到静态分析与动态分析相结合，理论分析与实践分析相结合，历史分析与现实分析相结合，微观分析与宏观分析相结合，个案分析与总体分析相结合，以现象考察与归纳综合相结合的方法揭示岭南城市居住文化发展的内在规律与机制。

三、课题研究目标

岭南城市居住文化研究主要侧重于岭南城市居住文化的社会历史透视和价值学思考，即通过本课题的研究，系统地建立关于岭南城市居住文化模式、文化危机和文化转型的理论框架，深入剖析岭南城市现代化进程中城市居住文化的内涵和文化转型机制。把岭南城市居住文化哲学中的理论性课题和岭南城市居住实践性课题紧密结合起来，建构一种关注"日常生活"、回归"生活世界"的岭南城市居住文化哲学，一种立足于中国的城市化及城市现代化进程中的岭南城市居住文化理论体系。

第六节　本书结构

本课题研究是从岭南城市居住文化理论层面的建构，包括居住文化的生成、居住文化的构成、居住文化的模式、居住文化的危机与转型等，与回归生活世界的岭南城市居住文化重建的实践层面的探索紧密结合起来，展开岭南城市居住文化研究的整体思路。具体分为八章，大致内容如下（图1-2）。

第一章为绪论，首先论述了岭南城市居住文化研究课题提出的背景和意义，并对研究的主要内容进行概念限定，结合国内外相关理论的发展脉络，提出本课题研究的指导思想、内容、方法和目标以及本书结构。

第二章，针对岭南城市居住文化的生成及其居住形态的演进过程，从居住文化的人本规定性与居所的起源和居住文化的生成的角度，论证了岭南城市居住文化生成的根源——人的超越性和创造性。并对岭南城市居住文化的产生与岭南城市居住形态的演进的主要脉络进行了全面的回顾和总结。

第三章，全面、深刻地论述岭南城市居住文化的功能、本质与特质，从个体居住层面与社会居住层面，探讨城市居住的行为规范和价值体系与城市社会居住活动的内在机理和图式。并从实践、安居、地域等三个方面揭示居住文化的本质含义，然后找寻出多元文化交融下的岭南城市居住文化特质。

第四章，通过系统地论述岭南城市居住文化的构成与模式，揭示岭南城市居住文化的物质文化、制度文化、精神文化三种构成形态，同时也解读了共时性与历时性的岭南城市居住文化模式，分析了岭南居民的性格心理的共性和各个历史时期岭南城市居住文化模式的特点。

第五章，针对当代岭南城市居住文化危机及异化现象，分析了岭南城市居住文化危机的含义、根源和形式，并对岭南城市居住文化技术理性与大众文化现象进行了解析与反思，揭示了岭南城市居住文化危机与转型机制，在分析了居住文化转型的方式和历程的基础上，领会岭南城市居住文化转型的社会意义。

第六章，对基于生活世界回归的岭南城市居住文化重建进行理论性的探讨，把"生活世界"、"日常生活"和"主体间交往"理论作为研究的主要内容，并提出了岭南城市居住生活世界现象考察方法，以使当代岭南城市居住文化重建实践中能与城市居住"生活世界"的对应关系更加契合。

第七章，在实践探索的层面上，从居住文化建构之价值取向与目标确立、审美体验与诗意追求以及过程探索与方法创新等方面，论述了当代岭南城市居住文化建构的策略与原则，并通过居住实践实例的解析，总结出当前岭南城市居住"再现岭

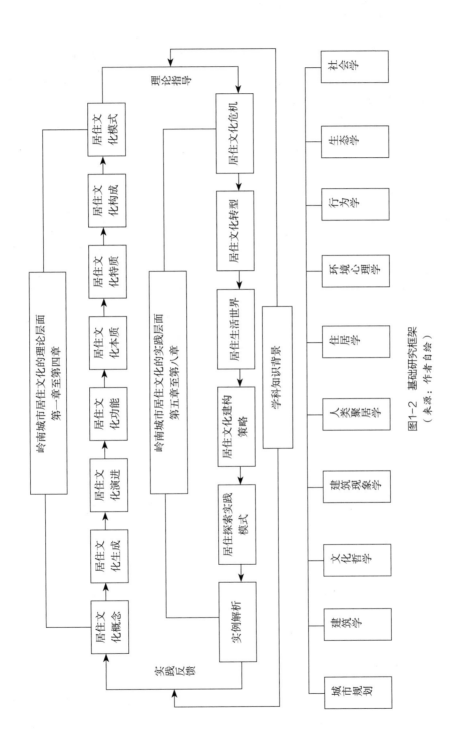

图1-2　基础研究框架
（来源：作者自绘）

南城市居住文化"的实践模式，以期为当代岭南城市居住文化重建提供更加直观的借鉴和启示。

第八章作为结语，从当前新型城镇化背景下岭南城市居住发展的"宜居"目标和全球化和信息化时代的岭南城市居住文化发展方向出发，提炼出走向本真的岭南城市新居住文化精神内涵。

[注释]

① 衣俊卿. 文化哲学——理论理性和实践理性交汇处的文化批判[M]. 昆明：云南人民出版社，2001：3，2.

② （美）刘易斯·芒福德. 城市发展史——起源、演变和前景[M]. 宋俊岭，倪文彦译. 北京：中国建筑工业出版，2005：106.

③ 方可. 当代北京旧城更新：调查·研究·探索[M]. 北京：中国建筑工业出版，2000：126.

④ 张岱年 方克立. 中国文化概论[M]. 北京：北京师范大学出版社，1994：2.

⑤ （英）J·泰勒. 文化之定义. 顾晓鸣译. 庄锡昌等编. 多维视野中的文化理论[A]. 杭州：浙江人民出版社，1987：99.

⑥ 《辞海》缩印本[Z]. 上海：上海辞书出版社，1980：1533.

⑦ （英）马林诺夫斯基. 在文化诞生和成长中的自由. 谭伯杰译. 庄锡昌等编. 多维视野中的文化理论[A]. 杭州：浙江人民出版社，1987：106.

⑧ 胡适. 胡适选集[M]. 天津：天津人民出版社，1991：188.

⑨ 罗荣渠. 从"西化"到现代化[M]. 北京：北京大学出版社，1990：58.

⑩ （美）C·克鲁克洪. 文化与个人[M]. 高佳等译. 杭州：浙江人民出版社，1986：6.

⑪ 衣俊卿. 文化哲学十五讲[M]. 北京：北京大学出版社，2004：13-19.

⑫ 中国社会科学院语言研究所词典编辑室. 现代汉语词典[Z]. 北京：商务印书馆，1979.

⑬ （挪威）克里斯蒂安·诺伯格·舒尔茨. 居住的概念——走向图形建筑[M]. 北京：中国建筑工业出版社，2012：5.

⑭ 李建平. 丧经·宅经·周易[M]. 郑州：中州古籍出版社，2002：85.

⑮ （德）海德格尔. 人，诗意地安居——海德格尔语要[M]. 郜元宝. 桂林：广西师范大学出版社，2002：75.

⑯ （挪威）克里斯蒂安·诺伯格·舒尔茨. 居住的概念——走向图形建筑[M]. 北京：中国建筑工业出版社，2012：10.

⑰ 中共中央马克思恩格斯列宁斯大林著作编译局编译. 马克思恩格斯选集（第1卷）[M]. 北京：人民出版社，1972：32.

⑱ 余英. 中国东南系建筑区系类型研究.

北京：中国建筑工业出版社，2001．

⑲　吴良镛．人居环境科学导论[M]．北京：中国建筑工业出版社，2001：222-237．

⑳　吴良镛．"人居二"与人居环境科学[J]．城市规划，1997，3．

㉑　（日本）后藤久．西洋住居史：石文化和木文化[M]．北京：清华大学出版社，1911：4．

㉒　刘先觉．现代建筑理论[M]．北京：中国建筑工业出版，2000：109-112．

㉓　刘先觉．现代建筑理论[M]．北京：中国建筑工业出版社，2000：115-132．

第二章
岭南城市居住文化的生成及其演进

　　文化的最根本的规定性，就是被定义为是历史地凝结而成的，在特定时代、特定地域、特定民族或特定人群中占主导地位的生存方式，也被称为是文化范畴的最高抽象。而居住文化作为文化范畴的内容之一，涵盖了人的日常居住生活的方方面面，要对岭南城市居住文化有更深刻的理解，就必须回到活生生的居住文化现象，对它的产生、发展过程以及相关的影响因素等做出描述和解析，才可能得到一个包含着多样性内涵的居住文化范畴。

　　研究岭南城市居住文化的发生机制实际上就是要揭示居住生存方式的产生及形成的问题。纵观以往的研究及文献，有关居住文化的发生问题歧义纷争，其中就有有神创说、自然发生或模仿自然说、人类自身匮乏说、人类本质说等学说，无论何种假设都在力求更深刻地把握人的本质规定性或居住文化的本质属性。这样一来，我们就应当以现实的人的存在与居住文化为侧重点来揭示岭南城市居住文化的发生。

第一节　岭南城市居住文化生成的根源——人的超越性和创造性

　　人之历史地凝结成的生存方式是文化最根本的意义，因此要揭示文化的发生机制也就是研究人的生成问题。人生活于世界中，总是具有文化的属性，总是文化的人，人的世界在某种意义上就是文化的世界。而在任何时候，当我们探讨人的生成问题时，均需将思路由变化无常的外部世界回归到人的自身。

　　德国著名哲学人类学家蓝德曼指出"文化创造比我们迄今为止所相信的有更加广阔和更加深刻的内涵。人类生活的基础不是自然的安排，而是文化形成的形式和习惯。正如我们历史地所探究的，没有自然的人，甚至最早的人也是生存于文化之中。"[①]人类从衣、食、住、行等日常生活到精神生活以及各种社会活动，都显示出明确无误的文化内涵。要进行岭南城市居住文化的研究，需要透过居住文化现象的表层，探视居住文化的深层规定性和特征。而这种探索性的研究首先应当从居住文化的发生或起源开始，这是因为事物的生成逻辑中蕴涵着事物的本质的规定性。

一、居住文化的人本规定性

居住文化的人本规定性，是居住文化的最本质的规定性。居住文化作为历史地凝结成的居住生存方式，体现着人与自然相互作用而达成的和谐，以及人对自身本能的超越，也显示了人区别于动物和其他自然存在物的最根本的特性。而居住文化的人本规定性的内涵至少包含三个方面的内容：

（一）人的产生从发生学的视角来看，其根本途径就是超越本能或自然，建立适合人类特有的一种生存体系，建立人的"第二自然"，也就是文化。从这层意义上看，居住文化其实就是"居住人化"。

文化人类学关于文化起源的论述作为自觉的文化学理论，大多从文化对于人类先天脆弱本能的补充的角度来阐述文化的起源。例如，功能主义文化学的代表人物马林诺夫斯基认为，人同任何动物一样，"屈从于所处环境的定数及自身生物体的需要"，但是，由于人在生物学基础上先天的不足，人必须有"人工的、辅助的和自造的环境"才能得到对自然的控制力，才能满足人的生存需要。马林诺夫斯基指出，"人类的文化生涯始于类人猿，它生活于有限的栖息地，可能在一片热带丛林中。最初的人猿在狭窄有限的食物区中觅食，来满足自己的需要，它以很小的调节边际来防御环境中的危险。根据解剖学的说法，人类相当缺乏防护能力。前文化人类像所有类人猿一样没有天生的武器，无利齿，也无爪无角。他们也得不到厚实的皮肤、快速的运动保护。这样，猿人的躯体就很脆弱，并且由于幼儿成熟期长，从而暴露给众多的危险"。他认为，正是这样的生物学背景促使人类文化的产生。"人类就是从这样一个不尽如人意的处境开始，通过其文化的发展，现在已横行于地球，征服了各种环境和栖息地……由于把自由视为适应可能性的范围，我们看到他已将人类的控制力扩及地球表面所允许到达的任何地方，并渗透到人类当初所不能渗入的各种环境之中。"②依据上述论述，马林诺夫斯基主要突出了文化与本能的对立，指出了人类先天本能的脆弱和后天文化创造的力量。

德国生物人类学家格伦通过非特定化或非专门化范畴来确定人在生物学领域中的"先验的结构整体"，并由此为文化的起源确定了基础。他认为，从人的生物学领域来看，人与动物的最大区别在于人的未特定化（Unspecialization）。动物在体质上的特定化使它们可以凭借某种特定的自然本能在特定的自然链条上成功地生存，而人在体质和器官上则呈现出非特定化的特点，由此决定了人在自然本能上的薄弱。德国哲学人类学家蓝德曼曾对人与动物的这一本质差别作了精辟的概括，"不仅猿猴，甚至一般的动物，在一般构造方面也比人更加专门化。动物的器官适应于特殊的生存环境、各种物种的需要，仿佛一把钥匙适用于一把锁。其感觉器官也是如此。这种专门化的结果和范围也是动物的本能，它规定了它在各种环境中的行为。然而人的器官并不指向某一单一活动，而是原始的非专门化（人类的营养特征正是如此，人的牙齿既非食草的，也非食肉的）。因此，人在本能方面是贫乏的，自然并没有规定人该做什么或不该做什么。因此，人没有专门的生育季节，人可以在一年中的任何时候相爱繁殖。"[③]然而，正是由于人先天自然本能方面的缺憾使其能够从自然生存链条中凸现出来，用后天的创造来弥补先天的不足，这种补偿人的生物性之不足的活动，就构成了人的文化。因此，文化既超越自然，又补充着人的自然。格伦由此把文化称为人的第二本性。

（二）作为人的"第二自然"或"第二本性"，文化蕴含着人与动物最根本的区别，就是人的超越性与创造性，也即"自由的维度"。作为自然的造化，人不可能脱离大自然而生存，但是，人之为人的独特价值，不在于自然和本能，而在于人对自然的超越和人所进行的文化创造活动。

关于人在生物结构上的非特定化导致了文化作为人的"第二自然"产生的观点，在文化学和哲学中为很多学者所认同。例如，美国文化人类学家本尼迪克特在《文化模式》中提出了文化的补偿性原则。她指出："人失去了大自然的庇荫，而以更大的可塑性的长处得到了补偿。人这种动物并不像熊那样为了适应北极的寒冷气候，过了许多代以后，使自己长了一身皮毛，人却学会自己缝制外套，造起了防雪御寒的屋子。从我们关于前人类和人类社会的智力发展的知识来看，人的这种可塑性是人类得以发端和维持的土壤"。[④]

有关文化作为人的"第二自然"，德国哲学家雅斯贝尔斯的论述更加清晰明了，他直接使用了非特定化范畴来区别人与动物。他指出，"各种器官的特殊性，使每一个动物在某些特殊能力方面超过了人，但是正是这种优越性，同时也意味着动物的潜力变狭窄了。人避免了这种全部器官的特殊化。因此，尽管事实上人的每一个器官都处于劣势，但人却始终有靠非特殊化维持活力的潜力优势。器官的劣势给人以压力，潜力的优势给人以能力，使人在其形成的过程中，通过意识的中介，走上一条跟动物完全不同的道路。使人能够适应所有的气候、地域、情形和环境的，正是这种潜力优势，而不是人体"。[⑤]

从以上所引的哲学和文化学者关于文化的超自然的或人为的本质规定性的论述中，我们可以得出这样的推论，文化的确是一个人本学范畴，它是与自然和本能相对立的概念。而对于居住文化这一衍生问题，我们应对它的这种人化性质作进一步的分析，以加深对居住文化的本质规定性的理解。居住文化作为自然和本能的对立面，作为人的居住生存方式，其最本质的规定性就体现在对自然和本能的扬弃之中，这就是人的居住活动所特有的超越性、创造性和自由的维度特征。

（三）人类特有的生存基础，就是文化所代表的人对自然的超越和创造的维度，或"自由的维度"。人与动物的根本差异在于，人总是永不停歇地追求某种创新，永不满足于或停留于已有的创造。人类不仅以某种方式超越给定的或外部的自然，而且也在不断地超越、更新和重建已有的文化创造物。

有学者在探讨文化与自然或本能的对立时已经对此有所认识。例如，马林诺夫斯基在从文化功能论的角度揭示文化的起源和本质特征时，强调了文化的自由内涵，专门论述了"在文化诞生和成长中的自由"。他指出，"文化在其最初时以及伴随其在整个进化过程中所起的根本作用，首先在于满足人类最基本的需要。这样，文化起初的含意就成了在自然界未给人类以装备的各种环境条件下的人类生存自由。这一生存自由可分解为安全自由和成功自由。所谓安全自由，我们意指通过人工创造和合作，文化所给予的防护机制，这一防护机制给人类以远为宽阔的安全边际。成功自由则指增长、扩大并变异了的开发环境资源的力量，它使人类备不足、聚财富，从而有时间从事作为动物的人永远不可能从事的多种活动"。[⑥]

构成一个事物本质特征的要素不是这一事物同其他事物所具有的共性，而是它所具有的特性。毫无疑问，人同其他动物一样，在任何情况下都不能离开自然环境这一基础而生存。自然规定性是人与其他自然存在物的共性，因此，它不能构成人的本质规定性。正是居住文化作为人的居住的"第二自然"或"第二本性"所包含的人本规定性使人与动物区别开来，使人不再像动物那样完全凭借本能而自在地居住生存，而是获得了一个自由和创造性的居住空间。

从哲学意义上理解居住文化，就是指人类为了提高自己居住环境质量而进行的有意识的创造，在这一点上，马林诺夫斯基关于文化与自由的本质关联的论述是合理的。而更为深刻的论述是马克思的实践哲学思想，马克思关于人的实践本性的论述十分深入地阐释了文化的自由和创造性的本质。马克思认为，人区别于动物的类本质特征就在于人是自由自觉的类的存在物。从这一基本点出发，马克思揭示了人与动物的本质差别。他在《1844年经济学——哲学手稿》中曾提出人的活动的双重尺度的观点，即人不同于动物，人能同时按照任何物种的尺度和自己内在的尺度进行生产和创造。"通过实践创造对象世界，即改变无机界，证明了人是有意识的类存在物，也就是这样一种存在物，它把类看作自己的本质，或者说把自身看作类存在物。诚然，动物也生产，它也为自己营造巢穴或住所，如蜜蜂、海狸、蚂蚁等。但是动物只生产它自己或它的幼仔所直接需要的东西；动物的生产是片面的，而人的生产是全面的；动物只是在直接的肉体需要的支配下生产，而人甚至不受肉体的需要的支配也进行生产，并且只有不受这种需要的支配时才进行真正的生产；动物只生产自身，而人在生产整个自然界；动物的产品直接同它的肉体相联系，而人则自由地对待自己的产品。动物只是按照它所属的那个种的尺度和需要来建造，而人却懂得按照任何一个种的尺度来进行生产，并且懂得怎样处处都把内在的尺度运用到对象上去；因此，人也按照美的规律来建造。"⑦由此可见，人类居住文化的本质内涵在于世代不绝、持续不断地创造和发展，从而把居住文化推向一个又一个的更高层次，从满足遮风和避雨的物质需求逐步迈向满足审美和诗意的精神需求。

二、居所的起源与居住文化的生成

关于居住文化的超越性或创造性维度，即关于居住文化的人本规定性，我们可以从居所的起源到居住文化的生成来进行论证。从远古的神话传说的描述中，人类是因为被驱逐而来到这个并不适合居住的世界，只有辛苦劳作才能弥补在这个世界的自身不足，努力找寻一片更安全、更适合居住的地方，这在一定程度上会弥补本身缺失的一切。

在有关居所起源的传说中，远古的大自然被描绘成为"蛮荒之地"。古罗马建筑理论家维特鲁维在其名著《建筑十书》中曾有详细的描述："古人生下来时和野兽没有什么区别。他们栖息在森林里、洞穴里或树丛中，茹毛饮血地活着……发现火以后，原始人先是聚居在它的周围，接着组成了议事机构，然后开始了社交活动。人们越聚越多，渐渐地发现自己比动物优越了：他们不必四肢着地行走，而是直立行走。他们可以凝望美丽的星空。他们的双手和手指可以自如地去做想做的事。他们在第一次议事时，提出了建造窝棚的想法。有人用宽大的绿树叶来藏身，有人在山的斜坡处凿洞，有人仿照燕子垒窝的方法，用泥和树枝搭起了类似的小棚子。"⑧维特鲁维认为正是感受到火的温暖，人们才聚集在一起，火堆是所有社会习俗的萌芽，是人类群居的标志，也是人类定居生活的一个开端。火的意义一直流传至今，现在西方很多家庭生活的中心仍然是"壁炉"，中国有的少数民族民居的房屋中央仍然保留了"火塘"，而此时"火"的作用更多的是一种历史沉淀下来的居住文化的象征符号。

人类能够超越动物，就是因为具有模仿、学习并改进自己所观察到的事物的能力，通过观摩他人的搭棚，并按照自己的意愿添加新的东西，就建造出不同形式并不断完善的棚屋。"他们的本性是善于模仿的，可以教化的。每天他们都会指给同伴看自己房子的进度，夸耀房子的新奇之处。这种善学善模仿的本性在劳动竞赛中得到磨炼，建房水平每天都在提高。一开始，他们立起两根叉状的树干，用细长的树枝搭在其间，用泥抹墙。有人会拿一大块晒干的泥块砌墙，把它们用木材加以联系，用芦苇和树叶覆盖，可以使人免受雨水和暑热的侵袭。后来他们发现这种屋顶经不住夏天暴雨的冲刷，于是用泥块做成三角形山墙，使屋顶倾斜，又向外挑出，避免雨水的浸泡。"⑨从这里也可以印证人与动物相区别的最根本的规定性，即超越性与创造性。

从维特鲁威有关星空的叙述中，我们可以悟出最早出现的房屋与动物的巢穴之间的区别，那就是住房不仅是为身体提供庇护，使其免受风雨的侵袭，而且还能安顿人类的心灵，满足人类寻求精神庇护的需求。我国学者杨新民在论述原始建筑的起源和本质时指出建筑的精神或情感价值："在原始时代，建筑的本质就是居住。原始建筑的根本特性，只能体现在居住文化亦即家文化中。我们把'家'当作一种文化，是因为，作为与残酷自然力相对照的人类文明，它从本质上区别于自然形态的动物巢穴。动物巢穴是一种生存空间，而人类巢穴、穴居，却已升华为感知空间，产生了唯人类建筑才有的精神价值。作为'家'，它不仅容纳着人的躯体，还容纳着人的情感……在地荒天蛮的原始时代，人类的激情和想象力，是对几万万年以来死寂的物理世界、冷酷无情的自然界以及野蛮凶残的兽性世界的挑战，他代表着社会的进步。因此，毫不奇怪，具有无比丰富的情感内涵和浪漫主义色彩，成为原始人的本质力量之所在，也成为原始建筑的本质之所在。"⑩

我国古代的居住文化源远流长，人类对居所的追求，源于人类天生的寻求庇护场所的基本需求。人如同其他动物一样，离开自然界均无法生存，因此人的自然属性是人与其他自然存在物的共性。只有文化作为人的人本规定性使人与动物相区别，使人不再像动物那样完全凭借本能而自在的生存，而是获得了一个自由和创造性的空间。人对自然及自身本能的超越性及创造性充分体现在对自身安身之处的解决即居所的建造上。最初的先民居无定所，然而在很多地方，天然的石洞成为自然界为人类预备的住所，因此先民选择天然的洞穴等作为最初的栖身之处。随着原始人类社会的不断进步，思维意识的发展，生活欲望的变化，天然的洞穴已经不能满足原始先民的居住要求，而此时的人们已具备了自己建造居所的能力，体现人类超越性及创造性的居所出现了，它包含着人凭借理性的规范进行自主活动和自由行为的可能性。中国早期的居住方式不可否认地受到居住者所处自然环境条件及气候条件的影响，同时受到居住者长期以来的生活经验的影响，因此对居所的创造从一开始就呈现出两种截然不同的形式，一种为黄河流域的从原始穴居演变而来的木骨泥墙房屋，另一种为长江流域多水潮湿地区的从原始巢居演变过来的干阑式建筑。犹如人饿了就需要进食，这是先天决定的生理现象，并不属于文化，但是吃什么及以什么方式进食则是一种文化。因此当原始先民选择天然的洞穴作为栖身的居所时，尚不属于居住文化的范畴，但是自从原始先民开凿第一个洞穴，或建造第一座巢居并以其作为安身之处时起，原始的居住文化也就随之产生了。

岭南地区处于中国南疆，气候湿热，雨量充沛，水域密布，植被丰富。从珠江三角洲地区发现的原始文化遗址来看，早在新石器时代中晚期，岭南地区的原始先民已经使用磨制的石制工具来垦田种稻了。据汉代司马迁《史记·货殖列传》记载："楚越之地，地广人稀，饭稻羹鱼，或火耕而水耨。果隋蠃蛤，不待贾而足……无饥馑之忧……无积聚而多贫"。这段记述让我们了解到岭南地区原始的农耕渔猎生产生活状况：岭南地区特别是珠江三角洲地区濒临南海，区域内还有纵横交错的海湖港汊，拥有丰富的水产资源，山上还有不少野生动物和各种果品，因此当时的岭南原始先民已掌握了种植稻谷的方法，得以大米为饭，捕鱼为汤，由于地广人稀，物产丰富，优越的自然条件不会出现饥饿无食的现象。但生产力低下也不会有多少积累，还是相对比较贫穷。陶器的制造是岭南地区新石器时代先民的一种重要手工业，岭南地区的陶器表面大多压印有菱形、方形、米字、曲尺、云雷纹等，研究人员称为："几何印纹陶"，与中原地区新石器时代晚期流行的彩陶和黑陶有所不同，反映古南越先民生动而又质朴的审美取向。陶器可以储水和食物，也可以煮熟食物，使岭南先民的生活条件得到较大地改善。由于学会了制陶，岭南原始先民得以走出洞穴，来到山冈台地居住，这也为岭南原始人工居所的起源创造了必要条件。

岭南这种独特的气候条件与自然环境既给原始居住问题解决带来困难，也提供了解决途径。这便是岭南原始巢居的发明创造。古南越人有不少与中原汉人大不相同的生活习惯、文化习俗，由于气温高，湿度大，而古代岭南地面植被丰厚、森林稠密，沼泽遍布，蒸发出"瘴疠之气"，对人体有害，加上猛兽毒蛇的侵袭，使南越人早已效仿鸟类，搭建起悬离地面的简陋居所，即"巢居"。晋代张华《博物志》叙述："南越巢居，北朔穴居，避寒暑也。"所谓"构木为巢"是原先"住在树上"的岭南先民的鼻祖进化为"新人"的过程中的一种文化创造。如果称岭南原始先民的"巢居"是受鸟巢的触引启发，大约并非无稽之谈。而岭南原始先民不同于一般鸟类的根本点，就是将"构木为巢"从动物的本能转化为居住文化行为。

杨鸿勋先生指出："巢居的原始形态，可推测为在单株大树上架巢——在分枝开阔的杈间铺设枝干茎叶，构成居住面；其上，用枝干相交构成避雨的棚架。它确实像个大鸟巢的样子，即古文献称作'橧巢'的原型。"[①]把原始巢居的居住空间构筑在单株大树上，这意味着巢居的营造是从建造"屋顶"开始的，说明生活于岭南的原始先民把避雨、挡风、遮阳放在建造的优先地位来考虑。而把居住层悬离于地面之上，这也决定了原始巢居的根本的居住文化特征，就是出于防潮湿与躲虫兽的需求，适应自然气候条件，从自然居住空间过渡到人为居住空间。

然而，这种最原始的巢居由于空间过于狭小，使人在生理和心理上倍感压抑。生存空间的逼迫，使得原始先民渐渐开始探求新的居住模式，他们因地制宜地选择临近的四颗大树构筑一个离开地面的居住面和棚架，这样可以较大地扩充居住空间，这也是初始的方形建筑观念的形成。进而是"干阑"式房屋的创造，"干阑"式的主要特征，是以木柱在下部支撑整座房屋。居住面离开地面一定的距离，有干爽、通风、避免潮湿的功能，同时采用两坡屋顶具有排水快捷的效果。《新唐书·南平僚传》曰：岭南"土气多瘴疠，山有毒草及沙虱蝮蛇，人并楼居，登梯其上，号为干栏"。《北史·蛮僚传》也有记载："依树积木，人居其上，名曰干栏"。"干阑"式房屋一般以竹、木、藤、茅草等构成，岭南地区也有文物为证，1978年10月在广东省高要县（今高要市）金利区茅岗遗址中，发掘出距今4000年前的干阑式木构房屋住宅，它建于西江水滨低洼地带，面积约15~20平方米，居住高度约2.3米，平面为长方形，以木柱支撑，以树皮板和茅草围护及盖顶，屋顶倾角较大以利排雨，为防台风，屋顶茅草多用麻绳竹篾等缚紧，这也是岭南地区现存的最早的"干阑"式房屋遗址。实际上"干阑"式是岭南原始巢居进化的中间形式，这种居所平面一般为长方形，居室防潮、干爽、散热、通风、避暑、避虫兽、避水患，适应珠江三角洲地区水网纵横、潮湿多闷暑热的气候环境，以及捕捞锄耕活动的需要。随后才是穿斗式木结构地面建筑的最终形成。目前干阑式建筑在广东地区已基本绝迹，而在云南、贵州等地的少数民族地区还随处可见。

因此，岭南原始巢居大约经历了以下几个发展阶段：单株树巢→多株树巢（四株为主）→干阑式巢居→穿斗式结构地面建筑（图2-1）。这也是岭南原始居所的起源和居住文化生成的初始时期。在相对封闭的区域中演化的岭南原始居住建筑已初步形成，并显现出具有地域特征的风貌和体系。

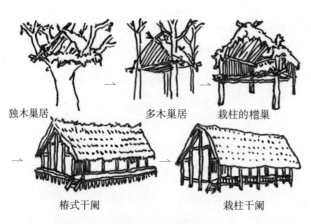

独木巢居　　多木巢居　　栽柱的檐巢

椿式干阑　　栽柱干阑

图2-1　巢居发展阶段

（来源：根据杨鸿勋. 中国古代居住图典. 昆明：云南人民出版社，2007, 7：5改绘）

第二节　岭南城市居住文化的出现

一、城市的定义

东汉许慎的《说文解字》对"城"的解说为："城，以盛民也。"城从土，上古之时，大概为用泥土构筑的大型堡垒，盛居一定数量的人民，就可称作"城"了。"市"也未有商业、贸易之意。市从巾，是胸前佩戴的一种象征性符号。因此，《说文解字》道："市以象之，天子朱市，诸侯赤市，大夫葱衡。"城市与商业和贸易联系起来是后来商品交易蓬勃发展的结果。我国上古时期一般把城市称为"邑"、"邦"、"郡"、"都"，其与国家的产生联系在一起。本书论述的城市概念，是与村落相对而言，凡是比乡村集镇较大的社会、经济、文化及人口聚居中心，不论大、中、小，皆谓之为城市。至于人口规模、面积范围及社会、政治、经济结构的相关界定，不在此处讨论。

从根本上说，城市的出现是由于社会发展分工的结果，特别是农业与手工业的分离。恩格斯指出："在野蛮时代高级阶段，农业和手工业之间发生了进一步的分工，从而产生了直接为了交换的、日益增加的一部分劳动产品的生产，这就是单个生产者之间的交换变成了社会的迫切需要。文明时代巩固并加强了所有这些在它以前发生的各次分工，特别是通过加剧城市和乡村的对立而使之巩固和加强，此外它又加上了一个第三次的、它所特有的、有决定意义的重要分工：它创造了一个从事生产而只是从事交换的阶级——商人。"[⑫]因此，可以说城市是作为与乡村的对立并由社会分工所固定下来的形式。

中国古代的城市建设大多与政治和军事堡垒功能相关，而岭南城市的产生除行政管理与军事保卫的需求外更多与商业贸易及手工业的兴起和发展紧密相连。

二、岭南城市的诞生与居住文化的出现

岭南城市居住文化是随着岭南城市的诞生而出现的，而城市的诞生又与社会发展的进程相联系。基于这种原因，由于岭南地区的社会发展较黄河流域的中原地区缓慢许多，因此岭南地区城市的诞生也较中原地区延迟很长时间。中国古代历史表明，早在奴隶制的夏、商、周三代，黄河流域一带便诞生了众多的城市，而这个时期的岭南地区，却难见城市的踪影。那么岭南地区的城市是怎样形成的呢？

据考古文献记载，岭南地区在远古就有人居住。1958年考古发现的广东"马坝人"，属古人阶段，说明至少在十多万年前，岭南人的祖先已在这里繁衍生息。

在约1万年前，岭南先民主要定居在西部与北部的天然洞穴。到四五千年前，随着人口的大量增加，便逐渐转移到大小河流和湖汊港湾附近的台地，即今天的珠江三角洲地区。这些岭南的原住居民，便是史书上称为"南越"人的祖先。他们在体质特征上同中原汉人有着比较明显的差别，主要是身材较矮，面部较窄，眼睛较大，鼻梁较低，颅骨突出，皮肤黝黑；在生活习惯与文化习俗上也有所不同，由于他们聚居在水网湖泊地带，渔猎活动多，熟悉水性，善于驾舟，喜穿短衣短裤，喜食蛤贝蚪蛇，喜剪短发，喜以图案纹身等。后来，大约在二、三千年之前，随着南越民族的形成，他们就在水滨低洼地带，开始建造干阑式木构房屋居所，这种原始聚居、迁移以及原始居住建筑的建造，是岭南先民与自然相互关系上的一次改变，表明他们初步具备了改造自然的能力。

由于五岭形成一道天然的屏障，将珠江流域和长江流域分隔开来。先秦时期，岭南与岭北地区间的交往非常困难，岭南的社会历史发展比中原地区晚了一步，因此被视为"南蛮"之地和化外之地，或者叫"瘴疠之乡"。南越族作为居住于岭南地区的古老民族，是中华民族古老的族群之一，是由岭南地区新石器时代晚期的土著居民发展起来的，其族群形成的时间大约相当于中原的西周时期。当时，中原地区已进入奴隶社会，而岭南地区仍处于原始社会的末期，还没有形成国家，只有部落联盟和部落联盟的君长。南越族主要分布在广东中部和北部，即今天的珠江三角洲一带。岭南原始聚落是城市之前岭南人的基本居住形态，是新石器时代岭南居住文化的代表形式。而今天广州地区在先秦及秦汉时期就是南越族的聚居地，并且是南越族的经济和文化中心。岭南的原始聚落实际上是岭南城市产生与发展的原点。

公元前221年，秦始皇统一六国，建立了中国历史上第一个中央集权国家。接着在公元前219年，派兵50万南下，于公元前214年统一了岭南。在这里设立南海郡，受中央管辖，这也是岭南封建社会的开端。

首任郡尉任嚣选择了南越人的聚居之地，即白云山和珠江之间背山面海的番禺作为南海郡的郡府。在这之后的一段时期内，由于各种不同的原因，大批中原汉人南迁，他们带来了中原的生产技术、礼仪伦教、风俗时尚、生活方式等，既陶冶了古南越人，也促进了汉民族与南越民族的融合。特别是在秦始皇去世后，随着诸侯割据与楚汉相争局面的出现，驻守岭南的任嚣和赵佗两人，决定自立岭南，建立了南越国，修筑城池以巩固统治，并宣布番禺为南越国国都。在他们管理统治期间，由于推广中原先进技术，推行"和辑百越"的民族政策，发展海上交通，扩大了商业贸易，使汉文化渗透到了南越人生活的方方面面，从文化到经济等各个方面缩小了与中原的差距，有力地促进了岭南地区社会的进步和生产力的发展。

番禺城是指古代的广州城，番禺就是在这个过程中，由一个南越人的原始聚居地，经过逐渐演化，最后成为岭南地区的第一个城市，也发展成为当时全国最大的商业都会之一。在城市居住文化建设方面，早在任嚣担任郡尉时，他便开始着手番禺的城廓建造。南越国定都番禺后，赵佗把番禺城的范围扩大到其周围十里外，并且进行了大规模的城市建设。在总体布局上，其宫殿区位于西面，南越人生活居住区

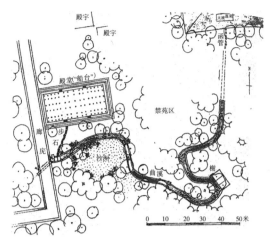

图2-2　南越王宫御苑曲流石渠平面图
（来源：杨鸿勋. 中国古代居住图典. 昆明：云南人民出版社，2007，7：162.）

（相当于郭城区）位于东南面，这其实也是中原都城建设早期以西为尊的布局思想在番禺城市建设中的反映。宫殿区的建筑，虽早已不复存在，但从20世纪90年代考古发掘的南越国宫署御苑遗址来看，南越国宫署不仅规模十分壮观，而且建筑十分考究。而御苑则池水荡漾、曲渠细流、花木成荫，是南越国宫苑休憩、观赏、游乐之地。（图2-2、图2-3）

图2-3　南越王宫苑复原想象图
（来源：根据杨鸿勋. 中国古代居住图典. 昆明：云南人民出版社，2007，7：161. 改绘）

南越王宫署目前已经挖掘出一号宫殿的一部分殿身，以及二号殿的一角，整体宫殿的最精华部分，或者说大范围宫殿群还有待进一步挖掘。南越王宫殿属于古代南方干阑建筑的矮脚干阑样式与汉式双平坡直面屋顶相结合的木构建筑体系。主要建筑朝向一致，主轴线方向与已知秦汉宫殿建筑相同。同时也顺应北高南低的自然地势，恢宏殿宇自南向北沿等高线布置，井然有序。散水遗址和排水系统建造完善巧妙，印纹铺地大砖以及大量出土的陶制瓦当等建筑构件纹样丰富、制作精细，既体现出对中原汉族建筑文化的吸纳和融会，又展示出鲜明的南越族的地域建筑特色。

宫城区外的郭城区，为南越人聚居之地，其中西门口一带为商业区，而东山一片则为郭内作坊区和居民区。这里地势低洼多水，但由于南越人主要以渔猎为生，善于驾舟，居住的又是干阑式的居所，因此这块河塘纵横的地方反倒是南越人的适宜居处。郭外有郊，郊野聚落多位于水边较平坦的山冈高地，印证了古越人"处溪谷之间"的古文献记载。

当时番禺南越城市建设不仅适应了南越早期城市作为军事政治堡垒的功能需要，而且也适应了南越族居民的实际居住生活需求。其承袭了秦汉城市的营构思想，也吸纳了南越土著城邑建设和聚落文化的特色。应该指出的是，番禺作为岭南地区最早出现的一个城市，一方面，它的城市居住文化是以古南越的原始居住文化为原点演化而来；另一方面，今天岭南地区的城市居住文化，又是以此时形成的城市居住文化作为起点而发展起来的。

第三节 岭南城市居住形态的演进

岭南地区城市居住文化的出现，虽然晚于黄河流域的中原地区，但是在其形成之后的演化进程中，不但因其鲜明的岭南地域特色，引起了人们的热切关注，而且因其在发展演变过程中的融合与创新，取得了不俗的成就，更值得我们认真地研究和总结。

需要说明的是，南越时期出现的番禺城即古代的广州城。而我们研究岭南城市居住文化的演化进程，主要是以广州城的居住形态发展为例。因为广州一直是岭南地区的中心城市，广州传统居住文化既集中了岭南地区各地的居住建筑文化精华，又辐射和影响岭南各地城镇。如果以番禺城的出现，即以任嚣构筑番禺城作为标志，从秦始皇三十三年（公元前214年）计起，那么岭南地区的城市及其居住文化的发生，已有2200多年的历史。如从公元226年东吴孙权正式起用广州地名算起，至今也有1700余年。下面将分成几个时期，分别考察不同时期岭南地区城市居住形态的演进、成就与特点，并揭示其发展过程的规律性。

一、古代（秦～元朝）岭南城市居住形态

从秦始皇统一岭南到明皇朝的建立（约公元前221年～公元1368年），前后长达约1600年，为越汉文化与海洋文化的融合期。在这漫长的历史岁月中，主要由于中原华夏汉民族大规模的移民，使岭南人口的结构发生了巨大的变化。由于移民的时间、方式以及迁入的地方不同，受当地的地理环境、生活方式、文化心理等的影响，形成了岭南历史上具有三大地方特色的广府文化、潮汕文化与客家文化。这些移民把中原文化带进了岭南地区，汉文化开始对古南越进行长期的浸润和改造，而岭南在吸取了先进的汉文化并与自身的文化相互作用之后，形成了独具特色的岭南文化，也形成了各具鲜明的共性和个性的支文化系统。

公元前221年，秦统一六国，建立了历史上第一个中央集权国家。秦王朝又开通灵渠进军岭南，并在此地设置了桂林、象、南海三个郡，使岭南成为其下辖的正式行政区域。当时驻守岭南的秦兵有50万人，秦始皇三十四年（公元前213年）还发配了一批罪人到南海郡筑城建屋，"谪治狱吏不直者，筑长城及南越池"，(《史记》秦始皇本纪）所谓筑"南越池"，就是"筑城郭宫室也"。秦二世时，镇守岭南的赵佗上书奏请拨3万无夫家女子来南海郡，"以为士卒衣补"（《史记》卷118，淮南衡山王列传），照顾生活，秦皇因此调15000中原女子移居岭南。与此同时还有大批中原汉人因经商、逃亡或作为随军工匠，逐渐南迁。赵佗在公元前204年建立了南越王国，他在统治岭南期间，积极开发民智，鼓励越人与汉族通婚，从而促进了早期的岭南的开发。赵佗于公元前196年臣服于汉朝，使汉越贸易合法化，在长达近百年的南越国时期，南越本土文化与汉文化逐渐糅合为一体。汉平南越后，中央皇权开始加强对岭南的统治，由于岭南不断与中原进行经济与文化的交往，以及历代南迁汉人对岭南的开发，因此中原汉族文化从物质到意识形态逐渐渗透到南越族人社会生活的方方面面。

如果说人类社会成功地实现了定居是人与自然关系的重大调整，那么"城"的出现则更多地体现为对人与人之间社会关系的调整。原始的南越居民聚居地经过逐渐演化，形成了城市的雏形，这些南越古城大致分为两大类：一为政治功能为主的郡县城，另一为军事据点的关隘或城堡。如番禺（古广州）原为南海郡治，后为南越国的国都，在短时间内得到迅猛发展，成为可与北方著名城市相提并论的商业发

达的城市之一。而龙川为秦南海郡首设县之一，首任县令赵佗筑城设县治。

而汉平南越后，广州城在汉代仍是一个商业发达的城市，虽然这一时期没有雄伟壮丽的宫殿，没有高台社坛，但却显现出非常强的平民性。比如城市中数量最多的居住建筑不仅形式丰富多样，而且造型也生动多彩。这在岭南地区汉墓中出土的大量陶屋明器中可以窥见一斑，为我们了解秦汉时期岭南城市居住建筑的状况提供了依据。

从建筑构造上看，岭南地区汉代有许多干阑式居所，也称为栅居式，是一种下部架空的居住建筑形式。其主要特征是在地面栽桩立柱，在柱上架板为居住面层，上面再立柱架梁。这是一种让地板架离地面，整个房屋架空的结构方式。它较好地适应了岭南地区的气候及地理环境的条件，是汉代岭南居住建筑的一种重要形式，也体现了当时岭南本土的居住文化的物质形态。

汉代中后期岭南居住建筑主要采用穿斗式结构，穿斗式又称为立贴式。其特点是由柱距较密、柱径较细的落地柱与短柱直接承接檩条，柱子之间不施横梁而用若干穿枋联系，并以挑枋承托出檐。穿斗式结构的优点是用料较小，但抗风性能较好。汉代以后的居住建筑也多用穿斗式结构，一直到明清，乃至民国初期，岭南的木构建筑仍有穿斗式结构的遗存。

广州西汉中期以后，墓葬中盛行用屋、仓、灶等模型的明器随葬，从已经出土的陶屋明器看，有干阑式，其上层为楼居，下层为畜栏，印证了《岭外代答》中"结栅以居，上设茅屋，下豢牛豕。"的记述。这种干阑式陶屋一直流行到东汉后期。广州汉代陶屋的木构模型多为穿斗式，也有抬梁式，说明北方建筑中抬梁式结构已通过文化交流等渠道进入岭南。东汉初期，陶屋出现曲尺形和楼阁式。而到东汉后期，除曲尺形陶屋较多外，最典型的是三合式陶屋和坞堡模型。此外，广州出土东汉明器中还有一种陶塔楼，有3~5层高，为木构楼阁。陶屋明器归纳起来平面形式大致有方形、L形、凹形等，立面形式有干阑式、楼阁式、单层式等，房屋的主要部分由基座、屋身、屋顶三部分组成。汉代陶屋反映出岭南地区已完全具有了各种建筑的构成要素，诸如台基、阶梯、门窗、梁架、斗栱、立柱、单檐、重檐、悬山顶、四阿顶、屋脊、脊吻等，与中原地区的居住建筑基本一致。从土著的干阑式建筑发展为汉式楼阁，其变化是迅速和明显的，广州陶屋是当时汉代中国居住建筑的代表作，同时也表明岭南地区在中原较为先进的居住文化影响下，城市居住文化方面"汉化"的速度较快而且变化惊人。（图2-4）

魏晋南北朝时期，北方战乱频繁，灾害连年，社会动荡不安，而岭南地区则社会较为稳定，经济状况良好。广州市郊出土的晋墓砖上刻有"永嘉世，天下荒，余广州，皆平康"铭文，可证明广州当时相对稳定的社会局面及城市的凝聚力与辐射力，以及广州人安居乐业的社会状况。"永嘉之乱"后，大批北方汉人纷纷南迁，岭南成为中原各阶层人士避难和落籍之地，他们常以宗族、部落、宾客和乡里等关系结队迁移并集结而居。

南下移民潮使岭南本土居住文化与中原居住文化快速融合，城市建设也随着岭南政治、经济发展而扩大。聚居地多分布在粤北和粤西地区，有的面积达数万平方米，为移民南迁合族而居之地，居住建筑也达到新的水平。

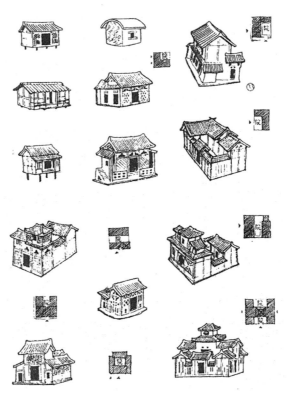

图2-4　汉代广州陶屋明器
（来源：杨鸿勋. 中国古代居住图典. 昆明：云南人民出版社，2007，7：165）

隋唐统一中原后，人民生活逐渐安定。但到唐中叶以后，北方战乱又起，"安史之乱"后出现了比西晋末年更大规模的北方汉民南迁的大潮。当时北方田地荒芜，人口锐减，到唐末全国经济的重心已逐渐南移。北宋末年的"靖康之乱"，中原百姓再一次大举南迁，这次大迁移是历史上规模最大的一次，估计南下达300万人。至南宋末年元兵南侵，北方人又大量迁徙到岭南地区。

广府地区自秦朝开始就有中原人迁入，以后又陆续有一些中原人定居在番禺。西晋以后，特别是两宋时，大量中原汉人南下，他们先迁至广东北部的南雄县（今南雄市）珠玑巷，后又顺北江南下，迁居到珠江三角洲各地。这部分中原汉人与越人杂处，既保留了中原的文化习俗，也受南越文化的影响，形成了一个操粤语方言的民系，这些南迁之民成为珠江三角洲的主要居民。历史上的历次汉人的大举南迁，都对岭南地区的社会发展具有重大的意义，这些陆续南迁而来的汉人中许多是宗室贵族、文人学者、经验丰富的商人和技术高超的工匠，他们带来了中原先进的铁制工具、生产技术、文化知识、生活习俗，从多方面改变了南越文化的结构和面貌。正如道光年间的《广东通史》记载："东晋衣冠望族向南而迁，占籍各郡……其流风遗韵，衣冠气习，熏陶渐染，故习渐变，而俗庶几中州。"另外，历代被流放的贬臣，他们的历史作用也是不可低估的，被贬到岭南的中原士大夫有很多文化名人，如韩愈、苏轼等。所有这些中原南迁汉人带来了中原先进的居住文化，对岭南的居住文化发展产生了巨大的影响。

岭南地区由于得天独厚的地理位置，自古以来就重视海外贸易，南越国时的海上贸易就有犀角、珍珠、象牙、珊瑚、琥珀、水晶、香药等进出口。秦汉以来从徐闻、合浦港起航的海上丝绸之路已很兴旺，东汉桓帝延熹九年（166年），大秦（罗马帝国）派使者到中国朝贡，就是首次经岭南海道的朝贡贸易。晋代中原战乱，西北陆上丝绸之路受阻，海上丝绸之路对中国外贸更为重要。两晋、南朝时，广州的外贸分为朝贡贸易和市舶贸易两种形式，前者是官方的贡赐贸易，后者是中外民间的商业贸易。此时中国海外贸易还没有专门的管理机构，管理大权落在地方官府手中。唐代来往广州的外国船舶大量增加，广州的港口码头也大有发展，外港码头主要在屯门（今深圳南头）和扶胥镇黄木湾（今广州南海神庙一带）。唐代设立了专管海路对外贸易的官员市舶使，市舶使的职能是代表朝廷总管东南海路的外交与外贸。

唐代广州远洋航线是空前繁荣，《广州通海夷道》中详细记述了海上丝绸之路的路线，确凿地证明了唐代的外贸中心就是广州。"广州通海夷道"从广州启程，途经东南亚、印度洋、波斯湾、东非、地中海沿岸等到达多个国家和地区，这是当时世界最长的国际航线。这一世界纪录保持了八九百年之久，直到公元16世纪中叶才被欧洲人开辟的东方航线所打破。宋代与岭南往来的国家和地区，史书记载的有50多个，范围包括今东南亚、南亚、波斯湾、东非等地，对外贸易比唐代有更大的发展。唐代以后进出口的商品发生了结构性变化，日常用品和原材料成为贸易主要商品。唐、宋时期出口的货品，仍以丝绸为主，还有陶瓷、漆器等，品种丰富、款型众多。通过贸易往来，外来文化也与岭南文化进行了多层次多方面的交流。

唐代开元年间，张九龄主持扩建了大庾岭新道，使其成为连通岭南与岭北的主要通道，邱浚在《广文献公开大庾岭路碑阴记》中就有"然后五岭以南人才出矣，财货通矣，中原之声教日近矣，逖陬之风俗日变矣"的记述。特别是两宋时期，陆路交通和北江航运的改善和顺畅，使岭南广府地区与中原及岭北各区域的交往更加频繁。由于水陆交通的便利，贸易的畅通也加快了岭南与岭北的文化交流，这一阶段成为岭南本土文化认同汉文化并与之逐步交融的重要时期。

随着社会经济文化的发展，人口的增加，南方地区的城市发展逐渐赶上北方城市。昔日南越国都城广州虽然遭到战火洗礼，城市规模缩小，但商业依旧繁荣，"广州，镇南海，滨际海隅，委输交部，虽民户不多，而俚僚猥杂……卷握之资，富兼十世"（南齐书·州郡治上）。主要是因为对外贸易的发展，广州在盛唐时期已成为全国三大商业城市之一。当时海上"丝绸之路"发达起来，西亚各国特别是阿拉伯商人大量来中国经商，并定居在广州，促进了广州经济的繁荣。随着对外贸易的蓬勃开展，外国商民鱼贯而来，定居者越来越多，广州人口结构具有了明显的国际化特点。为加强管理，官府当局参照当时城市居住的里坊制度，在城市西部划定外侨居住区，也称为"蕃坊"。

这个时期城镇建设在岭南地区也方兴未艾，隋唐岭南许多州郡县城，虽为地域政治经济中心，但有不少有治无城，或城镇规制很小，不利于城镇地域文化形态的形成和表现。到宋代，修筑府州县城在岭南地区普遍兴起，这不但打破了古代城市规划制度，而且也导致岭南城市居住文化的变革，并且日益走向成熟。如广州自汉步骘修过南越城后，到唐代一直未见修城的记载。由于缺乏强有力的外来因素，广州虽然为世界著名的商港，但城市城墙没有突破步骘建城以来的规模，仅仅保护官衙，范围不大。然而在城墙外却有大片的商业居住用地，城市总体布局呈现出城内官署区与城外商业区并立的形态。广州早期居住形态还是模仿乡村聚落，被称为"茅草都市"。唐代宋璟就任广州都督后，进行了较大变革，《新唐书·宋璟传》称，宋璟"教之陶瓦筑堵，列邸肆"，就是说他教导百姓烧瓦建房，取代茅草修葺房屋，改造店铺，以防火灾，将中原的居住建筑文化引入岭南。经过唐代，广州的总体规划、建筑技术、城市风貌、居住方式发生了根本性转变。张九龄诗句"城隅百雉映，水曲万家开"（张九龄：《送广州周判官》），载《曲江集》卷4），生动地描述了广州城中住户家居水边，具有交通、商业便利的居住环境。

五代十国时期，广州成为封建割据小朝廷南汉国的都城，又掀起了规模空前的建设高潮。宫殿、寺庙、园林都在融入中原建筑文化基础上，开始自觉打造岭南本土特有的建筑风格，并对宋以后的岭南建筑有一定的影响。

宋代在广州城市建设史上，是一个承前启后的重要发展阶段。以城市北部中间地区为政治中心，沿江及西部地区为商业居住区的城市格局在宋代得到了巩固，城市面貌大为改变，由于商业的发展，城市呈现出更加开放的平民化特征，这也促进了广州特有的世俗化城市文化的形成。宋代广州建设最突出的是修了三城，从此广州城池形成了中、东、西三大区域。这是一个随着人口和社会自然发展而扩建的商业都城，每当从城墙上俯瞰广州三城，可见高门映日、楼宇生烟、濠水泛波、桥影荡漾、商品缤纷、人头攒动的繁华景象，这一切反映了岭南城市市民文化和商业文化的特色。

宋代广州的管理者，延续唐代鼓励居民烧制砖瓦的做法，在不同民居中大量采用砖瓦建材修建房屋。如果说唐代普通民居还是木构与砖瓦混合使用，带有过渡性质，那么宋代广州大力推广砖瓦建筑，城市建设有了质的飞跃。富有岭南特色的砖瓦建筑造型各异，居住建筑的防火防雨、坚固耐久性能得到提高，城市街区功能更加丰富完善。

由于商业贸易的不断发展，三城在南宋中已包容不下日益增长的城市人口，经商的居民便在三城以南濒临珠江的地带拓展居住及贸易场地。此时，珠江北岸又向南淤积起不少陆地，经新居民开发，这里逐渐形成街道。广州是当时奢侈品最为集中的商业城市，各地商人云集，市内点肆行铺林立，邸店柜坊等服务设施已颇为完善。这对广州的城市生活产生重大的影响，城市的商业特征和市井风情又对市民的生活方式和性格心理产生较大影响。在封建社会的中国，重农轻商的思想观念及封闭稳定的社会结构已是根深蒂固，而广州居民的重商性、开放性却别具一格，社会风气与岭北大不相同，体现为这时广州市民的商业意识比较浓厚，婚姻观念也比中原地区更加自由开放，市民活动有更为自由和宽阔的公共空间。民间虽然也重视中原的传统节日，但基本不受中原传统习俗的约束，人际之间的交往也没有那么多尊卑高低的等级差别以及各种条条框框的束缚。以地缘、业缘关系为纽带的居民互动与交往在街坊邻里体系中得到了较充分的体现，形成了具有特定的开放性、世俗性、多元性的岭南城市居住文化氛围。

二、明清岭南城市居住形态

明代岭南的社会经济发展规模，大大超越了前代，农业商品经济迅速繁荣，海外贸易不断扩大。虽然明代朝廷的政策是"重农轻商，贵义贱利"，但岭南并未受此观念的束缚。明清时岭南人经商的现象十分普遍，广东商帮闻名海内外。而朝廷在很长时期实行"海禁"的政策，只准朝贡贸易，不准私商贸易，只留下广东市舶司，而广州成为唯一合法的外贸通商口岸，因此也是当时最大的商业城市。明代至清中期，是古代广州最繁荣的时期。广州由于一口通商和贸易垄断，对外贸易以其得天独厚的地位处于高度发展的黄金时期，城市也因此得到了进一步的发展。

明代对广州城进行的多次改造与扩建使广州城的建设进入了一个新的发展时期。这时的广州城市建设更多地结合了城市周围独特的自然山水环境，经过多次的改造和扩建，将宋代东、西、中三城合一，并营造坚固宽广的城垣，形成了自然交融的"六脉皆通海，青山半入城"的城市空间结构和特色鲜明的"白云越秀翠城邑，三塔三关锁珠江"的大空间格局。

今天广州城内的主要街道，早在明代业已形成，其中城南、城西已经是商业最繁华的地段。如濠泮街是"天下商贾逐焉"的闹市区，明孙蕡的《广州歌》中唱道："城南南畔更繁华，朱帘十星映杨柳，帘枕上下开户牖。"这里聚集着许多富商大贾，有"贾客千家万家室"，是"百货之肆，五都之市"，可谓"香珠犀象如山、花鸟如海，番夷辐辏，日费数千万金，饮食之盛，歌舞之乡，过于秦淮数倍。"[13]广州城的河南沿江一带在明代逐步有所开发，主要作为游览区和居住区。

清代广州城在总体布局上仍沿袭了明代的城市布局形态。由于广州市民多以经商为主业，商业十分繁荣，故清代城中除东堤和西第两处较大而集中的商业区外，市内许多街巷都是商业贸易的街道。正如《岭南游记》所记，"广城人家大小俱有生意……以故商业骤集"，在居民集中的居住区也形成了一些为市民服务的商业街道。到清中叶以后，城市的发展突破了原有城墙的限制，在北有越秀山、南有珠江的条件下，城市沿着珠江两岸和西关平原发展，早在明末西关已建有18个商业街坊，形成十八浦商业区。清代，西关大片民居兴建而成，以织造业为主的手工业区也在西关大片形成。在东山、河南这两个区域的开发也渐渐多了起来，而外国商人被准许在十三行一带设立"夷馆"，方便其经商和生活居住。

商贸经济活动不但在广州得到发展，而且岭南其他地区也如此。商业农业经济的发展，移民聚族而居，并带来商业、手工业的发展，使珠江三角洲地区崛起了一批城镇，其中以毗邻广州的工商城市佛山最为繁荣，佛山"民庐栉比，屋瓦鳞次"（《佛山真武祖庙灵应记》），成为周遭三四十里的繁华大镇，名列中国四大名镇之一，其城区已逐步形成手工业、商业和居住三大功能的分区。岭南地区这些商业城镇与广州联结为一个市场网络，使城乡生活物品等能快速流通，如河港江门船只"千艘如蚁聚"，西江重镇肇庆"帆樯如帜"，东江名镇惠州则为"岭南之名郡"。

明清城镇社会经济的发展，居民的生活水平不断上升，对城市居住文化的追求也更加强烈。但由于商业的发展与繁荣使得城市土地供给紧张，地价昂贵，给城市居住的发展带来一定的限制，使得多开间、浅进深的传统民居无法适应新的城市商业发展的格局，因而产生了新的岭南城市居住建筑形式。

（一）竹筒屋居

竹筒屋是适合近代岭南城镇日常生活的住宅形式，它用地紧凑，占地相对较少，因此大量出现在岭南城市中。竹筒屋脱胎于粤中民居三间两廊的传统居住建筑形式，是一种单开间、大进深、多天井的楼式居所，这种居所继承了天井院落密集式民居紧凑、便利、通风、实用的优点。竹筒屋的平面布置多呈厅堂—房—天井—卧房的形式，厅堂位于前面，便于会客与团聚，沿街道的竹筒屋常常把前面的厅堂改作店铺，因此形成"前铺后宅"或"下铺上宅"的商住合一的居住模式。

竹筒屋一般前低后高，便于通风的畅顺，左右建筑并联排立而建，窗户只能在前后立面开设。因土地紧张，这种楼式住宅，每户只占沿街巷的一开间门面，面宽约4~5米，进深却较大，一般为8~10米，深的甚至可达30米。在沿街巷门面的一侧设一楼梯间约1米宽，也有楼梯设于宅内。这种纵向发展的平面形式形成了建筑多进深、屋顶搭接不规则的特点，也构成沿纵深方向高低错落的造型特点。

（二）岭南宅园

岭南宅园是岭南城市富裕人家的居所，一般带有小型庭院园林，因此称为宅园。庭园的位置可以在居所的前后，或与居所并联。大户人家设有书斋，有的宅斋并联，或宅斋园三者合一。庭园规模较大的，往往在院内造假山、掘池蓄水、遍栽花木，而此时住房占园内用地相对较少。清代中期，许多富商在广州河南购地建宅园，使该地区成为广州城市古典园林较为集中的地区之一。而影响最大的则是分布在广州附近的清代广东四大名园，即东莞可园、顺德清晖园、番禺余荫山房和佛山梁园，它们均以精巧玲珑、小中见大著称，是岭南晚清私家园林的代表作品（图2-5~图2-7）。

图2-5 番禺余荫山房廊桥与宅园

（来源：广州市旅游局，中国旅游出版社编. 广州. 北京：中国旅游出版社,1998,9：66）

图2-6 番禺余荫山房宅园

（来源：广州市旅游局，中国旅游出版社编．广州．北京：中国旅游出版社，1998，9：69）

图2-7 清代宅园
（来源：陆琦．广府民居．广州：华南理工大学出版社，2013，3：10）

明清时期岭南城市居住建筑发展已较为成熟，较好地适应了当时的社会经济环境与岭南的气候环境，也因此形成新的居住习俗，对近现代岭南城市居住文化产生较大的影响，纵观这一时期岭南城市传统居住建筑，主要具有以下几方面的特征：①一般城市居住建筑以天井组合建筑，平面实用而组合灵活；②宅园带有庭院，居住建筑结合自然，水、石、船厅、廊、桥为庭园的构成元素，室内外空间联系较密切；③居所对外显得封闭、而对内开敞，创造了以天井或庭院、厅堂、巷道三者组合的民居建筑通风体系；④建筑造型朴实而规则，室内装饰具有浓郁的岭南地方风格。

　　明清时期岭南城市空间形态是以街巷为骨架，以商业街道为依托的城市结构体系，在街区内划分居住用地，居住建筑布局较为密集，商业用地和居住用地并没有严格的分区，难以界定。而街巷的布置则力求能使内部交通方便快捷，在当时交通流量不大的情况下，丁字形街巷成为主要的城市街道空间形式。城市空间营造的浓郁的商业氛围，不仅满足城市居民日常生活的需求，也为他们提供了商业活动与交往行为的场所，同时逐渐形成了具有浓郁的生活气息和市井特色的岭南城市居住文化。

三、近代岭南城市居住形态

　　近代岭南城市的年代界定以1840年鸦片战争为开始，到1949年中华人民共和国成立为止。在这个时期内，由于社会的发展、变迁，封建制度正在走向灭亡，近代资本主义社会逐渐兴起。岭南近代城市发展处于中西方政治、经济、文化碰撞与冲突的焦点，此时虽然广州一口通商的外贸优势失落，但仍然是中国近代工业发展最早、近代化步伐较快的城市之一。广州在近代化的过程中，城市建设表现了较强的自主性，并较早地主动接受西方的城市规划理论。城市的发展最先突破了城墙的限制，对传统城市进行革新和改造，拆城筑路、市政改良，开创了民国初期岭南城市新气象。广州市政厅作为中国近代第一个由中国人自办的市政管理机构，积极进取，带动岭南城市较早完成了市政基础设施和其他公共设施的改造和建设，西关、河南、东山等地区先后发展起来，并形成了近代中国最具地域特色的骑楼街道。华侨投资岭南城市的房地产业是当时普遍现象，同时他们也把外来的居住文化带入国内，推动了岭南城市居住文化的近代化转型。

（一）西关大屋

　　由于广州纺织业的迅速发展，西关许多农田成为工业厂房区。纺织业的兴盛又带动了印染、制衣、制帽、鞋业、袜业、绒线等轻纺工业的发展，使得西关日趋繁荣，人口聚集。因此，在厂房区的西面，大片土地被开发，逐渐形成以宝华街一带为中心的新的居住与商业街区。（图2-8、图2-9）

图2-8　西关内街
（来源：作者自摄）

　　在此兴建居所的业主，主要有经营纺织业的工商业者，他们致富后，就在其厂房区的西边买地建房。另外还有洋行的买办，他们多在珠江边十三行工作，较为富裕也在此地建房定居。经过不断的开发建设，西关已逐渐成为一个高级居住区。西关地区的道路街巷平直，多为十字交叉，整齐有序，形成东西长南北短的长方块，以适应向西南排水的需要。街道宽度大街为4～5米，小街4米以下，并在街中间设排水渠，渠面横铺长条块状麻石花岗石。"西关大屋"为西关地区乃至广州居住建

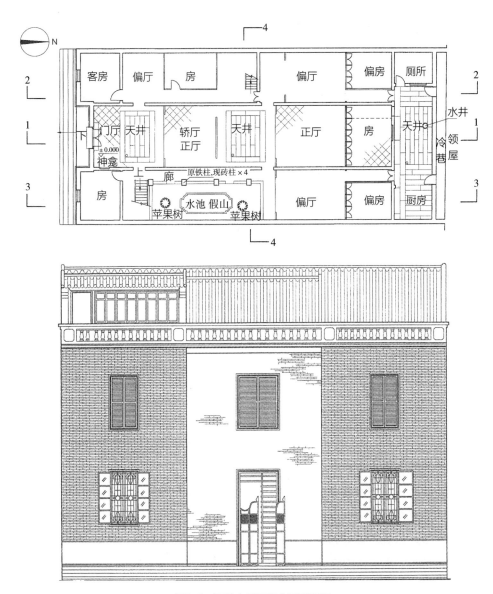

图2-9　西关大屋平面立面示意图

（来源：汤国华. 岭南历史建筑测绘图选集. 广州：华南理工大学出版社，2001，3：123）

筑的典型代表，其建筑的形式脱胎于传统的合院式民居，与当时当地的经济活动、文化观念和消费模式相适应，体现了广州近代居住的风俗习惯、礼仪规范、生活情趣、传统思想与新潮意识，表现了岭南城市市井生活的延续和发展。"西关大屋"建筑面积一般约为400平方米，建筑平面延续传统住宅实用而灵活的组合手法，在建造上采用水磨青砖砌筑墙体，用花岗石砌筑墙角，满洲花窗成为一大特色，入口大门有趟栊、角门，单层金字屋顶，瓦面叠2～3层，结构采用密排梁结构，一般有小花园和高大的围墙。而沿街的住宅普遍兼有商用的性质，住宅外立面装饰上受西式建筑的影响较大，往往具有西式的立面，也被称为洋门脸。

西关住宅区的居民主要为商贾、政要、医生、教师、名伶、侨属侨眷、外商买办等，人口质素较高，有稳定的收入与经济来源。尤其是海外归侨与过埠客商的进入，不仅带来了西方的生活方式，西方的居住文化也逐渐渗入，居住建筑形式也明显受到影响。所以在西关地区也出现了独立的花园洋房，如在昌花大街有豪华的住宅群，街巷中也出现了半独立式的私人住宅，在风景优美的地方，还建有私家园林。

（二）东山开发

广州在19世纪初已出现了房地产的交易买卖行为。由于当时对外经济的发展，城市人口大幅度增加，城市用地趋于紧张，岭南城市中出现了大量2～3层的"竹筒屋"式的低层高密度住宅，底层作为商铺，二楼以上自家多余的住房可以出租或出售，然而这些出租或出售的房屋数量较少客户面也不广，还远远不能承担近代资本主义经济意义上的房地产的商品功能。但是进入20世纪后，随着城市经济的再度复苏，商品化的房地产开始出现，城市房地产市场逐渐形成。

广州近代的房地产业几乎都是华侨投资的，老一辈的华侨，大多有"落叶归根"和"光宗耀祖"的想法。在海外摸爬滚打多年，练就了投资房地产的眼光，为了更大的赢利，他们会把岭南区域的中心城市广州作为投资的首选地点。华侨由于久居国外，对外来新式住宅颇为向往，返乡投资建房时，多以西方近代居住建筑为效仿对象，成为建筑新观念和新形式的倡导者和引入者，并为近代岭南居住建筑的创新和发展做出极大贡献。

为解决大批城市人口的居住问题，广州不得不寻求新的建设发展用地。东山原属番禺县鹿步司，是广州城东门外的一片郊野，1915年华侨已开始在东山龟岗一带经营房地产，到20世纪20、30年代，政府参照西方国家在战后改良住宅的做法，在东山区进行了大规模的高级居住区的建设。民国17年（1928年），广州市政府公布《修正筹建广州市模范住宅区章程》，随后，供富足阶层居住的模范居住区规划相继出台。

建筑师邝伟光规划设计的住宅区作为东山住宅区的典型，其规划确立了模范住宅区的规模及用地的功能分区。全区规划新开辟、扩宽道路11条，按宽度将道路划分为五个等级，并确定各级道路的横断面。规划区内设置的公共建筑项目有小学、幼稚园、礼堂、图书馆、儿童游乐场、网球场、公园、公共厕所、公共电话所、消防所、水塔及水机房、市场、电灯等13项。全区分为五个地段，规划兴建住宅514幢，层数均不超过3层，按其面积大小分为4等。住宅多为独立式2～3层的小洋楼，带有厨房、卫生间和小花园，建筑平面布局和立面造型均受西方近代建筑的影响，建筑周边环境幽静。

东山居住区的开发，使广州近代城市居住形态在东部和西部展现出完全不同的格局，形成强烈的对比。东山地区是布局疏散的西式花园洋房，西关地区是布局密集的中式合院大屋，所以有"东山少爷，西关小姐"、"南富北贫"之说，这种城市居住空间格局不仅表明了一种广州城市社会文化现象，也印证了岭南城市居住文化的多元化特征（图2-10）。

（三）骑楼建筑

由于广州历史上就是一个商业都会，旧城区中除少数官府建筑、文化宗教建筑外，大部分是居住和居住商业合一的建筑。随着旧城改建道路的拓宽，引进西方的建造技术，以及混凝土的使用开始普及，城市中传统的竹筒屋也发生了很大变化，这种变化表现在结构技术和建筑造型等方面。骑楼作为一种外来的城市街屋模式，首先在新加坡、中国香港等曾经的英属殖民地出现，由于适应热带和亚热带气候特征及便利商业用途，得到当地华人社会的认同，而迅速在岭南传统城市改良运动及新开埠城市中得到传播和广泛采用。

骑楼实际上是脱胎于岭南城市传统竹筒屋"下铺上居"原型与外

图2-10 东山别墅
（来源：作者自摄）

来敞廊建筑形式结合的变体，两者在平面布局与功能上大致相同，街道两侧联排的骑楼首层仍然作为商铺，二楼以上则为住宅，在空间形式上，首层商铺沿街道作一定的退缩，而二层以上的住宅部分跨越人行道，首层因此形成一条廊道空间。建筑层数一般为4～5层，立面处理上多采用西式建筑的处理手法，如西方建筑中的拱券、柱式、雕饰、栏杆、线脚、女儿墙等，乃至巴洛克建筑风格的断裂的山花与檐部等。骑楼底层空间高约4～6米，具有遮阳与避雨的功用，不仅可以改善商铺的风光热等建筑物理小环境，而且为市民提供了一个全天候的舒适的购物和通行环境。

岭南城市近代建筑中，大量兴建的骑楼式街道所形成的城市街道空间独具特色，这与有关建筑法规与管理部门的引导和推广密切相关。当时政府有规定，如骑楼下的人行道面积由业主提供，则可在楼房的上层补偿骑楼下的全部面积或加一个系数给业主。比较公平合理的规定，令双方都能认同。因而骑楼得到大力地推广，以骑楼形式改造传统街巷成为当时岭南地区主要的城市街道景观，这也代表岭南近代城市居住文化的一种整合与创新。（图2-11、图2-12）

图2-11　广州骑楼

（来源：作者自摄）

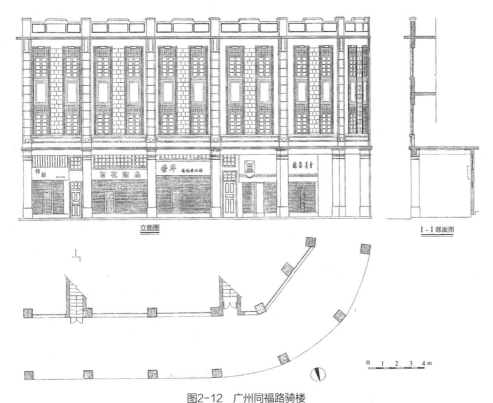

立面图　　　　　　　　　　　　　　　　　　Ⅰ-Ⅰ部面图

0　1　2　3　4m

图2-12　广州同福路骑楼

（来源：汤国华. 岭南历史建筑测绘图选集（一）. 广州：华南理工大学出版社，2001，3：218）

四、现代岭南城市居住形态

1949年10月随着广州解放后，岭南城市发展进入了社会主义建设的新时期，新中国成立前广州是一个传统的商业性城市，工业基础相对薄弱，工业企业规模小，零星分散在旧城区内，全市只有西村工业区及南石头工业点。新中国成立后近30年的时间，中国城市的居住建筑深受"社会主义城市为劳动人民、为生产服务"的建设方针影响，总体上呈现均衡分布和统一供给的基本特征。在广州政府"在相当时期内，逐步使广州由消费城市基本上改变为社会主义的生产城市"的城市建设目标指导下，广州的产业结构出现了较大变化，传统的商业、服务业、金融业开始萎缩，而工业的发展进入了新的时期。这一时期的发展，逐步丰富了广州两千年来以单一的商业贸易性质为主的城市功能，这一变化为改革开放以后城市向多功能综合性大都市的方向发展打下了基础，而现代意义上的居住空间形态也在岭南城市中也逐步形成。

（一）新村建设

在20世纪50、60年代，广州的居住区总体规划与住宅建设，均按照当时的相关政策方针进行。新村建设首先是在原有分散的工厂住宅区的基础上，建设成片的住宅，形成了一定规模的以工人住宅为主的居住区。这一时期建设的工人住宅区主要分布在旧城区的边缘地带，用地规模较大，但住宅本身较为单调，配套设施简陋，生活服务设施缺乏，但居住区内有明确的街坊及基本生活单元的划分，如建设新村等。其次为了解决水上居民陆地定居的问题，国家拨专款兴建水上居民新村或住宅区，如渔民新村建设。此外，由于广州是著名的侨乡，是新中国对外的一个窗口，政府为归国华侨和高级知识分子兴建了标准较高的华侨新村。华侨新村的住宅以2～3层独立式住宅为主，也有极少数多层公寓，规划设计结合地形采取较为灵活的低密度自由式布局，绿化布局结合道路与建筑形成良好的整体景观。

（二）单位大院

单位大院是计划经济时代的产物，也是单位主导体制下产生的独特的居住模式。这种模式将一个单位的工作区和生活区结合为一体，各种生活配套设施一应俱全，并有院墙的围合与社会完全分离。20世纪60年代随着城市住宅建设中统建制度的停止，岭南城市建设提倡"见缝插针"和"填空补缺"，各单位纷纷圈地建院。到20世纪70年代初，全国上下又全面倡导单位自建宿舍，从而使单位大院在城市中遍地开花。这种建设模式虽然使每个单位内的社会网络发达，工作生活便利，同事间业缘、地缘关系紧密，但不同的单位大院之间却互相封闭，由此导致整个城市居民公共意识缺失，社会交往贫乏，城市公共生活极不发达。同时，由于一个单位大院往往占地规模较大，自成一体，客观上又导致了城市中单个街区尺度过大，限制了城市道路合理布局，有的区域路网密度过低，城市公共交通组织十分困难。

计划经济和住房福利分配的制度，导致了单位大院与居民新村采用几乎千篇一律的居住建筑形式，整个城市居住空间呈现出似曾相识的外部环境形象。因为住房福利分配制度要求体现平均主义的思想，具有严格的等级标准与分配制度，再加上住房供应的短缺，以及建造中标准化、大批量生产等因素，使得当时的住宅只能满足一般的居住需求。在当时特定的历史环境下，福利住房根本不能体现居住者的特殊愿望，更不能满足人们对居住生活的多样化、个性化的需求。

（三）住宅小区

新中国成立后岭南城市住区建设的另一重要转变是新型住宅小区的出现。这种居住区既不同于传统的西关大屋，也有别于东山别墅群建设。它是以当时苏联的住宅区规划设计思想为指导方针、以计划经济时代的住房政策为分配原则的一种公共居住模式。规划布局上早期主要以多层的单元式住宅为基本模块，进行周边式和行列式等多种形式的组合布置，一般设置公共的中心绿地，提供休闲与儿童游乐的空间，以及配套商业服务网点。淘金小区、江南新村等居住区就是20世纪80年代初期广州市为解决市民的住房困难而实施的成片开发的住宅小区。

当时新建的住宅小区大部分位于城区的边缘，以工人新村最具有代表性，它们与工业区相毗邻，具有比较齐全的公共配套设施与专业化的服务网络，既有利于生产，又方便生活。但住宅小区是在住宅匮乏、需要大规模建设的背景下形成并成熟起来的。它是现代功能主义的产物，与岭南城市传统居住区浓郁的生活气息相比，存在着简单粗糙、形象单调、功能低下、无场所感和社区感等问题。

改革开放后，岭南城市住宅小区的建设发展迅速。随着社会主义市场经济的建立以及土地有偿使用，单位大院建设模式逐渐退出历史舞台。20世纪80年代广州率先推行土地有偿使用，城市居住建设投资的主体也日趋多元化，房地产开发行业又在岭南城市出现。1980年全国首个商品住宅小区——东湖新村在广州诞生，它也是国内第一个尝试引进外资兴建的居住区（图2-13）。20世纪90年代末期，随着住房福利分配制度逐步废止，住房建设全面商品化，住宅小区的建设成为房地产业的主要投资项目，也成为城市经济的主要支柱产业。因此住宅建设得到突飞猛进的发展，各具特色、不同风格的住宅小区相继落成，使得岭南城市居住环境面貌发生日新月异的变化，市民的居住生活质量大幅提高。

（四）居住社区

由于经济体制的变革及市场经济的深化与完善，岭南城市住宅建设逐渐市场化、商品化，以房地产开发为主导的居住社区陆续出现。这种具有物业管理的居住社区已逐渐成为岭南城市居住区建设的主体。居住社区依据其开发目标及居住群体可分为三种类型：第一类为高级住宅区或别墅区，具有较强的封闭性，居住者均为较高收入的群体具有某种同质性。这种类型的居住社区规划追求设施的完善与齐全，并具有明显的居住隔离的特

图2-13　广州东湖新村
（来源：http://image.baidu.com）

征；第二类是混合型居住社区，居住群体多样化，是当今岭南城市最主要的居住社区；第三类是中低档的，如作为保障型住房的经济适用房、限价房、廉租房以及一些拆迁安置小区、农民新村等。这种居住社区的开发建设以政府主导，满足城市低收入群体的居住需求，社区配套设施较为完善但标准相对较低。

目前岭南城市房地产市场从经历了概念炒作的迷惘阶段，正逐步走向成熟。居住社区的建设突出项目前期策划的重要性以及建筑师在其中的关键作用。居住社区的概念是把人与居住环境视为一个整体，在提供给人居住空间的同时，更多地能赋予居住生活的乐趣与品味。在全国房地产业加速发展的同时，岭南城市住宅产业也从未停止创新求异的脚步。房地产开发已不再满足于平庸的所谓的欧陆风情与空泛的绿化环境，于是在新开发的城市居住环境中，展现了更加个性化的异域风采和中式韵味，更加可喜的是开始涌现了基于再现岭南城市居住文化的探索实践，如深圳万科·第五园、佛山岭南新天地、东莞万科·棠樾、广州逸泉山庄·粤园、广州越秀岭南湾畔、广州亚运城媒体村等。居住社区从单体到环境均体现着和谐统一的风格，由细部处理诠释地域居住文化主题的特征，充满着岭南城市居住生活的乐趣和情调。这些新兴的居住社区为岭南城市居住环境形象塑造注入了新的活力，通过亲切的邻里生活、丰富的社会网络、复合的功能结构，促使岭南城市居住环境正向岭南城市居住的"生活世界"回归。(图2-14)

图2-14 广州
珠江新城颐德公
馆

（来源：广州珠
江外资建筑设计
研究院有限公司
项目组提供）

本章小结

本章针对岭南城市居住文化的生成及其演进过程，从居住文化的人本规定性与居所的起源和居住文化的生成的角度，论证了岭南城市居住文化生成的根源——人的超越性和创造性。并对岭南城市居住文化的产生与岭南城市居住形态的演进的主要脉络进行了全面的回顾和总结。

研究岭南城市居住文化的发生机制实际上就是要揭示居住生存方式的产生及形成的问题，以现实的人的存在与居住文化为侧重点来揭示岭南城市居住文化的发生。居住文化作为历史地凝结成的居住生存方式，体现着人与自然相互作用而达成的和谐，以及人对自身本能的超越，也显示了人区别于动物和其他自然存在物的最根本的特性。关于居住文化的超越性或创造性维度，即关于居住文化的人本规定性，是居住文化的最本质的规定性，我们可以从居所的起源到居住文化的生成来进行论证。

岭南城市居住文化是随着岭南城市的诞生而出现的，而城市的诞生又与社会发展的进程相联系。古番禺（今广州）作为岭南地区最早出现的一个城市，一方面，其城市居住文化是以古南越的原始居住文化为原点演化而来；另一方面，今天岭南地区的城市居住文化，又是以此时形成的城市居住文化作为起点而发展起来。

而岭南城市居住文化的历史演进经历了二千多年，研究将其分成古代、明清、近代和现代等几个时期，分别考察不同时期岭南地区城市居住形态的演进、成就与特点，并揭示其发展过程的规律性。

[注释]

① （德）蓝德曼. 哲学人类学[M]. 北京：工人出版社，1988：260–261.

② 庄锡昌等. 多维视野中的文化理论[M]. 杭州：浙江人民出版社：1987：107–108.

③ （德）蓝德曼. 哲学人类学[M]. 北京：工人出版社，1988：210.

④ （美）本尼迪克特. 文化模式[M]. 杭州：浙江人民出版社，1987：13.

⑤ （德）雅斯贝尔斯. 历史的起源和目标[M]. 北京：华夏出版社，1989：46.

⑥ 庄锡昌等. 多维视野中的文化理论[M]. 杭州：浙江人民出版社，1987：106–107.

⑦ （德）马克思. 1844年经济学——哲学手稿[M]. 北京：人民出版社，1979：50.

⑧　（美）卡斯腾·哈里斯．建筑的伦理功能[M]．申嘉等．北京：华夏出版社，2001：135．

⑨　（美）卡斯腾·哈里斯．建筑的伦理功能[M]．申嘉等．北京：华夏出版社，2001：136．

⑩　杨新民．原始建筑的本质及其现代启示[J]．建筑师，47期．

⑪　杨鸿勋．中国早期建筑的发展[C]．建筑历史与理论，1980，1：114．

⑫　（德）恩格斯．家庭、私有制和国家的起源．马克思恩格斯选集（第四卷）[M]．北京：人民出版社，1972：161-162．

⑬　赖振寰:《朱子碑楼辑存》，徐俊鸣．广州都市的兴起及其早期发展．见：岭南历史地理论集．广州：中山大学学报编辑部，1990，11．

第三章
岭南城市居住文化的功能、本质与特质

通过上一章关于岭南城市居住文化的生成、演进的探讨，对于岭南城市居住文化的历史与现状，已有一个较为全面的，但却是初步的认识。本章将在这种认识的基础上，把它们归纳起来，从文化哲学的角度，阐明岭南城市居住文化的功能、本质及其特质。这样既能加深对岭南城市居住文化历史与现状的认识，还能为后面论述岭南城市居住文化的构成与模式、危机与转型奠定必要的理论基础。

第一节　岭南城市居住文化之功能

城市居住文化，在其文化哲学视野的本体意义上，不是外在与政治和经济等城市社会活动并列的具体的文化活动，而是内在于人的全部居住生存活动的机理性的存在。亦是：居住文化的基本功能是从深层次制约和支配城市个体居住行为和社会居住活动的内在的机理和图式。城市居住文化的功能可以从两个方面来表述：在个体居住行为的层面，城市居住文化主要体现为人自觉或不自觉地遵从的城市居住的行为规范和价值体系；在社会居住活动的层面，城市居住文化主要体现为与政治、经济运行相关的城市社会居住活动的内在的机理和图式。

诺伯格·舒尔茨在《居住的概念》一书中把居住分为集合的居住、公共的居住和私密的居住。他认为：含有城市空间的聚居区域总是展现了集合居住的舞台，公共建筑物体现了公共的居住，而住房则是个人得以发展的庇护所。聚居区域、城市空间、公共建筑和住房空间共同构成了总体环境。[①]可以理解其总体环境就是我们通常所说的人居环境，这个环境总是与带有普遍和特殊的自然环境相联系的，居住意味着要成为自然环境的朋友。

一、在个体居住层面的功能：城市居住的行为规范和价值体系

首先从城市居住文化对于个体的作用着手来探讨城市居住文化的功能。如前所述，城市居住文化虽然是人的居住实践活动的创造物，但它一旦形成，就具有群体性，并对个体的居住行为形成外在的强制性。当居民的居住行为符合生活于其中的城市居住文化的规范要求时，不会感受到城市居住文化的作用和城市居住文化的力量，但是当居民的居住行为偏离或违背了给定的、大家公认的城市居住的行为规范或价值体系时，就会立即感受到城市居住文化特有的力量。尤其在城市居住文化模式相对单一、文化观念相对保守封闭的传统社会，一个人的居住价值观念、行为方式等与众不同，便会遭到给定的城市居住的行为规范和价值体系的拒斥，并由此妨碍他的基本生存。在两种完全不同的城市文化居住规范体系中，居住文化的差异和冲突就更加明显，体现在居住生活的方方面面。因此，要了解城市居民的居住行为和生存状况，首先需要了解对于人的居住行为起着制约作用的城市居住文化规范。

个体居住层面就是诺伯格·舒尔茨所称的"私密的居住"，他认为"选择也更多地与个人相关，而每一个人的生活都有独特的轨迹。居住因此也包括了一种隐退生活，以限定和发展自身的个性"[②]。他同时认为私密生活也有既定和共享的准则。展现私密生活的舞台就是住房，它是一种"庇护所"，人们在此聚集和分享构成个人世界的那些记忆。

诺伯格·舒尔茨指出住房是日常生活的发生地。日常生活反映了我们存在的连续性，因而像一块基石支撑着我们。住房必须保持和显现现象，以使现象易于理解，如光线、风向等自然现象及氛围、情绪等人为现象。私密的居住集聚对外部世界的体验及记忆，将其与日常生活中的饮食、睡眠、交流、娱乐联系起来，是微观的生活世界。住房将居住环境变为"居住场所"，会合了经过选择的意义，确认了居住者的个人特性，为其提供了安全、平和的内部生活空间。

居住文化首先是满足人的居住各种需求的价值体系；进而提供了特定时代、特定人群公认的、普遍起制约作用的个体居住行为规范。

城市居住文化是满足城市人居的各种需求的价值体系，城市居住文化的价值内涵是居住文化的人本意义更为形象的展示和具体的表达。人之所以要超越自然与本能，创造一个人为的居住环境，归根到底就是为了满足人的居住生存的基本需求。人与动物在这一个基本点上具有共性，即人和动物的居住活动都为最基本的生存需求所驱动，而截然不同的是满足生存需求的方式上的本质性区别。其他动物大都属于特定化的存在物，其先天本能完全可以满足它们的基本生存需求，其居住生存活

动因此只能作为大自然自身自发的一个未分化的组成部分，并一直停留在依靠本能而自发地满足基本居住需求的生存状态中。相反，由于人在生物学结构上的非特定化，本能上比较孱弱。人要在恶劣的自然环境中生存下去，就不得不用超自然的、人为的手段和工具来满足自己的基本居住生存需求。要实现这个目标就要求人的居住活动包含自觉性、主动性、主观性的要素。这样一来，人不仅要依靠居住文化的创造满足"住"的基本的生存需求，而且还要超越基本的居住生存需求的层面。因为满足基本居住需要的人为的、非自然的生产手段和工具的设计、加工、改善本身又引起了新的需求或次生的需求。这种新的居住需求又推动人以更高层次的创造活动去寻求更好的满足居住需求的方式。因此，城市居住文化实际上就是城市人的居住需求和满足居住需求的方式相互交织、不断升华的价值创造过程和不断丰富的价值体系。岭南城市居住文化作为相对开放的城市居住的价值体系和行为规范，其自身的演变与发展，也得益于居住文化价值观念相互作用、不断完善的结果，并影响和制约着从古至今岭南城市居住生活的方方面面。

　　社会心理学家马斯洛提出的由基本生理需求、安全的需求、交往的需求、社会尊重的需求和自我实现的需求等构成的需求层次结构理论得到普遍的认同（图3-1）。而在功能主义文化学派中，马林诺夫斯基的观点具有代表性，他认为文化的功能在于满足人的基本需求。他指出文化"是一个有机整体（integral whole），包括工具和消费品、各种社会群体的制度宪纲、人们的观点和技艺、信仰和习俗。无论考察的是简单原始、抑或是极为复杂发达的文化，我们面对的都是一个部分由物质、部分由人群、部分由精神构成的庞大装置（apparatus）。人借此应付其所面对的各种具体而实际的难题。这些难题之所以产生，是因为人有一个受制于各种生物需求的躯体，并且他是生活在环境之中。"[③]马林诺夫斯基把需求分为基本需求与次生需求，人要生存就需要衣、食、住、行以及其他东西，衣食住行、饮食男女等基本的需求是保证人的有机体得以延续的生理需要，而次生需求是在满足基本生理需求的过程中产生的新的需求。他认为，无论在基本需求还是在次生需求的层次上，都有一系列的"文化回应"来使需求得以满足。例如，在基本需求层次上，在新陈代谢与营养补给、生殖与亲属关系、身体舒适与居所、安全与保护、运动与活动、发育与训练、健康与卫生之间存在着基本需求与文化回应的对应关系。因此文化在不断满足人的各种需求的过程中，就构成了一个开放的价值体系。马林诺夫斯基对此还有明确的概括："个人和种族的机体或基本需求之满足，是强加每种文化之上的一组最低条件。由人类的营养、生殖和卫生需求所提出的难题必须得到解决。解决的方式就是建造新的、次生的人工环境。这个恰恰相当于文化的环境必须持续地得到再生、维持和管理。这就创造出该字眼最一般意义上所谓的生活的新水准。它取决于社区文化水准，取决于环境，也取决于群体的劳动效率。然而，生活的文化水准意味着新需求的出现，以及有新的驱力（imperatives）或决定因素被加之于人类行为。很明显，文化传统必须从一代传递给下一代。某种教育方法和机制必然存在于每种文化之中。因为合作是每一项文化成就的真谛，所以秩序和法律必须得到维持。每个社区必然存在认可风俗、伦理和法律的安排。"④

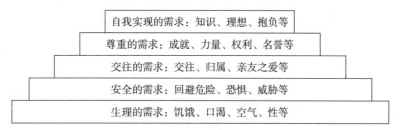

图3-1　马斯洛的需求层次理论
（来源：作者自绘）

关于文化代表着人满足基本需求和各种次生需求的价值创造活动和价值体系的观点方面，马克思的实践哲学从社会历史理论的高度有深刻的论述。马克思和恩格斯从人的衣食住行、饮食男女等基本的生理需求出发展开关于生产和社会关系等人的活动和人的世界的分析。他们在《德意志意识形态》中指出，"我们首先应当确定一切人类生存的第一个前提也就是一切历史的第一个前提，这个前提就是：人们为了能够'创造历史'，必须能够生活。但是为了生活，首先就需要衣、食、住以及其他东西。因此第一个历史活动就是生产满足这些需要的资料，即生产物质生活本身，同时这也是人们仅仅为了能够生活就必须每日每时都要进行的（现在也和几千年前一样）一种历史活动，即一切历史的基本条件。"⑤这种物质生活资料的生产表现为一个持续的、开放的过程。用马克思和恩格斯的话来说就是，"第二个事实是，已经得到满足的第一个需要本身、满足需要的活动和已经获得的为满足需要用的工具又引起新的需要。"⑥而这种物质生活资料的生产从一开始就伴随着另一种生产，即"一开始就纳入历史发展过程的第三种关系就是：每日都在重新生产自己生命的人们开始生产另外一些人，即增殖。这就是夫妻之间的关系，父母和子女之间的关系，也就是家庭。"⑦在物质生活资料生产和人自身的再生产的基础上，又产生出人的交往、合作等新的需求，由此就结成了生产关系和交往关系，并分化出独立的精神生产领域等。

马克思和恩格斯在这里把满足人的需求作为生产活动及其社会关系所构成的文化世界得以生成的基础。恩格斯《在马克思墓前的讲话》把上述思想当作马克思毕生所作的最伟大的发现。他指出："正像达尔文发现有机界的发展规律一样，马克思发现了人类历史的发展规律，即历来为繁茂芜杂的意识形态所掩盖着的一个简单事实：人们首先必须吃、喝、住、穿，然后才能从事政治、科学、艺术、宗教等。"⑧

　　个体自身的和族群的基本居住需求的满足，是强加于城市居住文化之上的一组最低条件。解决人类基本生理需求的方式是建造新的、次生的人工环境。对住的需求是人类最基本的生理需求，最初的简陋的居住建筑的建造，满足了人类基本的需要，居住建筑的建造取决于环境，取决于群体的文化水准及群体的劳动效率。有了居住建筑，意味着人类有了新的生活水准，新的文化水准及新的生活水准又催生新需求的出现，并产生新的驱动力，居住文化传统必须一代一代地传递下去。伴随居住方式因新需求出现而产生的变更，城市居住文化所外显的居住建筑形式也在自在自发的居住文化规范支配下，以及自觉的居住价值观念、自觉的居住文化精神的影响和制约下，继承与演变。这种不断的变化也内在地体现出城市居住文化自身的变化与进步。

　　在城市发展的各个历史时期，城市居住行为规范和居住文化精神会以某种方式并存，但作用力迥然不同。一般而言，在传统社会，城市居住行为规范体系主体主要受自在自发的居住文化规范所支配，如风俗习惯、宗法礼仪、血缘宗亲、乡规民约、伦理纲常等。而在现代社会中，城市居住行为更多地受技术水平、科学常识、价值观念、审美取向、法律制度等自由自觉的城市居住文化精神的影响和制约。

　　城市居住问题是城市人最基本的生存问题之一，关系到每一个人的生活，是众所周知的人类社会的世界性重大问题。满足城市人的各种居住需求已成为城市居住环境设计与建造的目的和归宿。城市人的生活需求，可分为物质需求和精神需求两个方面。从哲学意义上讲，人有双重属性——自然属性和社会属性。人的自然属性决定了人有衣、食、住、行等物质需要；人的社会属性决定了人际交往、沟通情感、交流信息、自我实现等精神需要。当低层次的需求获得满足后，才有可能发展下一个高层次的需求。随着岭南城市社会经济的发展、居民生活水平的提高以及21世纪小康社会的到来，在城市居民"有房住"等生理需求基本满足后，人们开始追求美好、舒适的城市居住环境以及由之带来的安全感、归属感、人情味以及生活情趣等精神需求。特别是随着人们闲暇时间的增多以及老年社会的到来，城市居民对居住环境的精神需求会变得愈加强烈。

　　深圳建筑设计大师陈世民先生在主题为《健康住宅的生态性与文化性——时代呼唤第五代城市住宅》的建筑师专业讲座中，总结了中国现代城市特别是岭南地区住宅发展的历程，提出了"五代城市住宅"类型创新的理论观点。他认为中国现代城市居住建筑经历了从低级向高级、不断提升的五代城市住宅类型的转变，第一代为经济节约型，第二代为实用经济型，第三代为发展转变型，第四代为景观舒适型，第五代则称为文化生态型，它是最新型的城市住宅形式。从这里，我们可以看到当代岭南城市居住从"有无"、"大小"、"好坏"到"美化（景观化）"和"诗化（艺术化）"的城市居住水平的逐步提高，以及对城市居住文化创新的不懈追求的发展过程。

进一步分析表明，城市居住文化作为满足城市人的居住生存需要的价值规范体系，实际上更多地表现为人的居住行为规范体系，因为，人的居住价值观念除了在人的言谈和论述中表达出来，更多的是通过人的居住行为真实地表现出来。城市居住文化必须具有广泛的民众基础，其教化功能体现在，它通过家庭启蒙、社会示范、社会心理、社会舆论、学校教育、新闻传媒等各种手段把系统的居住行为规范体系加注于生活在这一城市之中的个体，实现城市居住文化的规范和约束作用。

英国前首相丘吉尔也曾有句名言："人造了建筑，然后建筑也塑造人。"显然，居住建筑文化的这种教化作用是在与人的交流中潜移默化地发生的。人与居住环境之间的联系无时无刻地进行，它们构成了大量性的日常生活以及蕴含于这种生活场所中的各种意义，由街道、社区、公园内的社会交往所构成市民文化也在城市居住日常生活世界中展开，而中国传统的居所通过匾额、楹联、字画及雕饰等多种方式，把许多为人处事的哲理、历史传说、家族故事隐喻在居住环境中以教育子孙后代。美国文化人类学家拉普卜特（A. Rapoport）曾经指出，我们不能像看照片或幻灯片那样地看待环境，要融入其中并参与进去，以所有的感官，并以不同的方式——即作为个人，是为种族的社会或文化的一员。因此，"人们对环境，首先是整体与感情的反应，然后才是一特定的词语去分析和评估它们。这样整个环境只是显示这样一个概念，即人们习惯某些市区或住宅形式，只是由于它们含有意义。"[⑨]因此居住建筑的意义不是功能的附加物，而是居住建筑最重要的精神功能，对居住建筑意义的解读不能脱离功能，脱离现实生活。

同样，城市居住环境也对居民"人格"有塑造作用。历史上就有"孟母三迁"的故事，讲的是孟子的母亲为选择良好的邻里环境教育孩子，多次迁居。这说明一个居住文化氛围良好的社区对塑造健康的生活方式，营造文明的社会风尚，培育高素质的人才是不可或缺的。美国著名建筑师伊利尔·沙里宁（E. Saarinen）曾说："必须记住，家庭及宅院是社会的基础，而一个人的身心发展，跟他在那里接受儿童抚养、度过成年时期和从事工作的生活环境，都有很大的关系。家园与居住环境越能陶冶人们——个人和集体——正直地生活和真诚地工作。则社会也越有可能维持悠久的社会秩序。"他还指出："应当按照这种物质秩序和社会秩序的相辅相成的精神，来解决城市的问题，这是整个城市发展工作中的主导思想。当诚实的与创造性的朴素形式，渗入家园和居住环境中的机会越多，则城镇规划越能贯彻上述的主导思想，的确，我们应该按照这种精神，来解决住房问题。"⑩

在个体居住层面，城市居住文化经过了长期的历史积淀，所提供的城市居住的行为规范和价值体系往往是厚重翔实的技术储备和价值观念，这种规范体系几乎涉及城市个体居住行为的所有方面。同时城市居住文化作为个体的居住行为规范体系，在不同的历史背景中发挥作用的方式是不同的，既可以是自在自发的居住文化规范体系，也可以是自由自觉的居住文化精神。而当代岭南城市居住文化的自觉意识就是要求市民在城市的居住发展中更多地关注居住文化的正面导向，重视和发挥个体人的积极作用。

二、在社会居住层面的功能：城市社会居住活动的内在机理和图式

美国城市理论家刘易斯·芒福德在《城市文化》一书中指出："城市就是人类社会权利和历史文化所形成的一种最大限度的汇聚，在城市这种地方，人类生活散发出来一条条互不相同的光束，以及它所焕发的光彩，都会在这里汇集聚焦，最终凝聚成人类社会的效能和实际意义。"城市既是解决人类共同生活的一种物质手段，同时又是记述人类这种共同生活方式和这种有利环境条件下产生的一致性的象征符号。

当把视野从个体居住行为转向社会居住活动时，在城市社会居住运行的层面，城市居住文化的功能主要体现为城市社会居住活动，及社会居住制度安排的城市居住的内在机理和图式。以城市人的居住生存角度，一方面，从城市居住文化的概念出发，城市居住文化并不局限于人们通常所理解的具体的城市居住建筑的外在形式，而是内化到城市个体的居住行为和城市社会的居住活动的各个领域之中，历史地凝结成的居住生存方式；另一方面，从城市历史的方位回眸，城市居住文化从根本上不是与居住的政治、经济制度等相并列的领域或附属现象，而是城市一切居住活动和社会居住领域中内在的、机理性的东西，是从深层制约和影响每一个体居住行为和各种社会居住活动的生存方式。因此，城市居住文化作为城市人主导性的居住生存方式，作为社会和历史居住活动的内在机理，其存在或变迁，都是城市社会居住发展和历史演进不可或缺的重要内容。

社会居住层面就是诺伯格·舒尔茨所称的"集合的居住"和"公共的居住"，他指出"聚居地区只有在与周围环境的关系中才能理解。聚居地区时展现居住自然属性的舞台。"意味着人们在给定世界中找到立足之地，人们在此交换商品、交流

思想、沟通情感。而"城市空间基本上是一个可以看到'多种可能性'的地方和环境。居住在城市中，人们可以体验到世界的丰富性。我们把这种居住形式叫作集合的居住，这里"集合"是指该词的原初含义：聚集和汇集"。⑪这里我们看到城市居住在岭南地域上的自然环境及人文环境影响。

"当人们从多种环境中作出选择时，相互一致的形制就建立起来。在这种情况下，聚集比起仅仅是相遇更具有一种结构性。相互一致意味着共同的兴趣或价值构成了社会交往的基础。相互一致和共同价值的保持和'必然表现'是通过公共人造形式来实现的。这种公共形式是普遍意义上的公共建筑物，我们把这种居住形式叫作公共居住。'公共'一词是指社区所共享的东西。公共建筑物因具化了一组信仰或价值而具有'说明'这些共享价值的功能，以使共同的世界显露出来"。⑫

城市居住又是城市最重要的社会问题之一，是牵动着千家万户的基本的城市社会生存活动。《雅典宪章》指出"居住是城市的第一活动"，已把居住作为与工作、交通和休憩并列的现代城市四大功能之首。在一定的历史条件下，城市居住活动中的经济运行和政治体制所遇到的问题实质上并不是具体的经济和政治问题，而是深层的城市居住文化机制问题。城市居住文化的根本性参照体系，实际上就是城市人的生存及其意义，是对人的生命、人的存在、人的价值的空前关注。城市居住文化作为历史地凝结成的城市居住生存方式，是否具有持续的生命力及其发展的速度，不可避免地受到城市居住文化模式和居住文化机理的制约。因此，与城市社会居住问题相关联的经济、政治与制度问题，都需要从深层的城市文化模式和文化机理上加以分析和研究，才能有深刻的理解，才能制定出更行之有效的解决和改进方案。

地域生活共同体的城市居住文化价值观念构成其居住生活方式和社会居住行为准则，由此而形成了城市社会居住空间。城市社会结构的本质是市民社会意志的结果，由于岭南城市自古以来远离中央，商业贸易发达，受中原"重农抑商"及正统儒家文化等的束缚相对较小，个体和社会生活的自由度相对较大。因此市民社会出现得比中原要早，特别是宋朝以后，发展更快。马克思曾高度评价市民社会的意义："市民社会是全部历史的真正发源地和舞台。"从社会结构意义上，岭南城市市民的个体参与性与地位构成一种新的社会关系。市民所具有的非农业文化意识是区别于农民的文化特质，是由市民社会关系及社会结构存在所决定的。

岭南城市的传统市民关系是以商品交换为基础建立的初步民主关系和法权关系，是一种有着竞争意识的相对平等的社会结构体系。市民个体的社会本质角色是社会交换关系中的存在体，没有交换就没有生存。其最深层的结构表现是市民的个性、市民间交换的需求性和市民的平等意识。因此传统岭南城市已具有市民社会的雏形，而岭北的内地城市由于宗法礼教关系、家族血缘关系、权力隶属关系和等级制度、家长制度等制约，不仅缺乏从根本上"自下而上"地推动、促进社会结构变革的力量，而且导致城市市民社会极不发达，相对封闭保守，与市民社会相关的公共生活设施建设发展较慢。

由于岭南城市商品交易活跃，从商者众多，因此市场意识在城市市民的生存意识里根深蒂固，并渗入到生活的各个方面。商品经济的人际关系更多的是等价交换的契约关系，交易结束，两不拖欠。城市社会环境相对宽松，等级观念不强，较少人身依附关系。岭南城市表现为市民文化蓬勃兴起，平民化社会特征明显，居民独立自主观念较强；呈现出丰富多彩、活泼明快、自由浪漫和充满生活气息的城市社会居住文化景观。反映在岭南城市居住文化上，则呈现出社会居住活动平民化、世俗化和多元化的倾向。

联系后一章"岭南城市居住的制度文化"中将要阐明的事实，需要特别强调的是，在城市居住文化发展过程中产生的各种规章制度与政策法令，虽然都是调整和处理城市人与人之间居住行为实践的产物，但是它们又体现为城市居住文化的一种社会性功能，不断地推动着岭南城市社会的居住观念、居住行为、居住模式向前发展。对岭南城市居住文化的发展而言，这些规章制度和政策法令比那些调整和处理个体居住行为的规范体系更加重要。因此应该引起足够的重视。

第二节　岭南城市居住文化之本质

包括岭南城市居住文化在内的居住文化的本质问题，是一个颇具争议的问题，中外学者均尚难达成共识。不过，各家各派提出的观点，仁者见仁，智者见智，都有一定的道理。在这里引述一些关于居住文化本质的有代表性的观点，跟随这些学者的探寻思路，分析与探索居住文化的本质。

一、"实践"与居住文化

（一）居住实践——人居住的类本质活动

前一章论述了文化起源于人的超越性和创造性活动，而文化起源于人的"类本质活动"，即"实践活动"，就是马克思提出的重要论断。照此领悟，人类由于自身生物学结构上的弱点，只能利用后天的、人为的"第二自然"或"第二本性"来支撑自己的生存。那么这种人特有的、构成人的独特的"类本质活动"实际上就是马克思所说的"实践"。或者说，文化作为一种内含自由和制约性而构成的张力结构，具有相对稳定的自我超越和自我完善特征的生存方式，正是根植于人所特有的"类本质活动"，即人的"实践活动"。因此，要深刻地理解岭南城市居住文化的起源和居住文化的本质规定性，就必须从人的居住实践活动的角度继续深入。总之，揭示居住文化与居住实践的本质关联，可以从两个方面探寻：一方面，居住文化是居住实践的历史积淀；另一方面，居住文化又构成居住实践活动的内在机理。

马克思实践哲学理论的基本点在于：从人区别于动物和其他存在物的最本质的规定性，即从实践活动入手，来确定人生活于其中的感性世界的根基。从此意义上，我们关于实践问题的探讨，就是关于人生存于其中的生活世界的本体论思考。所以，实践哲学中，我们所使用的"实践"不是仅仅以"主体—客体"结构为核心的，改变外在对象的，简单的工具性的操作活动（Practice），而是以主体间的交往为核心的，人的基本的生存活动（Praxis）。根据马克思的理论，实践不是一般意义上的活动，而是规定着"人的类的特征"，即规定着人的本质的活动，是"自由自觉的活动"，是"实际创造一个对象世界，改造无机自然界"，进而创造人本身的活动。[13]

居住实践作为人自身的居住活动，综合了人之所以为人的根本特征：自由、创造性、社会性、超越性、目的性等。同时，居住实践是一种存在方式，它不是与自然界其他物种等同的存在方式，而是人特有的存在方式，亦即在给定的世界中找到立足之地的存在方式。它以自身的存在赋予自然界其他一切存在方式以意义和价值。作为人自身的存在方式，居住实践构成人之"存在于世"的本体论结构，为人的居住活动提供了基本的框架。在这里，人的理性、情感、直觉、意志直至本能均取得应有的地位，它们构成了有机的总体。这样作为人的居住本质活动和存在方式（本体论结构）的居住实践的最本质特征就在于对给定性（自然的和自身的）的否定、超越和扬弃，在于对人自身和人的"生活世界"的创造与再创造。人们用建筑的手段来为自己的"存在于世"创造生活空间，因此，居住实践成为人居住的全部感性世界的基础，是属人的居住生活世界的总体集合。

（二）属人特性——生活世界与人化自然

作为人的超越性和创造性的人本规定性的维度，以及作为满足人的各种居住需求的价值和意义的创造活动，居住文化直接的外在表现是：人生活在一个属人的居住世界之中，一个处处打上人的居住文化烙印的"生活世界"之中。一方面，人为了弥补先天本能之不足，为了满足各种居住需求而创造出的各类居住产品，无论是实物形态的物质成果，还是符号含义的精神成果，都不是自然给定的，而是人为的产物；另一方面，人赖以生存的自然环境，无论是原始聚落或是现代都市，也由于人的居住活动的超越性和创造性而具有了属人的特征。而完全靠特定化本能生存的动物，与自然是一体化的，其生存活动无论具有多大的威力，都只是大自然本身的活动的一部分，因此，它们的居住活动不会在自然环境中留下特殊的印迹。而人的居住活动则以其超越性和创造性在自然环境中留下文化的印迹、属人的印迹，结果是：人生活在一个居住文化的世界中，一个以人的天地之间居住活动为轴心的"生活世界"中。

20世纪哲学中著名的"人化自然"的思想认为，人化自然是经过人的劳动的改造，通过劳动而生成，作为劳动的结果而存在的自然。人化自然有时也被称作属人的自然，感性的自然。德国哲学家霍克海默在《传统理论与批判理论》中对"人化自然"做了深入的探讨，认为人生活于其中的周围世界都是人的实践活动的产物，是人类活动塑造的东西，只是个人往往没有意识到这一点，而常常把自己当作被动的、被决定的存在。实际上，"呈现给个人的，他必须接受和重视的世界，在其现有的和将来的形式下，都是整个社会活动的产物。我们周围的知觉对象——城市、村庄、田野、树林，都带有人的作用的印迹，甚至人们看和听的方式也是与经过多少万年进化的社会生活过程分不开的。"⑭霍克海默反复强调人化自然的重要地位，强调人的实践活动的创造本性，他认为随着人类生产实践和其他实践活动的发展与发达程度的提高，人的实践活动对自然进程的参与越来越明显。两千多年岭南人的居住文化的发展充分证明了这点，因此，岭南城市居住生活世界或居住文化世界具有的属人的特性，只能从人的超越性和创造性居住实践活动的"人化自然"角度，即从岭南城市居住文化的角度加以理解。

从这样的视角出发，人与自然的关系、人与人的关系、认识主体与客体的关系都不再是自然给定的二元对立，而是在居住实践结构中的现实生成。在人所独有的自由自觉的和创造性的居住本质活动中，展开并不断重构两种基本的关系或生存结构：一是主体—客体结构或主客体关系，其中既包括人与自然在居住实践层面上的相互作用，特别是人对客体的技术征服，即各种居住环境的建造活动，也包括认识主体与客体在符号层面上的相互作用，即人对居住环境的认知意象和体验记忆；二是主体性结构或主体与主体间的交往关系，由此而不断建构和结成人的各种居住社会网络和社会结构，如家族、村落、城镇、区域等。这种双重结构的展开，从岭南城市居住文化历时性来看，是岭南人的居住历史或居住实践的演进，而从岭南城市居住文化共时性来看，则是岭南城市居住空间或居住环境的建构。由此，岭南城市居住实践的基本理论内涵应该是以人的居住实践为基础，对主体—客体关系和主体间交往关系的理性展开，是一种人本主义哲学观点。

（三）"家"文化

居住建筑作为人的社会劳动和居住实践的产物，毫无疑问地被打上了属人的特性。居住文化历史揭示居住建筑活动从来都不是自然行为，它是人类有意识的生存活动，是一种居住文化行为。任何一种居住文化模式的产生和发展，都是同特定的生活方式密切相关的。在旧石器时代以前，人们大多是依靠天然洞穴过着群居生活。旧石器时代晚期的巢居以及有意识建造的穴居的出现，则意味着这种群居生活方式的解体，这是由于无论巢居还是穴居，其空间和尺度都限制了居住的人数，因此使群居变为分居，正是人类居住文化活动的开始。

当人们从久已习惯的群居生活方式中解脱出来，进入对偶或家族居住形式时，他们的社会关系和生活方式也随之发生巨大的变革。正是在这种社会变革中，产生了由众多核心家庭所组成的新的部落式原始国家。舒尔茨在谈到住房的社会意义时引用了挪威作家T.韦索斯的说法："成年男女需要有一个地方结合在一起，地球上到处都这样"。在"家"中，人们需要一个房子，即居所。也就是说："真诚的心灵并不会随意漫游而没有一个家。它需要一个固定的点可以回归，它需要矩形的住房。"⑮这表明，人类居住建筑活动从一开始就是一种富有社会色彩的属人行为，即人类最早的建筑就是"家"。因此，在原始时代，建筑的本质就是居住，其根本特征只能在居住文化或家文化中得以体现。

从汉语中"家"的词源学意义上，可以发现"家"是人类定居的一种文化模式。《说文解字》说"家"从宀从豕，"宀"是大屋顶的象形，是远古宫室在汉字中的表达；"豕"则为小猪。由此推测，原始先民本无居室，只能居于野外，后来有了穴居巢居等原始居住建筑，有条件将野猪之类动物在居所圈养起来，这便成了"家"。可见"家"是原始先民定居生活、饲养野生动物使之成为家畜的一种文化现象。海德格尔谈到"家"的重要性，有精辟的见解："根据我们人类的经验和历史，至少就我所见来说，我知道，一切本质的和伟大的东西，都源于这一事实：人有一个家并且扎根于一个传统。"⑯"家"也被海德格尔指为"存在的立足点"，意味着身心归属某地，或是花园绿地，或是街道聚落，意味着"存在于世"的本真状态，它使人们深深感受到生活与存在的意义。

之所以把"家"视为一种文化，是因为作为人类从残酷的自然力中将自身分离和解脱出来的人类文明成果，它从本质上区别于自然形态的动物巢穴。动物巢穴是单一功能——"生存"的空间，而人类的"家"，即使是原始的巢居、穴居，却已升华为感知空间，产生了唯人类居住建筑才有的精神价值。作为"家"，它不仅容纳着人们各自的躯体，还容纳着人们相互的情感。由于"家"文化起源于祖先崇拜，是血缘组织的产物，这便首先决定了它的本质是精神层面的。毫无疑问，对于原始人而言"家"的含义绝不仅仅是物质层面的房屋，那里还蕴含着生命的全部的意义，寄托着他们对生活的感悟，体验和憧憬。

"家"文化又是一个充满诗意和幻想的浪漫之地。对于原始人，他们赖以栖身的房屋不仅是一个可见、可嗅、可触摸的物质世界，还是一个用心灵和想象去感受的精神世界，一个可以与之对话的活的文化世界。因此，他们往往"让幻象来塞满自己的住宅，自己的周围环境。"[17]这种浪漫主义的居住建筑观念，实际上是人类把握生存世界，进而把握自身存在的一种方式。在地老天荒的岁月，面对自然界死寂冷酷的物理环境和野蛮凶残的兽性环境，原始人正是凭借充沛的激情和想象力去建设赖以生存的"生活世界"和"精神家园"，去安身立命。因此，"家"文化无比丰富的情感内涵和浪漫主义色彩，成为原始人的本质力量之所在，也成为原始自然主义居住文化的本质之所在。

"家"的体验在本质上是一种亲切温暖的经验，"家"保存着人们无数的回忆和梦想。在城市中，"家"是一个人赖以获得"认同"和"定位"立足点的城市角落。无论是物质生活空间还是社会文化心理，"家"这种对日常生活有特殊意义的"角落"对人的生存至关重要。有西方学者认为"家"是"现象学研究内部空间的个人的内在和亲密价值的独特场所"，并指出"如果从现象学角度入手，那么家将为我们提供栖居空间价值的具体证明。所以，真正的栖居空间都承载着家这个概念的本质。"[18]因此，"家"文化研究中采用现象学的思考就是为了保存其本质的特征，即揭示了"原初以某种方式与基本定局功能相联系的真实本质。"[19]

岭南城市居住文化起源于岭南人的超越性与创造性，实际上就是起源于岭南人的居住实践活动的超越性和创造性。人区别于动物的这种特有的居住类本质活动的居住文化作为人的居住活动的内在机理和方式，具体表现在人的居住实践活动所具有的体现人的目的性的居住价值取向、调节人际关系的居住行为规范、支撑社会居住的经济和政治体制运行的内在精神和驱动力量。

总之，岭南城市居住文化哲学是居住实践哲学，是以岭南居住实践总体（人的居住生活世界）的分裂与统一的居住活动为本体的本体论；是关于居住主体与客体在居住实践总体中生成与创造、建构与重构的居住认识论；是以居住实践为人的居住本质和存在方式（本体论结构）的居住人本学。人的居住生活世界的一切均在居住实践总体中生成、演变、分裂和统一。参照马克思的实践哲学理论，这一居住实践哲学代表了人本主义和自然主义相统一的哲学立场，构成了新的岭南城市居住文化精神。

二、"安居"与居住文化

（一）存在与安居

德国哲学家海德格尔对人类的"居住"活动进行了哲学层面的深刻探讨，他认为，作为人的存在，即作为短暂者生存在大地上，这就是居住。人的存在的原根性就在于居住活动本身。所以，"建筑并不仅仅是通向安居的一种手段和道路——建筑本身就是安居。"[20]安居是凡人在大地上的存在方式，但究其安居的本质，海德格尔认为："安居，置于和平中，就是说，处于和平中，处于自由中。自由在其本质上保护一切。安居的根本特征是这种保护，它遍于安居的整个领域。当我们沉思到人就在于他的安居，就在于他待在大地上安居，安居的领域就已经向我们揭示自身了。"[21]

在海德格尔的定义中，世界是由天地之间的事物组成的。"事物聚集了世界"，海德格尔的"世界"概念是指人的生存世界，后来发展为"天、地、人、神"的四元合一的结构。真正的事物是指那些能够具体化或揭示人们在世界中生活状况和意义的东西，它们因此能够将世界联系成一个有意义的整体。同时海德格尔谈到人类的本质就是安居，要在大地上，天空下定居，它存在于"天地神人"四大要素之间。如果定居反映了人类和空间的关系，那么空间就被赋予了多种意义。这是从哲学的角度出发，对建筑和居住与世界相互关系的宏观概括。

海德格尔在1951年8月5日给建筑师做了题为"对建筑安居功能的思考"的报告。报告开始就提出了一个论点：建筑的本质是让人类安居下来。他指出让人居住的地方和暂时栖身之地也有很大的区别。尽管有些建筑"设计得很好，日常保养也很方便，价格又低廉，通风，光线也不错。"但它们仍不是"适合居住的地方"，他区分"安居"和"栖身"两个概念是真正定居下来还是找一个暂时的栖息地。要想使人安居下来，住房必须有"家"的感觉。他认为人们把普通建筑同适于安居的建筑混为一谈是因为他们没有充分理解动词"定居"的真实含义。为了证明建筑同定居密不可分，他引用了古英语和高地法语：虽然现在已废弃，但建筑的真正含义是"定居"，反过来，"定居"原来的意思是"存在，建造"，所以，"定居"是人类存在的基本特征。定居最早的意思不是把人丢弃到无边的空间中去，而是指人在世界上某地固定下来，人与空间的关系就是定居的关系。这种早期的人类定居之所就要求建筑有良好的空间位置。

　　他还指出"安居的真正困境不在于房屋短缺，"而在于"人们是否了解安居的本质，也就是他必须了解怎样定居。"海德格尔告诫他的听众：只有在摆脱了对上帝和其他偶像的崇拜狂热后，人们才有可能真正得到安居。要解决目前的"安居困境"海德格尔试图用黑森林农庄这一旧时建筑来抵御偶像崇拜。要想真正地安居，就必须学习怎样才是安居。真正的家园不是天生就有的，要认识到自己只是在浩瀚世界中跋涉的旅行者，我们还没有找到自己的家园。只有这样，我们才能解决"安居困境"的问题。才能理解海德格尔所说的："如果人类还没有认识到，他之所以感到无根是因为他不知道安居的真正困境正视这个困境的话，他们应该怎么办？"他认为："只有人类开始思考无根可依的问题，它就不再是一种痛苦。"[22]

　　诺伯格·舒尔茨在《居住的概念》一书中也指出"存在于世"与居住的联系：居住意味着在人与给定环境之间建立一种有意义的关系。这种关系就是一种认同感，即归属某一地方的感觉。人们在定居时会重新发现自己，其存在于世也因此而确立。另一方面，人也是一个旅行者，总是在旅行的路上，会对居住地作出选择。在选择居住地时，人们也因此选择了与其他人之间一种伙伴关系。[23]他认为居住包括人们为体现这些居住意义而创造的场所。

　　建筑现象学认为居住的本质是要为人类提供一个身心庇护与交流的场所。他们在此生产生活、学习交流；他们在此成家立业、繁衍生息；他们在此发现自然、创造神灵，也塑造自己。居住建筑这一刻成为人类在广袤大地上能够"安居"的家园，它既是人们日常生活的实体空间，又是人们心灵寄托的意象记忆。居住建筑要做到使人感到安居，就是要使人深深感受到生活和存在的意义。无论是居住文化还是居住建筑，都是人类回归"家园"的梦想和探索，诺伯格·舒尔茨提出"我们因此把功能主义的'非图形'设计方法抛在后面，继而开创一种建筑，从存在的意义上满足人们居住的需要，实现人们归属和参与的愿望。"[24]中国自古就追求拥有"安身立命"之场所与"安居乐业"之生活。当代岭南有的居住社区也提出"创造一个'所在'"的概念，目标是创造一个身心交融，具有归属感，家园感的居住场所。

（二）场所与安居

　　在对当代岭南城市居住文化的不断反思中，人们越来越清楚地认识到居住建筑的本质——一种人化的居住空间。其最根本的特征就在于满足人居住的物质和精神的需求，寓含人类居住活动的各种意义。因此，居住建筑活动的中心便不再仅仅停留于居住建筑实体本身或由这些实体所围合的有形空间，而是关注更加实质性的概念——居住意义，或者称居住"场所精神"。追求居住"意义"的过程就是探索居住建筑的本质的过程，要真正认识人对居住建筑的需求，就必须深入居住建筑活动的深层结构，触及人类居住的本质，也就是居住文化的本质。

　　居住建筑文化的探究首先必须涉及人在世界上安居这样一个存在论的事实。诺伯格·舒尔茨正是以此为前提把建筑活动纳入到人的"世间存在"的"诗性结构"中来解释其意义，从而形成其著名的"存在空间——建筑空间——场所"的存在论建筑观念。

　　早在20世纪60年代，诺伯格·舒尔茨就曾借鉴海德格尔的思想分析建筑，在1971年出版的《存在、空间和建筑》（Existance, Space and Architecture）一书中，舒尔茨首次引入了"存在空间"的概念，目的在于将建筑研究同人的存在属性明确地联系在一起。他指出，人的存在是空间性的，当人把它的"存在空间"外化为"建筑空间"以后，本质上将"建筑空间"视为"存在空间"的具体化，就找到了存在的立足点，就达到了真正的定居。因此，他十分强调将建筑的形式、空间和环境归结为一种特殊的存在含义，即所谓"场所精神"，建筑的意义需要由特定的建筑形象及城市环境来承载。舒尔茨在《场所精神》（Genius Loci）一书中，用新的术语重新解释了"存在空间"的内涵，他认为这个概念包含了空间和特征两个方面的内容，它们分别与定位（Orientation）和认同（Identification）这两个人们"存在于世"的基本心理尺度相联系。所以，存在空间既不是数理与逻辑意义上的空间，也有别于当时建筑研究中流行的那种客观实体空间，而是表达了一种人与环境之间的基本关系。人们对建筑空间的把握是以对空间形态和场所特征的综合感受为基础，空间形态的把握产生方向感，而通过定位确立自己与环境的关系，从而获得安全感。场所特征的感知产生认同感，使人认识并把握自己在其中生存的居住文化，从而获得归宿感。[25]

　　该书的书名表明，场所精神是建筑现象学的核心内容。场所精神一词源于拉丁文，它表达了这样一种始于古罗马时期的观念，任何"独立"存在的事物都有自己的守护神，即任何事物都有独特而内在的精神和特性，场所也一样，具有自己的独特气氛。场所是建筑现象学的一个基本立足点和出发点，而创造性地保持和延续场所精神则是创立建筑现象学的一个根本目的。

　　《场所精神》因此成为解读建筑现象学的一部主要论著，舒尔茨迈出了系统创立建筑现象学的第一步。他认为建筑现象学的基本内容包括自然环境、人造环境和场所三个方面。书中的观点和方法深受海德格尔有关存在研究的启发和影响，其中一些概念和思想更直接从海德格尔那里吸收过来，并在分析具体建筑现象中加以引申和发展。关于这一点，舒尔茨在序言中清楚表明："海德格尔的哲学是促成此书的催化剂"且"决定了本书所运用的方法。"⑳

围绕场所的讨论，舒尔茨系统而全面地总结和发展了以往研究中的思想和内容，并相应提出了一套考察建筑现象的体系和术语。按照舒尔茨的观点，场所是自然环境和人造环境有意义聚集的产物，是人们生活的居住地。人们在场所中的居住不仅意味着身体寄居于场所之中，而更重要的是心属于场所，即包含精神和心理上的尺度。这对于岭南城市居住文化研究运用建筑现象学方法具有重要的启示和借鉴作用。从"场所精神"的角度思考居住建筑，我们能够从根本上理解居住文化的真谛，可用来解决技术时代"建筑意义"失去的问题。这对改变平庸乏味的现代城市居住环境，创造丰富多元的城市居住环境无疑具有决定性的价值和意义。

（三）诗意与安居

存在主义哲学大师海德格尔曾经多次引用德国诗人荷尔德林的诗句"人充满劳绩，但还诗意地安居于大地之上"，以此来阐述关于人类存在本质的思想。那么何为海德格尔和荷尔德林们所说的"诗意地安居"呢？其实，海德格尔居住哲学的根本就是认为居住的意义如同诗一样为人提供了一个"存在的立足点"（Existential Foothold），人类居住的本质就是"诗意"，并非仅仅表达一种审美情趣，更多的是寻求人类生存的意义，重建生活价值观的实践活动。

人们通常是把诗意与居住分开的，他们一方面只是把诗意看作艺术的特征，而不是居住的特征，另一方面只是把居住看作劳作生息的活动，而不是诗意的活动。但海德格尔认为："使人诗意地安居"更毋宁是说："诗首先使安居成其为安居。诗是真正让我们安居的东西。但是，我们通过什么达到安居之处呢？通过建筑（Building）。那让我们安居的诗的创造，就是一种建筑。"㉒那么，"诗"即代表"含义"，它在人类生活中的基本特征就在于诠释人生的意义，帮助建构与坚持生活的价值信念。但这种诠释和建构不是以逻辑推理的方式，而是以生命体验的方式去完成的。人们在其居住环境中安居，并使自己明白自己是谁，即充分领悟自身的存在。从而，这个居住领域获得了本体论的含义，并成为艺术的领域，即诗的领域。中国传统艺术中所推崇的"意境"就属于此类，既充满诗意，又具有某种含义。海德格尔认为一切艺术的本质上都是诗，而艺术是真理在作品中的创造性的保护。

舒尔茨指出，每个人来到世间上，都将通过他人的帮助和自身的活动逐渐地获得存在的立足点并塑造自身，而他的这种并非天赋的立足点和特征又是依靠超越其个体环境的能力即抽象和概括能力而取得的。从某种意义上，人的成长就是逐渐意识到存在的含义，因此对含义的理解与体验成了他的基本需要。而艺术就是保存和传达人在日常生活中所体验到的存在含义。这样看来，"艺术与宗教有着共同的根源，其目的都是为了使人通晓存在的含义，"㉘而与人的生活和存在最直接相关的建筑艺术就更是如此。所以，舒尔茨强调指出，存在含义并非某种外在的，任意强加于人们日常生活中的东西，它蕴含在日常生活中。虽然每个人生活于不同的环境，但都处在特定的含义体系中，让人们对这种含义有所感知，正是建筑的目的之所在。任何存在含义都必然要通过某种特定的场所显露出来，而这种显露即决定了场所的特征。

舒尔茨在其收山之作《建筑——存在、语言、场所》（1996年）认为建筑是"场所的艺术"，"场所"是具有确定特性的空间，是由具体现象组成的"生活世界"。他指出："场所是一个'生活的世界'的有形表现，并作为工具的艺术，建筑是场所的艺术。"㉙居住建筑是为了人类生活并维系着人类生活而存在的，因此它的发生、发展就同人类的生活世界一样，是一个生生不息，不可分割的整体过程。人生活在这个世界上就要不断地领悟周围世界的意义和自身存在的意义，而作为生命体验的居住文化活动正是主体对生命意义的一种把握方式。因此，居住建筑活动的终极目标——寻找到存在的根据地即合适的居住地与居住方式，与居住文化活动的终极目标——领悟生活世界与自身存在的意义，目的是完全一致的。而与居住建筑的"含义"最密切相关的正是居住建筑的艺术本性，或者说"诗性"。

在岭南先民看来，"居所"的意义不仅是他们逃避严酷生存环境的栖身之地，也是维系家庭氏族亲情的爱意空间。居住建筑存留着逝去岁月的悠悠往事，护佑着家族祖先的冥冥神灵。从众多先祖图腾、神话传奇所描写的刻骨铭心的家园故事和乡愁眷恋中，人们可以深切地感受到充满野性、令人神往的岭南居住文化的诗意之美。这种神秘的自然主义居住文化所反映的正是原始的"诗性思维"的主要特征。

诗性根源于人性，或者说它本身就是人性的呈现。而诗又是安居的原始形式，因此诗不仅构成了居住建筑人文价值的基础，而且成为人类居住生活的尺度。"只有当诗发生和到场，安居才发生。安居发生的方式，其本质，我们现在认为就是替所有的度测接受一种尺规。此乃本真的接收尺规，而非仅仅用常备的制图用的量尺来度量。诗亦非栽植和建房意义上的安居。诗，作为对安居之度本真的测度，是建筑的原始形式。诗首先让人的安居进入它的本质。诗是原始的让居（Wohnenlassen）。"㉚也就是说，居住建筑的诗意，以及它的人文价值，并非外在于人的居住活动，而仅仅在居住建筑实体上显现，相反，它正是内在于人的居住生活需求，并与人的居住的本源性互为条件，互为因果。诗意在人的居住活动中发生并通过这种活动而得以展现，人的居住活动也只有在诗意的显现中获得其本源性。因此，城市居住建筑的人文价值和人文属性只能在人的日常居住生活中创造和实现，从而也只能通过城市居住生活的"艺术化"进行分析和评价。

三、"地域"与居住文化

城市从诞生之日起就打上了地域文化的烙印，城市居住文化是地域文化在城市居住活动上的积淀和凝结。地域性是城市居住文化最基本的特征，是在漫长的历史中，由特定区域的气候条件、地理环境、生活方式、风俗习惯和文化传统等诸多因素综合作用而形成的。因此地域居住文化气息浓郁、积淀深厚、特色鲜明的城市，往往被视为理想的居住地。1981年的国际建协《华沙宣言》指出："人们的生活水准和生活状况各不相同，他们生活在各种各样的地理环境中，气候、社会经济体制，文化背景、生活习惯和价值观念都不一致。因此，他们进一步发展的方式也理应不同。人居环境规划必须充分尊重地方文化和社会需要，寻求人的居住生活水准的提高。"

希腊建筑师道萨迪亚斯（C. Doxiadis）提出的"人类聚居学"（Ekistics）概念，认为"聚"与"居"有着密切的关联，例如，在大多数情形下，人类是"聚而居之"的，但两者之间也存在着一些根本的差异。在我国有的学者根据"人"的基本居住行为和生存模式，以"人"为主体对城市居住地域性的解读，认为城市居住地域性的本质是一种在历时性（时间）和共时性（空间）维度上，人与居住环境不可分割的整体关系。他们将"纪念性建筑／公共建筑"和"城市基体／城市肌理／住宅"分别划分为"人聚建筑"和"人居建筑"两种城市建筑类型。[31]

城市居住地域性理念的价值之一，就是在"人聚建筑"类型（公共建筑）得到建筑师普遍重视的情形下，重新发掘"人居建筑"（住宅建筑）对城市整体的价值和意义。它体现在以下几个方面：首先，从时间的要素看，"居住"代表了人类衣食住行需求中一个最基本的方面，并且是相对稳定的一个方面。人类文明发展到今天，有了各种各样的需求与欲望，但在基本的居住需求方面，由于人类本身生理结构上的改变与进化并不大，所以存在着相当的共性。这种共性是地区性凸现的一个必要的前提。其次，从空间的要素看，人居建筑之所以能够成为城市中的基体或肌理，是因为它是城市中最大量建造的一种建筑类型，因此，这种具有普遍意义的建筑是影响一个地区城市整体特征的一个基本的方面。再次，上述两方面都体现了人居建筑——正如其名称那样——与人类生活本身密切关联的人文意义。人们可以偶尔"聚"于商场、餐馆或其他公共场所，也可以"聚"于异国他乡，但必须最终常常"居"于"家"中。居住建筑与人的生存与栖居的密切性说明，人们对于人居建筑和人聚建筑的要求是不同的。例如，对于超市（人聚建筑）采购的而言，一种新鲜感可能是必要的，人们甚至可以选择和变换不同的商场来加以调剂，同样，即使该商场在使用上或某些方面不尽舒适，人们也是可以接受的；但对于自己的家（人居建筑）而言，一种惬意、舒适和熟悉则是首要的。换言之，商场可以是一种暂时的、变化的、甚至虚幻的场所，而家则是一种永久的、延续的和真实的环境。由于后者更强调一种建筑与环境之间真实的契合，因而，地区性的自然、人文与经济要素在人居建筑中得到更充分的体现。

诺伯格·舒尔茨指出"地方把人们聚在一起并且给予人们一种共同的特性，这种特性就是社会交往的基础。地方的永恒性使地方能够承担这种角色[32]"。人居建筑最能表现一个地方的"永恒性"，例如，人居建筑往往能真实地反映了一个地区的经济水平。在生产力水平尚不发达的历史时期或地区，处于政治、宗教等方面的目的和作用，人们可以将钱财集中地花费到一两个重要的纪念性建筑物上，却无法脱离开本地区的经济条件，去超前地大量建造高造价的住宅。前者由于耗费并凝聚了大量的财力、劳力和智慧而创造出令人瞩目的建筑，因此人们更多地赞赏和惊叹于古埃及的法老金字塔、印度的婆罗门神庙和中国帝王宫殿的建筑成就，而忽视了在上述地区大量的民间住宅中所隐含的建筑价值。这种价值包括在有限的地区经济条件下，居住建筑对地域的气候条件与地理环境的适应和反映，以及地方材料和技术工艺的创新和运用。[31]

在《宅形与文化》一书中，拉普卜特对地方居住建筑的价值作了精辟的论述。他认为建筑可以分为"上层设计传统"（历史纪念建筑）和"民间传统"（风土民居）两大类型。前者的目的在于向平民百姓炫耀其主人的权力，或向同行展示设计者本人的聪颖和雇主的上好品位，而后者则下意识地把文化需求与价值，以及愿望、梦想与人的情感转化为物质形式，这是微缩的世界图景，是建筑和聚落中显露出的"理想"人居环境。所以，"本研究聚焦于住宅，是因为它们最清晰地表现了空间形式与生活模式的关联……最终，住宅也与聚落、地景和纪念性建筑相融合，更好地作用于生活方式。"[33]

城市居住文化和日常生活塑造和影响着城市的"地域性"，显然，这种"地域性"属于城市整体而非仅仅属于居住建筑，更不是单纯体现在建筑的形式和风格上。城市的主体是人，应从居民日常生活和精神追求与城市社会居住运行关系的角度，从城市整体发掘和研究城市地域性居住文化及其内在规律。诺伯格·舒尔茨指出："在特定场合，当文脉与纪念性和地域性维度相关时，无论从社会角度还是地方角度，它都建立了一种与有形的现实之间的联系。社会不是在虚无中发挥作用，相反，它需要指向一个'地点'（venues）系统，并因此使得建筑图像定义为'场所艺术'变得真正有意义。"[34]

例如，岭南城市居住文化与江南城市居住文化比较就有许多不同之处，体现了地域性的差异。江南居住文化，特别是江南园林受文人士大夫的隐逸思想的影响，注重含蓄和内敛的气质，追求"大隐隐于市"的意境，在闹市中求得僻静居处，通过精巧构思和完美布局去营造出宁静淡泊、幽雅脱俗的理想居所。其色调风格，以素净淡雅的粉墙黛瓦为主，体现一种清水芙蓉、自然淳真的朴素美。而岭南居住文化则与世俗生活结合紧密，崇尚自然，追求平实，注重精雕细琢。居住建筑性格表现为直述明快，简洁开朗，色调也绚丽多彩、纤巧繁缛。岭南传统居住文化体现了以物质享受为取向的实用功利的价值观念，也是岭南地区自古以来世俗化商业文化积淀的一种反映。而近几年广东省大力倡导城市与建筑再现"岭南特色"，广州市还专门制订了《广州市岭南特色城市设计及建筑设计指南》，也算是一次新时期岭南建筑文化自觉和岭南地域文化认同的社会行动。

第三节　岭南城市居住文化之特质

岭南城市文化的发展在以汉文化为主导的前提下，又保留了本根文化——古南越文化重直觉、重感性的特点，并在不断地与中原正统文化和外来海洋文化的碰撞与交汇中，最终形成了感性化、多元化、商业化、平民化与世俗化的岭南城市文化，其基本特征表现为开放兼容、直观实用、远儒近商等，并呈现在岭南城市居住文化的各个层面。

一、岭南城市居住文化之多元文化的交融

（一）古越水文化的影响

水文化是岭南文化的一个重要组成部分。岭南地区特别是珠江三角洲河网纵横，海岸曲长，港湾众多。古南越人由于主要聚居在水网湖泊地带，以渔猎捕捞经济为主，他们习于水性，善于用舟，喜食水产。岭南人自古以来对"水"非常崇拜，而水的自然、流动与变化的特性，促进岭南人崇尚自然、追求自由的个性形成。由此也使岭南人形成了不同于中原地区的生产方式、生活方式、风俗习惯、价

值观念和人生态度等。由于水与人们生产生活关系紧密，他们敬畏水，需要水中的神灵即海神、河神等水神来保佑他们，供奉、祭祀水神就是水文化的一种具体表现。在岭南地区几乎每镇每村都有水神庙，如佛山祖庙就是祭奉管水的北帝的庙宇，广州有南海神庙，肇庆有水月宫、龙母圣庙，各地各乡还有天后宫（广东）、妈祖庙（福建），而澳门最大的水神庙就是妈祖阁。相反，岭南地区的佛寺道观就相对较少，这就是水文化的表现。

相当长时期内，岭南城市中的水上居民居住于水上"浮城"，也反映出水文化的影响。岭南的水上居民，人称"疍家"或"疍民"，他们的祖先据考证是原岭南土著居民的一部分，因不肯归顺秦朝，所以匿居水上，世代相传，成为漂泊江河的水上人家（图3-2）。直至19世纪中叶，在广州附近水域生活着大约8万"疍民"，封建统治阶级将他们视为贱民，并规定"土人不与结婚，不许陆居"，长期受到社会的歧视。"疍家"大多数聚集在以广州为中心的珠江水网地区，他们自相婚配，从事捕鱼、贩运、饮食、娱乐业等活动。

疍民常年栖居于船上岸边，过着漂泊不定的水上生活，常常沿河涌两侧修建密集排列的茅棚竹寮。这种"水上民居"俗称"水棚"，是在水中用木柱和竹竿做构架的简易房屋，鳞次栉比的水棚聚落，前街后河，水陆通达，形成错落有致的"水街"景观，也可以说是岭南地区滨水建筑的一种特殊类型，也或多或少体现了岭南早期干阑式建筑形态的遗存。

疍民的生活之船有相对固定泊位，沿着岸边密集地一排排地停靠，形成了一座水上"浮城"。这种水上"浮城"的存在，是岭南古代商业港口城

图3-2　广州水上居民
（来源：陆琦. 广府民居. 广州：华南理工
大学出版社，2013，3：62）

市经济繁荣的一个特征。古代珠江三角洲地区，大小河流如同一个网络联系着城市和乡村，大小船只来往于城内河道、珠江水道，是商品流通的主要运输工具。这些船只聚集成"城"，船民们可以在船上进行买卖交易，方便了水上居民生活，客观上又为陆上居民提供了一个休闲娱乐的场所。为了提高水上居民的生活质量，20世纪60、70年代国家拨专款兴建了水上居民新村，使他们全部上岸定居，结束了世代水上漂泊的生活，水上"浮城"才成为历史。

（二）楚文化的影响

在中原文化之外，楚文化也对岭南有很大的影响。楚越地理上相依，楚当时经济文化发达，是南方民族融合中心和文化中心，也是南越文化一个重要来源。春秋为楚历史文化形成发展时期，冶金技术达到一流水平，南音之兴，楚歌之盛，在中国古代文化舞台上蔚为大观。而这时恰恰是南越青铜时代，迫切需要先进文化来发展自己。故对楚文化也易于接受和吸收。楚也在这时开始向南扩张，公元前382年，楚悼王任用吴起为令尹，"于是南平百越"（《史记·吴起列传》），荆楚文化更是长驱直入。楚文化有着巫术、幻想、神话和狂放浪漫的特征，以屈原为代表的楚骚美学思想，在美的追求上，非常重视情感的热烈表现和想象的自由抒发，以表现自己的思想感情。在形式上，还追求一种"惊采绝艳，难以并能"的强烈官能感受，对岭南文化重直观、重感性的个性形成影响较大。在居住文化上，相对中原而言，人们更着眼于功利实用、感官享受，较少理性抽象，故其概念性、思辨性不强，但因顺其自然，富于个性又充满了生命活力，易为岭南城市市民接受和喜爱。广州古称番禺，而番禺起源于"楚庭（亭）"，传越人高固为楚相时，在南海设楚庭。先有楚庭，继有五羊降于楚庭的传说：据《羊城古钞·古迹》有关羊城的古史记载："周时南海有五仙人，衣五色衣，骑五色羊来集楚庭，各以谷穗一茎六出留与州人，且祝曰'愿此阛阓永无荒饥。'言毕，腾空而去，羊化为石。"。因此广州筑城，与楚有关，而将楚庭理解为城中官衙，也标志着荆楚文化渗入广州地区，以"楚庭"为代表的番禺城出现，标志着岭南城市文化的开始。之后番禺很快成为南方多种土特产品集散地和全国著名商业贸易都会之一。

（三）中原汉文化的影响

岭南文化是以古南越文化为原点，但岭南城市布局却是以中原汉文化为主导。因秦军入岭南，带来了中原的汉文化。赵佗统一岭南后，一方面尊重南越人的风俗习惯，保留南越文化传统，注意对各族文化的糅合；另一方面推动汉文化在岭南的传播，推广中原先进的文化和礼乐制度，"以诗书化国俗，以仁义团结人心"（大越史记全书·越监通考总论），史称"赵佗王南越，稍以诗书化其民"（黎崱．安南志略），使得岭南"华风日兴"，"学校渐弘"（黄佐．广东通志·卷40），"文"、"野"之分的措施使岭南南越国出现了一个国泰民安的局面。连汉高祖刘邦也高度评价道："南海尉佗居南方长治之，甚有文理，中县人以故不耗减，越人相攻击之俗益止"（《汉书·高帝纪》十一年立赵佗为南越王诏）。赵佗在南越境内一直实行郡县制，其行政制度连同各级官称也同汉朝内地相仿，对70岁以上老者赐杖的尊老仪式也仿效汉制施行。南越国"以诗礼化其民"，大力推广中原礼制文明的措施，在岭南地区的考古发现也得到证实。

历史上汉人的历次大举南迁，不仅加快了岭南的开发，而且汉人长期"与越杂处"，在共同改造自然和社会的过程中，以其先进的生产力和文化影响了越族人。这些陆续南迁的汉人中许多是饱学知识的文人、经验丰富的商人以及技艺高超的匠人，他们带来了中原先进的铁制工具、生产技术和文化知识。同时，历代流放官员也对提高岭南各地文化素质与技术水平，或多或少出过力。地处边远、长期与中原隔绝的岭南，正是由于秦代以来不断南迁的中原移民和贬臣的文化影响，才逐渐摆脱了经济文化落后的状况，与中原文化渐趋一致。

所以秦汉时期岭南城市在接受较高文化的影响中很快地"汉化"了，而作为统一的华夏文化的岭南政治中心城市广州，其早期城市规划布局思想也与中原同出一辙，如体现宗族礼制的南越国都城的建设，体现尊卑礼制的南汉兴王府都城的建设。古代岭南城市规划布局的文化观念归根结底就是追求"天人合一"的理想，表现为礼制的社会观念，法天象地、模仿宇宙空间秩序的思想，以及堪舆观念。

社会礼制观念注重社会与自然的和谐发展。古代中国人相信，如果社会人际之间也如天地宇宙一样，有着严格的等级秩序与协调的相互关系，社会就达到了理想的状态。礼制制度源于《周礼》《仪礼》《礼记》三部典籍，它是中国古代社会政治制度、社会思想、传统文化、伦理道德建构的基石。礼仪制度的范围非常广泛，几乎涵盖诸如政治体制、朝廷典仪、祭祀天地、敬奉神祇、建筑营造等社会生活的所有方面。由于人与城市之间的密切关系，因此城市的布局也被法律化为礼制制度，形成了整套营国制度并演变为一种城市空间布局的基本观念，于是方形城池、棋盘式道路、王城（官衙）居中、前朝后市、左祖右社成为中国古代城市尤其是都城约定俗成的空间布局形式。在古代人的居家观念中，早期"西者为上"，如《礼记》就说："南向北向，西向为上"，王充在《论衡》中也叙述："夫西方，长老之地，尊者之位也。尊长在西，卑幼在东"。而东汉以后则为坐北朝南，"居中为尊"，成为中国的礼制观念，广州南汉兴王府的建设就深受此影响。而对"天人合一"的追求，导致了古人对自然环境本质和规律以及对人的居住生活影响的探索，并逐步产生了堪舆学说，其本质就是指导人们如何"择优而居"，这就是审慎周密地考察环境，顺应自然，选择最为适宜的城市居住环境，以达到人与自然和谐统一的理想境界。

（四）海外文化的影响

构成岭南城市文化多元化的另一个重要因素是从海上进来的海外文化。中国古代南方对外海上交通的主要港口在岭南沿海，这是一条被称为海上丝绸之路的海上航线。海上丝绸之路早在秦汉时期就已兴起，起点在徐闻、合浦等港口。其实追溯到四五千年前，居住在南海之滨的南越人祖先，已经掌握了舟楫，在东南沿海航行并已涉足太平洋群岛，从事季节性的生产活动和原始的商贸活动。西汉淮南王刘安说："胡人便于马，越人便于舟"，又指出越人的特长是"习于水斗，便于用舟"。近年来的考古发现也证明古越人是开发海上航线的先驱。汉平南越后，汉武帝即派使者沿着民间开辟的航路，带着船队出使东南亚和南亚诸国，班固的《汉书·地理志》上对此有详细的描述。大规模的官办商船从事官方对外贸易，不仅标志着海上丝绸的初步形成，而且表明作为起点的广州已经成为中国对外贸易的主要港口，中外商人云集广州城，各国物品荟萃，岭南的经济得到进一步的发展，海外文化与岭南地域文化开始碰撞与交汇。外来居住文化也对岭南城市居住文化的发展产生较大的影响，使之呈现出与内地不尽相同的多姿多彩的城市居住文化景观。

唐宋时期，是中外交流极盛时期。岭南地区更是国际交往频繁，在广州出现了外国人居住的"蕃坊"，它是我国历史上最早、规模最大的外商聚居区。蕃坊始创于隋唐，完善于宋，衰落于元。随着对外贸易的蓬勃发展，隋唐时外国商民鱼贯而来，定居者越来越多，广州人口结构已具有明显的国际化特点。宋代的海外贸易更加发达，广州成为当时中国第一大港口城市，外商比唐代更多，"诸国人至广州，使岁不归，为之住唐"（（宋）朱彧．萍洲可谈．卷二）。不少外国人在广州购置物业，长期居住下来。因此，官府为了加强管理，避免外商与华人杂处发生矛盾，也为了限制外商多买田宅，仿照当时的里坊制度，在城西划定外侨居住区，名为"蕃坊"。唐代、宋代对蕃客的政策比较宽松，除了要求外侨遵守中国的法规外，允许他们与唐人、宋人通婚，入仕当官，开店经商，也可按原宗教生活风俗建房。蕃坊内设专门的管理机构——蕃坊司。蕃坊司由蕃长统领，管理蕃坊内外事务。蕃坊内临时或长期寓居经商者称为蕃商，从事其他职业者统称为蕃客，他们大多来自于西亚的波斯和大食，笃信伊斯兰教。

蕃商们白天在市场进行商贸活动，日落后
回蕃坊内休息。蕃坊内设有蕃市、蕃仓、
蕃宅、蕃学等。这些建筑多由蕃人设计建
造，宗教建筑、居住建筑形式据推测多为
适应其外来审美情趣的蕃式，与当时城内
的居住建筑形式差异较大，从蕃坊留存至
今的怀圣寺光塔的外观，还可略见一斑
（图3-3）。

图3-3　广州怀圣寺光塔
（来源：历史照片 费利斯·比特（Felice
Beato）摄于1860年）

　　鸦片战争前后，外来居住文化对传统
岭南城市居住形态的冲击更加明显，由于
西方的居住形态被移植到澳门、广州的
十三行、沙面等的居住建筑中，演化为近
代岭南城市居住文化多元化中的一元。

1．澳门

　　澳门在明末成为广州对外贸易的外港。嘉靖三十二年（1553年），葡萄牙船
队"托言舟触风涛缝裂，水湿贡物，愿借地晾晒"（郭斐《广东通志》卷69《澳
门》），获准上岸之后，进而租借澳门为暂居贸易之地。明末清初这段时间，西
方文化首先在澳门登陆再传入广州，这是澳门的特殊地位决定的。16、17世纪，
澳门既是东西方贸易的枢纽，同时又是西学东渐和中学西传的桥梁，是中西文化
交流的交汇点。西方的宗教文化、人文哲学、自然科学等通过澳门传入中国，中
国的儒家学说、绘画、建筑艺术等也通过澳门传入西方。这种经由澳门的文化传
播，主要以西方先进的科技文化为主，深刻地触动了几代岭南城市文化的蜕变与
新生，促进了澳门城市的形成与发展。同时，西方的建筑艺术和建造技术也由澳
门传入广州，广州模仿西式建筑的风气盛行，加上葡萄牙人聚居的澳门的居住建
筑，都"必资内地工匠"进行建造，岭南工匠在建造洋房的过程中，接触到西式
建筑的形式与技术，使岭南城市传统居住建筑的建造中掺和了西式建筑元素，形
成了中西合璧的建筑风格。（图3-4、图3-5）

2．十三行

　　明末清初之际欧亚航路的开通，特别是作为全国唯一通商口岸，广州又显现
出畸形的繁荣，成为欧美国家涉足中国的桥头堡。为了便于外贸管理，清政府在
广州委托半官方性质的"十三行"协助粤海关管理广州对外贸易。广州十三行的
出现，是外国人聚居区自"蕃坊"在元代衰落以后在广州的又一次的出现，其性

图3-4　澳门街景
（来源：作者自摄）

图3-5　澳门居住建筑
（来源：作者自摄）

质有相似之处。由于十三行专门负责对外贸易业务，所以又称"洋行"，行商也叫"洋商"。洋行集中在今十三行街一带，建有十三个商馆，供外商居住，所以又叫"十三夷馆"。夷馆由外商出资建造，明显地按西式风格布局，建筑沿珠江一字排开，呈开敞式设计，每个商馆都有固定的码头，建筑物前有广场，广场上各国商馆彩旗飘扬。其建筑形态完全是西式风格，如有欧式的柱廊、罗马式和希腊式柱头等，反映了中西两种建筑文化的碰撞。因此广州率先面临了一个新旧建筑并存、中西形式交融的环境，城市建筑文化不断受到西方的影响，铸成了岭南城市居住文化得风气之先，领风气之先的特殊气质，从城市居住的物质文化到精神文化上，呈现出有异于封闭状态下的内地居住文化的特殊风貌。（图3-6、

图3-6　广州十三行
（来源：李国荣，林伟森. 清代广州十三行纪略.
广州：广东人民出版社，2006，4：48）

图3-7　十三行街景
（来源：李国荣，林伟森. 清代广州十三行纪略.
广州：广东人民出版社，2006，4：84）

图3-7）

3. 沙面

鸦片战争对广州城市发展而言一方面带来了城市的破坏，另一方面直接导致沙面租界地的形成。沙面又名"拾翠州"，是白鹅潭畔的一片沙洲，清中叶之后成为广州最繁华的地区之一。沙面小岛东西长约862米，南北宽约287米，面积约为22公顷。1859年英法两国官员正式向广州巡抚要求租借此地，英国租界地17.6公顷，法租界地4.4公顷。沙面作为租界在土地的取得制度上采取国租方式，建设方面有比较完整而统一的计划。

沙面总体规划以一条贯通东西的主干道，辅以几条南北方向的次干道，将沙面划分为大小不等的12个区，区内再分为106个小区，设置中心绿地，建筑主要围绕中心绿地兴建，道路绿化比重较大与中心绿地构成较好的绿化景观（图3-8）。沙面的建筑基本上建成于19世纪末期以后，它们主要有各国领事馆等政治性建筑，也有为居民服务的教堂、学校、俱乐部等文化建筑，还有少量银行、洋行等办公建筑（图3-9）。不少建筑可称为综合体建筑，前面或下面部分为办公，上面或后面部分为居住。沙面的住宅包括独立的小住宅和公寓式住宅，但是沙面没有商业性街区。此外，沙面租界内有电力厂、自来水厂、邮电局、电报局等近代公共市政设施，以及网球场、足球场、游泳场等公共建筑设施。

与十三行商馆相比，沙面总体规划、市政与公共设施以及建筑都对广州城市近代化建设产生了积极影响。沙面的西式建筑，成为了当时中国人了解西方建筑的窗口，拓展了人们的视野，而其西方建筑形式成为后来广州商业建筑模仿的对象，

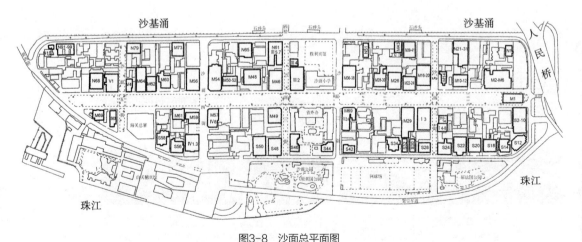

图3-8　沙面总平面图

（来源：汤国华. 广州沙面近代建筑群. 广州：华南理工大学出版社，2004，8：69）

图3-9 沙面小教堂
（来源：作者自摄）

对骑楼建筑及骑楼街道的形成有较大的影响（图3-10）。

二、岭南城市居住文化特质

岭南地区由于特殊的地形地貌和气候条件的物质自然环境，以及商贸经济和文化交融的人文社会环境的综合作用，使岭南城市文明呈现出多元文化、海洋文化、商业文化的三大形态。由此形成了岭南城市居住文化之兼容善变与多元融合、开放自由与自然生态、求实亲与经世致用等三大显著特质。

（一）兼容善变与多元融合

远古时期的岭南文化可谓南越族的土著文化。广府文化作为岭南文化主体，具有许多不同于岭北的文化特质。它是以南越文化

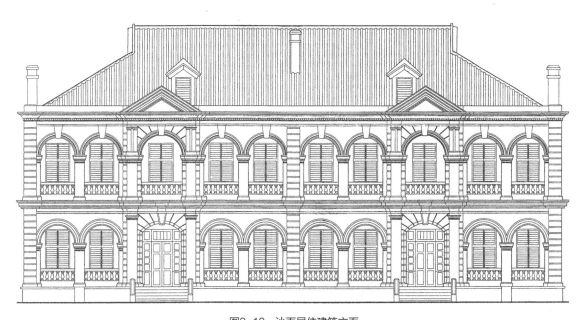

图3-10 沙面居住建筑立面
（来源：汤国华. 岭南历史建筑测绘图选集. 广州：华南理工大学出版社，2001，3：191）

为原型，在与中原文化、荆楚文化、吴越文化、闽越文化以及海外文化的长期交流中整合而成。岭南文化是吸收外来文化并糅合多元文化最成功的一种区域文化或者亚文化，在中华文化体系中占有重要的地位，也是我国文化区划一个不可或缺的组成部分。由于岭南地区独特的自然和社会环境，岭南传统城市如广州在与中原及海外的贸易往来中，接受并吸取外来文化。岭南城市以其极大的兼容性、融合性接纳了各种源流的文化，使它们多元并置，融合共生。兼收并蓄不仅成为岭南城市文化的特色之一，也构成岭南城市文化的多样性特征，产生异彩纷呈的城市居住文化现象，孕育了岭南城市特有的居住文化形态，形成了多元化的岭南城市传统居住文化。

岭南地区广府等民系的形成，就是源源不断南迁的中原汉族人与南越土著长期融合的结果，这种融合，发端于秦汉乃至更早的时期，历经两晋南宋时期，至元明之际渐趋完成。可以说，岭南城市居住文化自古以来就是多元融合的结果。近现代特别是改革开放以后，大量外来人口涌入珠江三角洲地区的城市谋求自身的发展，其居住模式和生活方式或多或少受到岭南城市居住文化的影响，并在一定程度上发生过碰撞、调适和交融，同时结合各地的居住文化特色，对当代岭南城市居住文化进行整合。

岭南传统城市或为省府州治，或为重要商埠，大多历史悠久，使得新旧居住建筑景观交替叠置，居住文化层层积淀，不仅显示深厚的城市居住文化底蕴和内涵，而且促使城市居住文化形态向多层次和多元化方向整合发展（图3-11）。因此，岭南城市居住文化具有复杂性和综合性的特色。岭南城市居住建筑从适应社会居住生活的实际出发，按不同的时空条件而变化，不拘泥传统形制和模式，尽量采用新技术、新材料、新设备和新颖的形式，以体现时代气息，因此岭南城市居住文化总能开风气之先，不断创新。

图3-11 岭南城市居住建筑景观交替叠置
（来源：作者自摄）

图3-12 岭南水上生活

（来源：陆琦. 广府民居. 广州：华南理工大学出版社，2013，3：62）

（二）开放自由与自然生态

古南越人的龙文化和船文化都是海洋文化的表征，其主要作用是催化岭南原生水文化的发展和蜕变。但是这一阶段的岭南人仍然处于人类文明的启蒙时期，船文化和龙文化均还处于原始状态。岭南人自古以来对"水"的崇拜，实际上是对水的自然属性的崇拜，而自古岭南人骨子里崇尚自然，追求自由，在潜意识里本能地抗拒禁锢的僵化，形成自己独特的地域特色（图3-12）。

海洋文化是岭南文化不可或缺的组成部分，开拓与贸易，以及文化交往中的碰撞与融合无不展现出海洋文化的特征，即开放、开拓、富于挑战。这些特征反映在岭南城市居住文化上，使西方的建筑思想、形式风格、先进技术容易被吸收，从而为我所用。因此近代的中国和海外的居住文化交流都是以沿海地区的城镇作为交汇点产生和发展。

岭南地区特别是水网密布的珠江三角洲，大多为地势复杂、河流纵横、岸线曲折。而气候的主要特点则为炎热、潮湿、多雨。传统城镇的格局结合地形，因地制宜，呈不规则的自由式布局，街道、建筑依河流，山丘走向自然有机地扩展，曲直相宜，形成依山傍水的水乡形态的城镇聚落。岭南传统城市居住环境在有限的空间里充分利用自然条件，灵活多变、流畅飘逸、庭院讲究。居住建筑与园林相互融合，也体现出天、地、人和谐共处的自然生态理念（图3-13）。受地理气候条件的影响，岭南城市居住建筑注重通风、隔热和遮阳，特别是梳式布局利用冷巷、

图3-13　岭南庭园
（来源：作者自摄）

天井、敞厅组织自然通风降温，提高居住舒适度。居住建筑外观形象力求轻巧通透、淡雅明快，并且建筑材料也多就地取材，利用木、竹、石、砖、瓦进行建造，是开放性、自然性在岭南城市居住文化观念上的体现。

（三）求实亲和与经世致用

岭南城市商业文化发达，重视海外贸易，以实际利益的获取作为人生的目标，商品意识和价值观念极强。因此岭南人较有经营头脑，富于竞争意识，而且反对空谈，追求经世致用。在城市居住方面常表现为世俗化、平民化、市场化，讲究朴实大方与经济实用。岭南居住建筑以生活享受和适用舒适为主，不追求华丽的外表，不喜好炫耀财富和地位。岭南水乡形态的市镇就是在桑基鱼塘这种讲求实用的生态循环经济扩展到纺织等手工业和对外贸易的繁荣而发展起来的，体现了岭南城镇从农业经济向商业和手工业经济的逐步转化。

在岭南传统城市布局中，商业街道为城镇居民的物质交换提供了场所，具有浓郁的生活气息，形成了城市内部重要的公共活动空间（图3-14）。街道多为东西走向，使两侧建筑南北朝向，利于建筑的通风，骑楼建筑遮阳避雨的功能，均是岭南城市居住建筑适应炎热多雨气候环境的最佳布局方式。建筑的密度大，门面窄而向纵深发展，是特定社会条件下，商业化和经济利益最大化的综合体现。以骑楼街为主形成的商住混合型的街区，则宜商宜居，丰富多元的传统生活空间极富人情韵味，骑楼空间一目了然的店铺陈设和生意中透出闲散安逸，带有浓郁的市井风情，成为岭南人的集体记忆；以居住功能为主的城市街区，则通过街、路、巷的多层次结构，建立起内外有别的封闭、内向的生活空间，对内有很强的亲和力（居民关系融洽，生活有人情味），对外则有很强的防御性（图3-15）。而两种类型的传统街区无不体现出求实亲和的特征，是岭南人心中具有强烈归属感和认同感的居住场所。

远儒近商是岭南居住文化的一大特征，如果说江南和北方传统居住文化儒意较浓，而岭南居住文化儒意较淡，这是因为岭南人远离政治中心，对礼法规制不尊崇，

图3-14 岭南传统商业街　　　　　图3-15 广州骑楼
（来源：历史图片）　　　　　（来源：作者自摄）

更偏世俗化，关注日常生活，讲求实用、开放、兼容。因此可以说，岭南城市居住
文化追求生活的真实，注重生活的过程和意义，关心和需要的是现时和身心的体验，
不停留在表面的矫饰和虚幻的风雅上。从适用出发，注重居住空间的经济实用，布
局的便捷开朗，装饰的平和通俗、园景的自然亲切。从城市居住历史的角度来看，
即已形成的岭南城市居住文化特质，是特定时代岭南城市文化和社会经济条件下，
城市居住的生产方式、生活方式、思维方式、风俗习惯以及社会心理等的综合反映。

本章小结

　　本章全面、深刻地论述岭南城市居住文化的功能、本质与特质，从个体居住层
面与社会居住层面，探讨城市居住行为规范和居住价值规范体系与城市社会居住活
动的内在机理和图式。并从实践、安居、地域三个方面揭示居住文化的本质含义，
然后找寻出多元文化交融下的岭南城市居住文化特质。

　　研究从两个方面来描述城市居住文化的功能：在个体居住行为的层面，城市居

住文化主要体现为人自觉或不自觉地遵从的城市居住的行为规范和价值体系；在社
会居住活动的层面，城市居住文化主要体现为与政治、经济运行相关的城市社会居
住活动的内在的机理和图式。

　　岭南城市居住文化的本质问题，是一个颇具争议的问题，本章引述一些关于居
住文化本质的有代表性的观点，跟随这些学者的探寻思路，从实践、安居、地域三
个方面分析与探索居住文化的本质。

　　岭南地区由于特殊的地形地貌和气候条件的物质自然环境，以及商贸经济和文
化交融的人文社会环境的综合作用，使岭南城市文明呈现出多元文化、海洋文化、
商业文化的三大形态。由此形成了岭南城市居住文化之兼容善变与多元融合、开放
自由与自然生态、求实亲和与经世致用三大显著特质。

[注释]

① （挪威）克里斯蒂安·诺伯格·舒尔茨.
　　居住的概念——走向图形建筑[M]. 北
　　京：中国建筑工业出版社，2012：5.

② （挪威）克里斯蒂安·诺伯格·舒尔茨.
　　居住的概念——走向图形建筑[M]. 北
　　京：中国建筑工业出版社，2012：11.

③ （英）B. 马林诺夫斯基. 科学的文化
　　理论[M]. 北京：中央民族大学出版社，
　　1999：52-53.

④ （英）B. 马林诺夫斯基. 科学的文化
　　理论[M]. 北京：中央民族大学出版社，
　　1999：53.

⑤ （德）马克思、恩格斯. 马克思恩格斯
　　选集. 第1卷[M]. 北京：人民出版社，
　　1972：32.

⑥ （德）马克思、恩格斯. 马克思恩格斯
　　选集. 第1卷[M]. 北京：人民出版社，
　　1972：32.

⑦ （德）马克思、恩格斯. 马克思恩格斯
　　选集. 第1卷[M]. 北京：人民出版社，

　　1972：33.

⑧ （德）马克思、恩格斯. 马克思恩格斯
　　选集. 第3卷[M]. 北京：人民出版社，
　　1972：574.

⑨ （美）阿摩斯·拉普普特. 建成环境的
　　意义——非言语表达方法. 黄兰谷等译.
　　北京：中国建筑工业出版社，2003：3.

⑩ （美）沙里宁. 城市：它的发展、衰败
　　和未来[M]. 顾启原译. 北京：中国建
　　筑工业出版社：1986.

⑪ （挪威）克里斯蒂安·诺伯格·舒尔茨.
　　居住的概念——走向图形建筑[M]. 北
　　京：中国建筑工业出版社，2012：11.

⑫ （挪威）克里斯蒂安·诺伯格·舒尔茨.
　　居住的概念——走向图形建筑[M]. 北
　　京：中国建筑工业出版社，2012：11.

⑬ （德）马克思. 1844年经济学——哲学
　　手稿[M]. 北京：人民出版社，1979：50.

⑭ （德）霍克海默. 批判理论[M]. 重庆：
　　重庆出版社，1989：192.

⑮ （挪威）克里斯蒂安·诺伯格·舒尔茨. 居住的概念——走向图形建筑[M]. 北京：中国建筑工业出版社，2012：10.

⑯ （德）海德格尔. 人，诗意地安居——海德格尔语要[M]. 郜元宝译. 桂林：广西师范大学出版社，2002：30.

⑰ （法）列维·布留尔. 原始思维[M]. 丁由. 北京：商务印书馆，1981：17.

⑱ 沈克宁. 建筑现象学[M]. 北京：中国建筑工业出版社，2008：39.

⑲ 沈克宁. 建筑现象学[M]. 北京：中国建筑工业出版社，2008：39.

⑳ （德）海德格尔. 人，诗意地安居——海德格尔语要[M]. 郜元宝译. 桂林：广西师范大学出版社，2002：92.

㉑ （德）海德格尔. 人，诗意地安居——海德格尔语要[M]. 郜元宝译. 桂林：广西师范大学出版社，2002：95.

㉒ （美）卡斯腾·哈里斯. 建筑的伦理功能[M]. 申嘉等. 北京：华夏出版社，2001：149-162.

㉓ （挪威）克里斯蒂安·诺伯格·舒尔茨. 居住的概念——走向图形建筑[M]. 北京：中国建筑工业出版社，2012：11.

㉔ （挪威）克里斯蒂安·诺伯格·舒尔茨. 居住的概念——走向图形建筑[M]. 北京：中国建筑工业出版社，2012：5.

㉕ （挪威）诺伯格·舒尔茨. 场所精神——关于建筑现象学. 前言[J]. 汪坦译. 世界建筑，1986，6：68-69.

㉖ （挪威）诺伯舒兹. 场所精神——迈向建筑现象学[M]. 施植明译. 台北：尚林出版社，1986：5.

㉗ （德）海德格尔. 人，诗意地安居——海德格尔语要[M]. 郜元宝译. 桂林：广西师范大学出版社，2002：71.

㉘ （挪威）诺伯格·舒尔茨. 含义，建筑和历史[J]. 薛求理译. 新建筑，1986，2：41-47.

㉙ （挪威）克里斯蒂安·诺伯格·舒尔茨. 建筑——存在、语言和场所[M]. 北京：中国建筑工业出版社，2013：28.

㉚ （德）海德格尔. 人，诗意地安居——海德格尔语要[M]. 郜元宝译. 桂林：广西师范大学出版社，2002：77.

㉛ 单军. 城里人、城外人——城市地区性的三个人文解读[J]. 建筑学报，2001，11.

㉜ （挪威）克里斯蒂安·诺伯格·舒尔茨. 居住的概念——走向图形建筑[M]. 北京：中国建筑工业出版社，2012：10.

㉝ （美）阿摩斯·拉普卜特. 宅形与文化[M]. 常青等译. 北京：中国建筑工业出版社，2007：2-9.

㉞ （挪威）克里斯蒂安·诺伯格·舒尔茨. 建筑——存在、语言和场所[M]. 北京：中国建筑工业出版社，2013：11.

第四章
岭南城市居住文化的构成与模式

　　对岭南城市居住文化的构成与模式的探讨，有不同的视角与研究方法，在前面两章探讨岭南城市居住文化生成、演化、功能、本质和特质的基础上，在此主要从文化哲学的角度对岭南城市居住文化的构成与模式问题进行解读并力求加以升华。

第一节　居住文化构成分类

　　涵盖居住文化在内的文化形态分类，是由文化的构成决定的。为了全方位的把握居住文化的形态及其类型，有必要对文化的构成进行再认识。

一、文化构成分类

　　各国学者对文化的构成或因素进行了长期的探索与研究，然而至今研究的成果并未达成统一，在观点上还存在不少分歧。但总体而言，从文化的构成上，可以概括地把文化划分为物质文化、制度文化与精神文化三种形态，并认为这样的划分方式能够最大限度地涵盖整个文化世界。其中，梁漱溟的观点具有代表性，他从把文化定义为"一个民族生活的种种方面"出发，具体地阐明了文化的方面构成。他认为"总括起来，不外三方面：1. 精神生活方面，如宗教、哲学、科学、艺术等是。宗教、文艺是偏于情感的；哲学、科学是偏于理智的。2. 社会生活方面，我们对于周围的人——家族、朋友、社会、国家、世界之间的生活方法都属于社会生活一方面，如社会组织、伦理习惯、政治制度及经济关系是。3. 物质生活方面，如饮食、起居种种享用，人类对于自然界求生存的各种是。"[1]在此明确地将文化的构成划分为物质、制度与精神三种形态。

二、居住文化构成分类

从文化构成的上述分类出发，在进一步探讨居住文化的构成时，我们认为，居住文化是历史地凝结的，在特定时代、特定地域、特定民族或特定人群中占主导地位居住生存方式。这种历史地凝结成的稳定的居住生存方式必须通过特定的居住价值规范和居住行为规范体系，通过居住社会运行和制度安排的内在机理而体现出来。这样一来，居住文化作为人的居住实践活动的对象化，必然在个体的和社会的各个层面的居住活动中对象化为不同的居住存在形态和形式。例如，居住文化可以在居住生产领域通过设计建造等活动而体现为居住物质文化；可以在社会的居住制度安排中体现为居住制度文化；可以在社会居住的精神生产中体现为哲学、艺术、科学、宗教等居住精神文化；可以在社会居住生活中体现为社会居住心理、社会居住伦理和公共居住价值观念；可以在个体的居住行为中体现为习惯、风俗、礼仪等居住行为规范；还可以在更为具体的层面上体现为居住建筑文化、居住环境文化，等等。但是，不管怎样划分，它们都只能属于文化构成中的三类中的某一类。

第二节　岭南城市居住文化构成

城市居住文化作为人的居住实践活动对象化，在个体的与社会的各个层面的城市居住活动中对象化为不同的城市居住文化的存在形态。因此，当我们确定岭南城市居住文化构成的划分时，就其外在的、对象化的表现形态而言，对应于居住文化构成的分类，把它区分为岭南城市居住的物质文化、制度文化与精神文化（图4-1）。

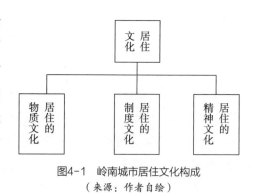

图4-1　岭南城市居住文化构成
（来源：作者自绘）

一、岭南城市居住的物质文化

作为城市居住文化中最基本的、最常见的构成部分，城市居住的物质文化主要包括直接满足城市人的基本居住的生存需求的居住文化产品，其基本功能是维持城市个体生命的再生产和社会财富的再生产。城市居住的物质文化领域体现了"人化自然"的特征，它既指所有用于满足城市居住的各种生理与生存需求的、经过加工的自然居住环境和人造居住环境，又指用以建设这些居住环境的建造工具和技术手段。由此可见，居住的物质文化是城市居住文化的所有物化形式。从这层意义上，居住的物质文化更接近于人们通常所说的居住的"物质文明"的概念。

因此，可以说，城市居住的物质文化，是一个非常丰富的领域，这是由于人类基本居住的生存需求多种多样并不断变化。心理学家马斯洛列举的生理需求和安全需求，都属于人的基本需求。马林诺夫斯基更是具体指出了这些基本需求的七个方面，即新陈代谢、生殖、身体舒适、安全、运动、发育和健康。当然，对人的居住的基本生存需求，还可以从其他角度上指出居住基本需求的其他内容。总之，人的基本居住生存需求不仅是维持个体的生命和再生产，即"饮食男女"的基本需求，而且随着社会的发展，这种基本需求是不断丰富与发展的。

在具体内容及其表现上，城市居住的物质文化同人的基本居住生存需求相适应，一方面是满足这些需求的居住生活资料序列，如城镇、社区、组团、单元、起居室、卧房、卫生间、厨房等日常居住生活空间，以及家具、餐具、厨具、洁具、家电、被单、窗帘等日常居住生活用品。另一方面是生产这些居住生活资料所需要的生产工业与生产手段序列，即居住生产资料序列，如地产开发、策划营销、规划设计、施工建造、物业管理等相关行业。这两个系列是居住的物质文化最主要的两个层面。它们既能满足人对安全、休息、健康与舒适的需求，还能满足人对居住与发展的家园建设的需求。从这里可以看到，城市规划与建筑学两门学科对城市居住的研究范畴，大多属于城市居住的物质文化。例如：住区规划（规划布局、交通组织、空间形态），住宅设计（功能布置、户型组合、立面造型、生活配套），室内设计（装饰风格、色彩搭配、材料选择），景观设计（园林小品、种植配置）以及细部做法、建筑技术、施工手段等，这些都无不属于城市居住的物质文化领域。

需要指出的是，如果把城市居住文化的物质文化与制度文化和精神文化进行比较，那么便可以看到，在岭南人的居住文化的世界里，城市居住的物质文化的发展最为迅速。特别是近代以来，随着科学技术的不断进步，人改造自然的能力不断增强，城市居住的物质文化领域成为越来越丰富的人的居住"生活世界"。岭南地区人类居住形态的演进，从原始时代的穴居巢居、干阑聚落，经过农耕时代的土屋草房、合院里坊、园林宅院，近代的街道骑楼、洋房大屋，到今天的高层公寓、别墅山庄、花园住区；从逐水捕捞而居到择陆农耕而居，从相对分散的乡村定居到逐步集中的城镇聚居。这些居住形态的演变和进步，都足以证明：在岭南城市居住的物质文化领域里，居住活动经历了从穴居到宅居、从混居到分居、从陋居到宜居的天翻天覆地的变化。

二、岭南城市居住的制度文化

同具有明显的外在性的城市居住的物质文化相比，城市居住的制度文化以居住的物质文化为基础，在整个城市居住文化中是深一个层次的文化。其主要满足人的更深层次的居住规范需求，亦即由于人的社会交往需求而产生的合理地处理个人之间、个人与群体之间相互关系的居住需求。人由于自己在生物学结构上的非特定化，必须凭借后天的、人为的手段来满足自身的基本居住生存需求，这一需求不仅推动了人类居住生活资料和生产资料生产的发展，推动了居住的物质文化的发展，而且促使人与人之间的交往这一次生居住需求的产生。新的居住需求的满足导致制度化、组织化的居住文化的产生。

文化学家和社会学家也十分重视制度文化。例如，马林诺夫斯基反复强调人的组织化行为的重要性，强调合作与群体在人的生存中的重要地位。他认为人或是出生于或进入某种先期形成的群体，或是尽早组织或构成类似的群体，这是他们生存所必需的。他指出"如同我们能科学地观察到的，我们生活于其中并且经历的基本文化事实，就是人类都被组织在永久性群体中。这样的群体经由某些协议、某些传统法律或习俗、某些相当于卢梭'社会契约'的因素而相互联结。我们总能看到这些群体在一个确定的物质环境（Material Setting）——一个专门供其利用的环境、一套工具设备和人工制品、一份归他们所有的财富——当中合作。在合作中，他们遵循地位或贸易的技术规则，遵循有关礼节，习俗性谦让的社会规则，以及塑造其行为的宗教、法律和道德习俗。"[②]马林诺夫斯基由此断言："制度乃是文化分析的真正单元。"[③]

城市居住的制度文化具有丰富的内涵，涉及城市的个体居住生存活动和群体居住社会活动密切相关的各项制度安排，例如城市社会居住的经济制度、生产制度、法律制度、交易制度等。这些制度体现着城市居住文化的重要信息。从不同的历史时期可以加以分析：早期原始社会是以血缘和氏族关系为纽带的家庭居住制度；农耕文明时期是以宗法和伦理关系为根基的宗族居住制度；工业文明是以契约和法制为基础的社会居住制度，它们分别体现了截然不同的"自然的居住文化"、"经验的居住文化"和"理性的居住文化"。由于制度具有强烈的制约性与规范性，因此可以说，城市居住的制度文化在城市居住文化中占据重要的地位。

社会政治制度对城市居住空间格局的影响是巨大和不可忽视的，主要体现在以下两个方面：一是政权统治的功能性的需要；二是思想观念在居住空间的体现。纵观城市居住的历史，居住空间和居住行为无不受到当时统治阶级的政治抱负和思想观念的影响，不同的政治与经济制度留下了不同的居住活动的痕迹。如中国古代"井田制"的宅居制度，"匠人营国"及"筑城以卫君，造郭以守民"等的古代城市规划与等级居住制度，还有古代城市居住区的社会管理制度，如唐代的"里坊制"，宋代的"街坊制"管理等。而中国传统的宗法礼制对古代城市居住形态形成的作用较大，如城市建设的等级制度，城市的功能分区，居住空间的等级化、秩序化，住宅的等级，及住宅内部的居住空间的等级与秩序，住宅营造中用料和规模的等级制度，住宅中装饰与色彩的等级等。因此宗法礼制成为中国古代等级居住的核心，它渗透到有关居住、营造和使用的方方面面，使之秩序化，拥有共同的准则和依据，对于什么是适合自己这个阶层的居住模式，都会有一个大致相同的模式，即等级居住的对应模式。虽然由于中国各地区的地理气候条件、物质资源、建造环境等存在差别，并因此而形成居住建筑的地域性，但是由于宗法礼制思想观念对居住的影响与制约，使得古代各地居住空间组织结构却存在相似性，也具有"家国同构"现象。不过由于岭南地区远离中原，总的来说，城市社会居住管理制度相对还是宽松自由许多，不似北方城市那样受宗法礼制的严格掌控。

近现代的各时期的政治、经济、法律和交易制度也对岭南城市居住活动影响巨大，住房问题及其解决的方式，常常是社会经济、政治体制和意识形态的反映和折射。住房与每一个社会成员的生存休戚相关，它是最基本的家庭和生活的物质依托，和衣、食一样，住是人类赖以安身立命的基础，因为它是生命安全与健康的保障，也是人类尊严的保障，当这个基础发生动摇时，社会问题也随之出现。

民国初期，广州的拆城筑路和一系列骑楼制度高度统一，成为城市改良的既定方针。《广州市建筑骑楼简章》颁布执行，在系统有序的城市规划策略指导下，骑楼街道掀起建设高潮，并影响岭南地区其他城市，成为岭南城市独具特色的地域风貌。

新中国成立以后，建设公共住房、工人新村、单位福利分房等住房制度在一定程度上缓解了城市住房这一社会问题。改革开放之后，配合社会主义市场经济的建设，政府又相应出台了一系列城市住房制度改革的措施，如1990年5月国务院颁布《中华人民共和国城镇国有土地出让和转让暂行条例》的土地有偿使用制度，1998年7月《国务院关于深化城镇住房制度改革加快住房建设的通知》（国发〔1998〕23号）公布实施，宣告取消福利分房、实行货币分房的住房分配改革制度、住房商品化，房地产随之兴旺，成为拉动经济增长的新兴产业。同时也相继出台了"安居工程"、"小康住宅示范工程"、"经济适用房"、"新社区建设"、"限价房"等社会保

障型住房政策等。为抑制住房价格的非正常波动，满足居民的住房需求，国务院和
地方政府这几年又先后出台了规范房地产业健康发展的多项住房宏观调控政策，正
如国务院的"国N条"、广东省的"粤N条"、广州市的"穗N条"以及"限购""限
价"、"限贷"等住房政策都对这一时期的岭南城市居住环境的营造和居住行为的规
范产生着深刻的影响。

　　另外，技术法规、设计规范同样是影响城市居住空间形态的重要制度性因素，
在当代岭南城市居住建筑活动中，各种城市法规与建筑规范对城市居住空间形态的
形成起着不可忽视的作用。如《城市居住区规划设计规范》、《住宅建筑设计规范》、
《建筑设计防火规范》以及各级政府制定的相应的法规、标准，如《广州城市规划
管理技术标准与准则》、《广州市城乡规划技术规定》、《广州市岭南特色城市设计及
建筑设计指南》等一直是制约广州城市居住空间规划和居住建筑设计的重要的法规
文件。科学合理的规范法规对确保岭南城市居住空间环境的营造起到一定的约束和
引导作用。而不合时宜或缺乏科学依据的规范和法规又会成为岭南城市居住空间创
造和发展的阻碍和制约。

三、岭南城市居住的精神文化

　　城市居住的精神文化，起源于人类在满足自己最基本的需求之后，超越这些最
基本的居住需求而产生的新的居住需求。宋代大文豪苏东坡就有"宁使食无肉，不
可居无竹"一说。居住的精神文化体现居住者的人文精神和品格，是一种创造性的
和自由的居住精神需要。因此，在城市居住文化的所有层面中，最具有内在性，最
能体现居住文化的超越性和创造性的本质特征是城市居住的精神文化。根本原因在
于，人与动物和其他存在物最本质的差别，就是人有一个精神的世界。

　　中国建筑界前辈林徽因、梁思成先生追求建筑的人文意境，1932年基于"诗
意"、"画意"所指，将建筑赋予人的精神情感化，提出"建筑意"之说。"天然的
材料经人的聪明建造，再受时间的洗礼，成美术与历史地理之和，使它不能不引起
鉴赏者一种特殊的性灵的融汇，神智的感触。"[④]

　　也有建筑师认为建筑的"境"，就是对应于建筑的"物"而由实体成就的一个
空间及其氛围的存在。"境"即空间传达的氛围，不仅包含对人视觉、触觉或听觉
的体悟，更多的是对人心灵的触动，亦即精神层面的审美与感悟。

　　诺伯格·舒尔茨提出"场所精神"的概念，他认为：场所是有明确特征的空
间。建筑令场所精神显现，建筑师的任务就是创造有利于人类栖居的有意义的场
所。他在《场所精神》一书中指出："人类聚落的场所精神事实上代表一个小宇宙，

城市之所以不同是因其集结的情形而产生。有些城市很强烈地感受大地的力量，有些则是天空秩序的力量，还有一些则表现出人性化的自然或充满着光。然而所有的城市都必须拥有这些使都市住所得以存在的意义范畴。都市住所在于肯定能定居的同时开放于世界的体验，亦即：定居于自然的场所精神，同时透过人为的场所精神的集结向世界开展。"⑤

　　城市居住的精神文化内容，包括城市个人和社会群体关于居住的所有精神活动及其成果。它是一种以理论、意识、观念、心理等形态而存在的居住文化。具体而言，首先是社会居住文化心理。它表现在人的各种居住生活中，并常常因此形成社会居住的时尚和风气，或是某种主导性的居住文化模式，如居住的生活态度、价值取向、审美尺度、情感方式等。其次是由神话、巫术、宗教等所代表的自发的居住精神文化。再次是由科学、艺术、哲学等代表的自觉的居住精神文化成果。这是居住的精神文化世界的最高层面或最自觉的层面。

　　住居学认为：住居，不管在哪个时代，都反映了当时的社会现象。在这个意义上，它可以是文化的结晶。住居不只是生活的容器，还给人以安居的场所和心灵的平静；人们也因此对其产生眷恋，从中产生丰富的心灵活动。文学与音乐、绘画与雕塑，所有的艺术，都是这种丰富心灵活动的产物。⑥同漫长的自然时序相比，人类的居住历史非常短暂。但是，在这并不长的历史时期内，人类的居住文化已经创造形成了一个十分丰富的精神世界。在论述居住的物质文化时，人们已深深感受到了岭南城市居住的物质文化的多姿多彩，然而，岭南城市居住的精神文化，其内容的丰富程度，同物质文化相比，一点也不逊色。

　　在城市居住文化的构成中，由于城市居住的精神文化最为深刻地体现了人的居住本质特征，即体现了人的超越自然和本能的创造性与自由本性，最为充分地揭示了人与动物的本质区别，所以它显得尤为重要。真正的城市居住的精神文化，不是外在于城市居住的物质文化与制度文化而独立存在的，实际上，城市居住的物质文化与制度文化，不过是城市居住的精神文化的外在表现或物化形式而已。因此，在城市居住文化的构成部分中，它们之间并不是彼此分离、互相对立的，而是水乳相融的内在紧密结合的辩证关系。岭南传统建筑装饰中所选的题材，大多富于浓郁的伦理道德的色彩，以及祥瑞吉庆的内容，如民间神话、戏剧故事、名花佳果、水乡风光。主题都有一定的社会含义，宣扬了孝悌忠信、礼义廉耻、俭朴忍让等思想内容，也表达了日常生活的审美情趣和艺术追求，以期达到祈福求寿、修身养性、教子育孙的目的。

　　一个民族或一个地域生活共同体的城市居住文化价值观念构成了其居住生活方

式和社会居住行为准则，由此形成城市社会居住空间。中华民族历史悠久，居住文化博大精深，中国古代传统居住文化观念对居住生活方式影响至深。如"天圆地方"的宇宙观，"天人感应"的环境观，"里仁为美"的邻里观以及五行等堪舆学说，还有"天人合一"的居住环境观念，以及"象数比附"与"象形描摹"的象征手法和"守中"的布局方式等，形成了一套较为系统性的居住文化结构。城市居住文化的稳定性与城市社会居住价值取向、伦理道德、审美情趣等无形的居住精神传统和行为准则的延续和传承相一致。其中许多具有积极的意义，如长幼相济、守望相助、安居乐业等，对今天的岭南城市居住活动也是宝贵的精神财富。

城市居住的精神文化应该是人的居住存在意义和价值的最高境界的展现，它是以真善美为追求目标，并在自由创造和自我完善的过程中逐渐趋近本真的理想境界。人文精神是对人的存在的思考，是对人的价值、人的生存意义的探索。居住中的人文精神构建人的内心世界，本身就是人居住生活世界中所追求的一种价值观念，一种生活理想。

第三节　岭南城市居住文化模式

在从城市居住文化构成上，把它划分为居住的物质文化、制度文化与精神文化，并分别对它们进行了论述后，需要进一步回答的问题是，构成人的居住文化的这三个层面，是以什么方式存在，或以什么方式发挥作用，这就是居住文化模式研究需要阐明的问题。

一、城市居住文化模式概念

城市居住文化特质经过整合后形成的城市居住文化模式，是特定地域、特定时代与特定群体普遍认同的，由内在的精神追求、价值取向、风俗习惯、伦理规范等构成的相对稳定的城市居住行为方式，或称基本的城市居住生存方式。其不同于外显的、自觉的居住的政治与经济制度，而是以内在的、潜移默化的方式制约和规范着城市每一个体与群体的居住行为，赋予人的居住行为以依据和意义。因此，城市居住文化模式的影响力更为持久和稳定，往往能够跨越城市居住的政治与经济制度，通过其内在机制左右城市人的居住行为，影响城市居住的经济活动，左右城市居住的制度运行，推动城市居住的转型与进步的历史进程。对于我们认识岭南城市居住行为的文化差异、历史演进，都具有十分重要的现实意义。

在文化模式的研究方面，美国文化人类学家本尼迪克特的研究成果毫无疑问具有权威性。本尼迪克特在《文化模式》中首先集中探讨文化模式研究的重要性，她指出，"当我们明确地认为，文化行为是地域性的、人所作出的、千差万别的时候，我们并没有穷尽它的重要意义。文化行为同样也是趋于整合的。一种文化就如一个人，是一种或多或少的一贯的思想和行动的模式。各种文化都形成了各自的特征性目的，它们并不必然为其他类型的社会所共有。各个民族的人民都遵照这些文化目的，一步步强化自己的经验，并根据这些文化内驱力的紧迫程度，各种异质的行为也相应地越来越取得了融贯统一的形态。一组最混乱地结合在一起的行动，由于被吸引到一种整合完好的文化中，常常会通过不可思议的形态转变，体现该文化独特目标的特征"。[⑦]根据文化模式的本质及居住文化的地域特征，我们认为居住文化模式的表现形式主要有两种，一种是共时性的模式，另一种是历时性的模式，并将联系岭南城市居住文化的实际分别进行论述。

二、共时性岭南城市居住文化模式

共时性城市居住文化模式，不是从时间的流逝出发，而是在一定的空间与特定地域中，在居民性格心理基础上形成的一种居住文化模式。因此，在阐述共时性的岭南城市居住文化模式时，首先要考察一下岭南地区城市居民性格心理的形成及其特征。

文化人类学发展中的一个引人注目的进步就是从居民的性格心理意义上探讨文化模式。我们可以借鉴此方法，通过深入研究各种城市居住文化特质的内在的本质关联，从而揭示出特定时代、特定族群由各种居住文化特质整合成的共同的、占主导地位的城市居住文化模式。这里所指的城市居民主要指具有共同语言、共同地域、共同经济生活和共同心理的人组成的族群共同体。支配着一个城市个体和群体居住行为的占主导地位的居住文化模式常常表现为该城市的居民性格心理，在这个层面上，有关城市居住文化模式的某些研究也被称为城市居民性格心理研究或市民性研究。

城市是人类聚集的一种形式，城市居住文化从形成伊始就带有强烈的群体特征，是城市居民共同的心理需求，也是市民共同拥有的宝贵资源。人们在城市中成长，在城市里相互交往、相互影响，建立共同的居住价值观念和行为规范，形成了共同的居住心理特征。久而久之对城市产生了认同感和归属感，维系了难以割舍的情感，且代代相传。

民系包含族群，实际上民系也是族群，是一个大族群。民系组成民族，族群组成民系。所谓民系，它的组成，"一般有三个基本条件：一是共同的语言，这是交流、沟通思想的最基本的手段；二是共同的生活方式和习俗，这是人们共同活动生产的基础；三是共同的心理素质、信仰，这是共同文化、性格的表现。"⑧因此，在一个民系地区内，居民的性格心理具有共同的特征。

岭南地区从大范围来看，广府民系、潮汕支民系（属于闽海民系闽南粤东支民系）和客家民系均属于汉族。他们除了具有汉族的共同特征外，由于所处地理环境、历史发展、宗族和文化等因素不尽相同，因而他们的性格心理特征表现也不相同，甚至存在较大的性格心理差异。本书所指的岭南城市居民性格心理特征主要是指讲广州方言的广府民系（即粤海民系）的性格心理，因其在该地区中最具有代表性。

岭南城市居民性格心理特征具有两个特点，一个是共性，指一个群体的共同特性，这个群体是一个民系，或是民系下的一个族群。另一个是个性，是个体的性格心理特征。要深入了解岭南地区居民的性格心理特征，还得探讨其形成与发展的过程。

岭南地区是一个相对独立的地理单元，这造就了既封闭又开放的独特的区位环境，也有利于岭南文化孕育出强烈的地域特色。岭南人的生活习惯、文化习俗等与中原有所不同。岭南文化的形成与发展是古南越土著文化与中原文化、吴越文化、闽越文化、荆楚文化以及海洋文化和外来文化千百年来交流融汇的结果。

古代的岭南地区被视为北枕五岭、南临大海的化外之地。北部森林密布，蒸发出的"瘴疠之气"造成人的生存环境较为恶劣，加上逶迤重叠的五岭险峻难以逾越，把它同中原地区分隔开来，在一段时间内阻碍与延缓了岭南社会的发展。但是南部有广阔的珠江水网，还有漫长的海岸线，沿海岛屿密布。岭南地区的先民经历了捕鱼为生的动荡的船居生活，最后大量地在珠江三角洲地区安居下来，他们在水边低地从事耕种，在海滨河网，撒网打鱼，从事捕捞。陆地、水网与海洋便成为岭南人生活和生产的基地。

在生活习俗上，岭南先民断发纹身，头发剪短以适应炎热气候及方便下水捉鱼拾贝。在身体上刻画鳞虫纹样，自称为龙的子孙，以便在大海从事捕捞、探险等生产活动中，能得到海洋中龙祖宗的保佑，免于葬身水中。

俗话说：一方水土养育一方人，因此岭南地区特殊的自然和人文环境，造就了岭南城市居民典型的性格心理特征。

1．在思想特征方面，由于这里地处边陲，远离中央朝廷，天高皇帝远，相对有较多的自由与独立空间，思想束缚较少，不必拘泥传统，接受新鲜事物快。因此表现为胸怀宽广，思维敏捷，富于幻想，崇尚创新。

2．在行为特征方面，由于生产活动的环境较为艰苦，特别是渔民的海上作业，险象环生，为了生存需要有胆有识，团结拼搏。表现为务实求效，勇于开拓，敢为人先。

3．在作风特征方面，由于商业经济发达，从商者众多，在对外交往与商业活动中，需要接受外来的先进技术和文化成果，需要开展竞争，但又要讲求信用与规则，待人热情不嫉妒，才能生意兴隆、财源茂盛。表现为宽容随和，诚信热情，精明善变。

4．在生活特征方面，由于这里山清水秀，气候温和，物产丰富，生活安稳，市井风情浓郁。表现为亲近自然，享受安逸，活泼乐观。

然而，岭南城市居民的性格心理特征也存在一些消极的因素，如忽视历史、急功近利、重利忘义，缺乏长远周密宏观规划、不善理性思辨，以及满足现状、缺乏危机感与紧迫感等，这些都或多或少地影响岭南居民自身的性格心理特征的完善发展。

有学者认为：岭南文化是一种原生型、多元性、感性化、非正统的世俗文化。^⑨这是由岭南地域的生产方式和生活方式决定的，是独具一格的市井社会。这社会孕育的居民，是平民阶层。这平民性是相对于封建传统贵族文化特征而言，岭南地区传统上少有世袭贵族，重商环境培养出"平民阶层"，具有较中原更浓郁的平民特征。

岭南人特有的性格心理及其在思想、行为、作风和生活等方面上的表现，是在岭南独有的地理、气候等自然条件下在长期的社会实践过程中形成的。由此也决定了共时性岭南城市居住文化模式的鲜明特征。

第一，创新性，这是岭南城市居住文化具有商业文化与海洋文化特色的综合体现。创新是竞争的必需手段，也是任何事物获得成功的必然途径。在这一点上，岭南人的竞争是良性的，是在开放、平等的气氛中开展的。依靠自身的能力进行创造，通过竞争达到赢利的目的。历史上，岭南人在城市居住上勇于探索、敢为人先，从而使岭南城市居住文化不断有创新的居住形态出现，如西关大屋、骑楼等。

第二，兼容性，岭南人在进行城市居住建筑活动中，不论对本土居住文化还是对外来居住文化，采取了来者不拒、批判拿来、吸取精华、为我所用的开放态度，这是一种可贵的处理多元文化关系的态度。所以，岭南城市居住文化模式呈现出多元并置的格局。如广东侨乡开平碉楼就是融中西建筑文化于一体的居住建筑奇葩。

第三，务实性，这是商业文化在居住文化上的反映。经商盈利并要长期持续，必须依靠诚信。这种商业文化道德观，也将实用和信誉作为基本原则，强调交易的契约化和交往的平等化。而岭南城市居住文化模式必然注重功能合理、经济适用、朴实无华。如岭南传统城镇街区住宅的总体布局，通常采用梳式系统，利于节约用地，增加经营店面。

第四，世俗性，岭南本土的居住文化模式，是岭南本地居民居住观念以及礼仪、风俗等的反映。岭南城市居住文化模式的世俗性体现在多层次的平民化的日常生活上，丰富多样的传统生活空间极富人情韵味，带有浓郁的市井风情。讲求感官享受与追求生活安逸成为岭南城市居住文化模式的世俗特色，如岭南传统宅园就与世俗生活结合紧密。

第五，辐射性，由于岭南的特殊地理位置，使它在长期对外交往中，成为外来居住文化的登陆点与中外文化交流的交汇点，从而使它承担着吸取外来居住文化向内陆地区传播，以及把中国的优秀居住文化成果向海外输送的重任。例如岭南城市的骑楼街道就辐射至邻近省份和地区，中国传统的建筑文化通过岭南工匠在外国唐人街等地移植。特别是近三十年，岭南地区许多引领新潮的居住社区和居住产品成为全国房地产开发行业学习和效仿的样板，这种辐射性体现了岭南城市居住文化在中外居住文化交流过程中的重要媒介地位。

三、历时性岭南城市居住文化模式

与在给定的空间纬度上阐述共时性居住文化模式不同。历时性居住文化模式，是在人类社会发展进程中不同历史时期在不同的社会文明形态下形成的一种占主导的居住文化模式。因此，在阐明历时性岭南居住文化模式时，一定要把它同岭南社会发展进程中先后出现的不同文明形态联系起来。因为一般而言，在人类社会的发展过程中，有什么样的文明形态，就会有什么样的居住文化模式与之对应，这在学术界已经达成一定的共识。

依据岭南社会发展过程中先后出现的三种社会文明形态，相应地我们认为，岭南地区也先后诞生了三种主导性的居住文化模式，即原始社会的居住文化模式、传统农业文明的居住文化模式和近现代工业文明的居住文化模式，虽然从整体上看，城市居住文化与其他文化一样，具有超越性与创造性，但是它却不是一种既定的、现成的东西，而是像人类文明形态一样经历了一个漫长的发展过程。实际上，前面第二章在论述岭南城市居住文化的演进时，已经就这个进程对岭南城市居住文化在不同时期的表现与特点，进行了较为具体的叙述，这是最好的证明。因此，这里对岭南城市居住文化模式的阐述，只是在岭南城市居住文化演进的基础上，依据上两章所提供的材料，集中阐明它们分别所体现的城市居住文化模式。

（一）原始社会时期岭南城市前居住文化模式

在旧石器时代，岭南地区就生活着人类的早期先民，他们在岭南广袤的土地上繁衍生息，开创了具有地域特色的岭南远古文化，也是岭南文化源流的本根。原始社会的先民比其后代更依赖自然环境，因此，生存方式不可避免打上地理环境的烙印。与中原地区相比，岭南地区有更加适合人类生存的自然条件，丰富的动植物资源随处可得，难以激发人们创造和拼搏的冲动，使得岭南地区工具比中原地区落后许多。在生存方式上，不太注重种植和采集，而更注重渔猎，影响了石器工具的制作工艺和生存技巧方面的进化。同时，高山大海的隔离，形成相对封闭的生活空间，阻碍了先民的迁徙流动，减少了古人间的来往交流，也影响了岭南先民的人的发展方向。

由于长期受到地理环境等自然条件的制约与影响，岭南地区的社会发展较中原地区慢了一步。至先秦时期，这里仍然处于原始社会的发展阶段。当时生活这里的南越族居民，是由新石器时代晚期的土著居民发展而来，最终形成南越族则在西周时期。南越族虽是中华民族的古老族群之一，然而至此岭南地区还没有产生国家，他们仍然生活在原始社会的氏族制度之中。岭南地区还没有出现真正意义上的城市，只有南越族的聚居地。

先秦时期的岭南文化，以岭南本根文化为核心，带有明显地域特征的原始性、朴素性的原生文化。在百越原始氏族部落意识形态的习俗中，由于各族互不统属，图腾崇拜各不相同，如南越族崇尚龙蛇图腾，其特点是图腾崇拜和祖先崇拜合二为一。与中原民族不同，南越族的图腾崇拜并不主要以物化的器物来反映，而是以符号为标识，往往通过"断发纹身"的习俗来表现。后来屈大均在其《广东新语·鳞语》对越人纹身"以像龙子"有精辟论述："南海龙之都会，古时入水采贝者，皆绣身面为龙子，使龙以为己类，不吞噬"。所以，南越族以蛇纹身，保护自身安全，既有对龙蛇的实物图腾，又有祖先图腾。而五羊传说既反映了古岭南地区的水稻种植"五谷丰登"的经济文化，又反映了氏族图腾标志"五羊开泰"的宗教观念。把羊作为图腾崇拜的对象，作为地域文化及民族的象征，至今仍可从羊城、穗城作为广州城的别称、五羊、稻穗作为广州的标志的事实略见一斑。

此外，南越人还热衷祭祀和占卜。祭祀有祭图腾、祭祖先，还有祭水神。而占卜则有鸡卜、蛇卜、占梦，主要以有鸡卜为主。《汉书·郊祀记》就有记载："粤巫立粤祀祠，安台无坛，亦祠天神帝百鬼，而以鸡卜。上信之，粤祠鸡卜，自此始用"。岭南人的原始宗教文化对其居住文化观念的发生有一定的影响，有一些传统的禁忌。

原始聚落是岭南城市之前的基本居住形态，简单的居住实践活动已经展开，而且随着适应与改造自然能力的提升，居住形式从早期的"巢居"发展为"干阑"式住宅，居住实践活动体现了当时岭南的居住观念，形成了原始社会时期岭南居住文化模式，之后岭南城市以及岭南城市居住文化模式，是以它作为原点形成和发展起来的。海南黎族的民居——船形屋也有此类特点，从水上生活转向陆地生活，有水上祖先崇拜和"船"图腾崇拜的意味。

这些早期的岭南原始居住建筑反映了当时岭南先民的居住观念和居住行为，是一种凭借天然的、简单的人造工具而进行的自在自发地居住生存方式。这种居住活动不是自觉的社会交往活动和自觉的精神交往活动，而是严格地局限在由血缘关系和天然的情感所维系的狭隘的圈子里，如家庭或由家庭组成的氏族中展开。因此，可以说这是一种典型的情感性的、自在的交往活动。在这些居住活动中，只存在基于本能和自然关系的性交往关系和情感关系。支配这些原始居住活动是一种由原始巫术、图腾崇拜、神话传说与原始宗教交织构成的原始居住观念世界，以及积淀在神话表象中的禁忌、戒律、集体意象等。而"万物有灵"、"天人感应"、"物我不分"等是这一相互交感的精神世界的核心信念。由此可见，原始社会时期岭南居住文化模式是一种以原始的野性思维和自在的居住实践为基础，凭借各种天然的血缘关系形成的原始社会时期南越人的居住世界，是一种典型的"自然主义"的居住文化模式。

（二）传统农业文明时期岭南城市居住文化模式

岭南地区在社会发展过程中，从原始社会走向传统农业文明时代也是一大进步。虽然岭南地区在从原始社会、经奴隶社会向封建社会过渡时，比中原地区慢了一步，但是自秦国统一南越并在这里设立南海郡后，便加快了"汉化"的速度，促进了岭南地区的社会发展，不但缩小了与中原地区经济与文化发展的差距，而且到东汉末年三国鼎立时，从经济到文化都赶上了中原地区的发展水平。此后，经过唐宋元明几朝，到清中叶时，由于海路交通发达，带来了商业繁荣，使岭南地区在传统农业文明的发展过程中，走到了许多地区的前面。

岭南地区许多城镇是在自然村落的基础上逐渐发展起来的，街巷的形成可以追溯到村落的形成。岭南古村落，早期多由一个家族聚居而形成，聚落由最早几户逐渐扩大，联系各户的路径形成街巷。古人注重宅居营造，认为其与家族、个人兴衰相关。从岭南现存的古村落来看，大多是按风水学的"依山、面水、向阳"原则进行选址和布局。传统岭南民居建筑其平面布局和环境特征，还是取决于传统农业文明时代的生产方式、生活方式、家庭结构、风俗信仰、审美爱好等。传统岭南村落是以小农经济为基础，绝大多数建筑为民居，公共建筑主要为祠堂书塾，典型布局为梳式布局，最常见的民居类型为三间两廊式。河网密布的珠江三角洲地区，在漫长的农业社会时期，在社会、经济、文化的相互作用下，形成具有地域特色、自然形态与人居环境极为和谐的水乡聚落（图4-2、图4-3）。

　　这时期，虚市也普遍出现在岭南地区，北宋邵武人吴处厚在《青乡杂记》卷三对虚市的解释是："盖市之所在，有人则满，无人则虚，而岭南村市，满时少，虚时多，谓之为虚，不亦宜乎？"较为发达的虚市有固定的开市时日，《南部新书》卷辛云："端州（今广东肇庆）以南三日一市，谓之趁虚[①]"。岭南虚市是岭南经济市镇的生长原点，其一般位于交通要道或依托中心城市，以商业为主要功能，也有以手工业为主，是沟通城市与农村的桥梁，也更增强了广州这样的中心城市的经济辐射职能，形成了从州府到县城再到市镇、由大到小的商业集散与流通的岭南城镇网络。

　　岭南经济生活中商贸活动占有主要位置，水乡"桑基鱼塘"类的生态循环经济推动纺织业的繁荣，农业商品性生产和手工业的高度发展又推动水乡市镇的建设和城镇的发展。因此岭南传统城镇道路体系不如北方城市那样方正齐整，这也印证了岭南城镇布局不像中原地区受宗法礼教的严格束缚。在这里，布局相对自由的城镇众多，具有悠久的手工业和经商的传统，商品经济比较发达。岭南传统城镇充满着商品生产和交换意识，既不同于传统的农业社会，也不同于近代工业社会，而是一种逐步摆脱传统农业文明影响，走向近代工业文明的市井商业社会。

 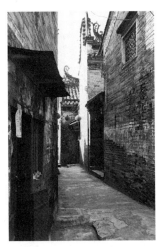

图4-2　岭南滨水民居　　　　　　　　　　图4-3　岭南传统村落街巷
（来源：历史图片）　　　　　　　　　　　（来源：历史图片）

而这一时期岭南城市居住建筑活动，在第二章关于古代岭南城市居住形态演进中，已有较为充分的论述。但是需要指出的是，当时岭南城市居住建筑活动同其他各项社会活动一样，是在传统农业文明的社会背景下进行的，人不知不觉地与自然融为一体，依赖土地，眷恋家庭，使大多数日常生活的主体终生束缚在日常生活的范围之内。人与人之间只有基于血缘关系、宗法关系和天然情感的日常交往。人们终生只能停留在自在的日常观念世界之中，凭借着传统、习惯、经验、常识等重复性和自在的文化模式而自发地生存，以致终生沉沦于衣食住行等自在的日常生活，满足于神话、传说、故事、民间游艺、民间演出等简单的日常消遣活动。

农业文明的背景下，在"生活世界"里，人们有着真实的个人经验，举凡日出日落、云起云散，都具有活生生的一望而知的含义，在这个"生活世界"里，人与环境是内在和谐统一的，人们历来对大自然怀有敬畏，并尊重自然环境的各种秩序。这个时期形成的岭南城市居住文化模式，是由当时人们在日常居住生活与生产活动中自觉或不自觉地积淀，并自发地遵循的经验常识、风俗习惯、天然情感等自在的城市居住文化要素构成的。因此，我们把它称之为"经验主义"的城市居住文化模式。传统农业文明时代岭南城市居民的生活虽然不完全等同于周边农村地区，具有商业活动的特征，但或多或少地还是受到这种经验主义居住文化模式的影响。

（三）近现代工业文明时代岭南城市居住文化模式

如果说中央集权或王权是岭南城市起源的关键因素、农业文明下的商品经济把岭南城市推上第二个台阶，那么近代工业文明又把岭南城市带入第三个台阶，这一时期工商业成为城市发展的主要驱动力，城市性质也发生根本性改变。

岭南近代城市在近代转型前都有传统城市的脉络特征，即以家庭手工业与小农经济相结合的自给自足的自然经济为主、商品经济为辅，以血缘宗法制度为基础，通过街巷组织传统建筑群落所形成的城市形态。鸦片战争以后，在不平等条约制度影响下，岭南城市网络和城市结构渐趋嬗变。以政治及军事治所为主要特征的传统城镇网络逐步转为以商贸流通为目的的新型城市体系；城市形态从内向防御式朝外向开放式过渡；城市结构由传统礼制布局模式向适合工商业发展转变。辛亥革命以后，岭南城市真正步入近代化进程，开始具备近代工业文明的社会雏形。

随着近代封建制度的逐渐解体，千年以来以农业文明为主体的岭南经济方式发生了动摇，舶来的资本主义制度在沿海的岭南城市登陆并生根，岭南城市社会从政治、经济到意识形态都处于转型期。家庭功能、家庭结构、生活方式都发生了深刻的变化，以往以大家族为主的传统居住模式转向小型家庭为主的现代居住模式，脱胎于单一化的街坊合院式的居住形态，变为多元化的社会集居式的居住形态。

　　而到了新中国成立以后，岭南城市进入全新的社会主义工业化大发展时期。工业生产所要求的大规模的人口集聚，直接促进了岭南工业城市的居住空间的发展，厂房与工人宿舍的关系成为工业生产空间布局的要素，也是城市空间布局的基础。这是近现代工业文明所带来的全新的社会化大生产空间。与此同时，城市功能不断完善，分区更加明确，城市居住空间按照现代主义城市规划和建筑理论原则追求"功能第一"的技术理性美学，呈现均质化、标准化倾向。岭南城市进入现代工业文明时代，居住建筑抽象的、普适的国际式风格大行其道，忽视了场所精神和地域特色。建筑师不再直接把握和感受真实的居住世界，失去了直接体验"生活世界"的根基，城市居住建筑的"意义"也随之丧失。

　　从传统农业文明过渡到近现代工业文明，是人类生存方式的一次根本性转变。主要因为这一文明形态具有与原始社会和传统农业文明截然不同的一些鲜明特点。归纳一下，近现代化工业文明形态主要是社会活动领域急剧扩大与活跃，如社会化大生产、商品化经济、企业化管理、全球化交往等，同时哲学、科学、艺术为主要形态的精神生产领域也空前自觉与发达，真正反映城市人的自由自觉的创造性。因此，在近现代工业文明形态下形成了一种崭新的岭南城市居住文化模式，即"理性主义"的城市居住文化模式。其基础为理性和科学，体现了时代发展所需的理性精神与人文精神。以此类推，它也是一种"人本主义"的城市居住文化模式。这在前面两章介绍近现代岭南城市居住文化时，特别是改革开放以来的岭南城市居住实践活动都有一定的论述。

　　在这里需要说明一下，改革开放以来，随着岭南城市现代化的进展与市场经济的繁荣，在当代岭南城市居住文化中，的确出现了不少新的居住文化现象。例如，以房地产开发为主导的住房商品型居住社区，已经成为岭南城市人居环境的主要内容（图4-4）。又如，有的城市社区开始探索城市居住"生活世界"的重构，在给居民提供居住物质空间的同时，还注重精神空间的营造，追求更多的生活情趣与艺术品位，让居民能切身感受到"诗意地安居"。有的住区不仅仅满足于用大片的绿化来美化环境，而是更充分地展现真实的岭南地域特色。除此以外，在城市居住环境建设过程中，受当代西方后现代思潮的影响，也产生了注重消费、追求新奇为特征的"大众文化"现象。由此，有人把它称之为"后现代主义居住文化模式"，主张把它独立出来与其他居住文化模式并列进行阐述，认为这样有利于新型的，即"后现代主义"居住文化模式在我国的建立。

　　然而，我们仍然把当代岭南城市居住文化放在近现代工业文明时代岭南城市居住文化模式部分加以阐述。毫无疑问，西方的后现代主义思潮对包括"近现代工业

图4-4 1999年广州市珠江新城设计方案

（来源：李萍萍等. 广州城市总体发展概念规划研究. 北京：中国建筑工业出版社. 2002：46）

文明时代文化模式"在内的现代性进行反省，以及对西方现代化建设过程中出现的弊端的揭露，值得我们重视，特别是它对技术理性的批判，更是需要我们努力借鉴。不过岭南地区出现的城市居住"大众文化"现象，是否就是后现代主义的居住文化模式，还值得进一步商榷。我们认为，在岭南地区还没有大量涌现后现代思潮及西方现代化之后的文化现象。包括岭南地区在内的我国还处在现代化建设进程之中，城市化和城市现代化仍然是我们为之奋斗的目标。因此，在研究岭南城市居住文化模式时，必须坚持历史主义态度。前面叙述的事实说明，岭南城市居住文化模式的每一次转换，不只是表现为城市居住物质财富和具体居住文明的积累，而是更深刻地体现在城市社会居住文化活动所包含的人的居住文化精神的更新与飞跃。以此衡量，现在的岭南城市居住文化模式仍然属于近现代工业文明时代居住文化模式，新的岭南城市居住文化模式只能随着全球化发展、社会关系进一步契约化与法制化、精神生产进一步非神圣化与平民化、人的主体间交往进一步平等化，即人的精神世界的进一步发展才能产生。

依据上述有关岭南城市居住文化模式的研讨，我们应该充分地领会到城市居住文化模式在城市居住生活和社区发展中的重要作用。对于岭南这个特定地域共同体中的城市个体居住行为而言，城市居住文化决定了居民人格，城市居住文化模式具有一种强制性的居住行为规范的功能。不了解具体的岭南城市居住文化模式，就无法深刻理解这一城市居住文化模式之下生活的岭南城市居民的各种居住行为。同时，城市居住文化模式还通过内在机理的方式制约着岭南城市社会的居住活动，从而对整个城市居住的社会运行产生影响。今后，无论我们要推进岭南城市社会居住的进步，还是要促进岭南城市居住文化的转型，如果忽视了城市居住文化模式的研究，一定会遇到意想不到的"文化阻力"。

本章小结

本章通过系统地论述岭南城市居住文化的构成与模式，揭示岭南城市居住文化的物质文化、制度文化、精神文化三种构成形态，同时也解读了共时性与历时性的岭南城市居住文化模式，分析了岭南居民的性格心理的共性和各个历史时期岭南城市居住文化模式的特点。

城市居住文化作为人的居住实践活动对象化，在个体的与社会的各个层面的城市居住活动中对象化为不同的城市居住文化的存在形态。因此，当我们确定岭南城市居住文化形态的划分时，就其外在的、对象化的表现形态而言，对应于居住文化构成的分类，把它区分为岭南城市居住的物质文化、制度文化与精神文化。

城市居住文化模式是由居住文化特质经过整合后形成的，是特定地域、特定时代与特定民族的群体普遍认同的，由内在的精神追求、价值取向、风俗习惯、伦理规范等构成的相对稳定的居住行为方式，或基本的居住生存方式或样法。根据居住文化模式的本质特征，居住文化模式的表现形式主要有两种，一种是共时性的模式，另一种是历时性的模式，本章联系岭南城市居住文化的实际分别进行论述。

共时性城市居住文化模式，不是从时间的流逝出发，而是在一定的空间与特定地域中，在居民性格心理基础上形成的一种居住文化模式。因此，在阐述共时性的岭南城市居住文化模式时，首先要考察岭南地区城市居民性格心理的形成及其特征。而历时性居住文化模式，是在人类社会发展进程中不同历史时期在不同的社会文明形态下形成的一种占主导的居住文化模式。因此，在阐明历时性岭南居住文化模式时，一定要把它同岭南社会发展进程中先后出现的不同文明形态联系起来。本章针对岭南原始社会、传统农业文明和近现代工业文明的三大主导性的城市居住文化模式，分别阐明它们所体现的城市居住文化模式的特征。

[注释]

① 梁漱溟 . 东西文化及其哲学 . 罗荣渠 . 从 "西化" 到现代化[M]. 北京：北京大学出版社，1990：55.

② （英）B . 马林诺夫斯基 . 科学的文化理论[M]. 北京：中央民族大学出版社，1999：57.

③ （英）B . 马林诺夫斯基 . 科学的文化理论[M]. 北京：中央民族大学出版社，1999：65.

④ 吴良镛 . 明日之人居[M]. 北京：清华大学出版社，2013：67.

⑤ （挪威）诺伯舒兹 . 场所精神：迈向建筑现象学[M]. 施植明译 . 武汉：华中科技大学出版社，2010：75.

⑥ （日）稻叶和也，中山繁信 . 图说日本住居生活史[M]. 北京：清华大学出版社，2010：1.

⑦ （美）本尼迪克特 . 文化模式[M]. 杭州：浙江人民出版社，1987：45.

⑧ 陆元鼎 . 中国民居建筑简史·元明清时期 . 陆元鼎主编 . 中国民居建筑[M]（上卷）. 广州：华南理工大学出版社，2003：58.

⑨ 李权时，李明华，韩强主编 . 岭南文化[M]. 广州：广东人民出版社，1910：16.

⑩ 田银生 . 走向开放的城市：宋代东京街市研究[M]. 北京：生活·读书·新知三联书店，1911：50.

第五章
岭南城市居住文化危机与转型机制

有关岭南城市居住文化模式的历史演进机制，如同一部城市发展史，归纳起来，就是居住文化危机与转型的过程。一是主导性城市居住文化模式的失范问题，即特定城市居住文化模式的制约作用和规范作用开始失灵，从城市居住文化模式的常态期和稳定期进入到它的冲突期和混乱期，我们把这一现象称作城市居住文化危机；二是城市居住文化模式的剧变期或变革期，即一种新的主导性城市居住文化模式取代原有的城市居住文化模式的时期，我们把这一现象称作城市居住文化转型。

第一节　岭南城市居住文化危机的含义、根源和表现形式

研究城市居住文化危机具有十分重要的意义，透过居住文化危机时期的岭南城市居住文化观念和文化精神的冲突、裂变、反思、批判等，我们可以清晰地透视岭南城市社会居住文化观念和居民居住文化精神的深层变化和进步。

一、城市居住文化危机的基本含义

城市居住文化危机是指特定时代的占主导性城市居住文化模式的制约作用和规范作用开始失范，即当一种人们习以为常地、赖以生存的自在的城市居住文化模式，或人们自觉地信奉的城市居住文化精神不再有效地规范城市个体居住行为和社会居住活动的运行，开始为人们所质疑、批评或在行动上背离，一些新的城市居住文化特质或居住文化要素开始介入城市个体的居住行为和社会居住活动，并同原有的居住文化观念形成冲突时，其说明占主导性的城市居住文化模式陷入了危机。这样，城市居住文化模式便从常态期或稳定期进入冲突期或混乱期。由于城市居住文化危机更多地发生在居民的居住观念或心理世界，同时也会在城市居住形态上有所

反映，因此，对上述关于城市居住文化危机的界定还需要从城市居住文化的特征入手进一步加以解读。

城市"生活世界"中的居住文化特质即使在城市居住文化模式的常态期或稳定期也会或快或慢地产生变化，例如岭南城市居住中的一些风俗习惯、建筑形式、居住礼仪等等，甚至在总体城市居住文化模式没有发生根本性改变时也会经历自身的嬗变。因此，城市居住文化在其漫长的发展过历程中呈现多种多样的形态。然而这种变化却不是城市居住文化模式在总体上所出现的裂变与危机。只有当一个文明时期的主导性城市居住文化模式在城市个体的居住行为中和社会居住活动中失灵或失范、一种新的居住文化精神或居住文化模式可能取而代之时，城市居民才可能真正感受到城市居住文化危机。

二、岭南城市居住文化危机的根源

理解了城市居住文化危机的含义，还需要探讨一下城市居住文化危机的根源。一般来说，居住文化危机的发生是基于居住文化内在的超越性与自在性之间的矛盾，而这一矛盾又往往通过个体居住的内在本质与居住文化的外在约束的矛盾关系表现出来。

具体来说，在城市居住文化模式和居住文化精神深处，总是存在着居住文化的超越性本质和居住文化的自在性特征之间的矛盾，即城市居民对城市居住美好生活的追求与城市居住固有模式和秩序的束缚引发矛盾与冲突。在分析居住文化的发生及其本质规定性时，要从居住文化的人本规定性的思想出发，即是城市居住文化作为历史地凝结成的城市居民的居住生存方式，从本质上体现了人对自然和本能的超越，体现了人对自然新生事物的创造，体现了人的自由的本质。但是，城市居住文化还具有群体性和强制性的特征，即城市居住文化是历史地积淀下来的被群体所共同遵循或认可的共同的城市居住行为模式，它对个体的居住行为具有给定性或强制性，这又表现出居住文化的自在性一面。

由此看出，超越性和自在性的内在张力或矛盾包含在城市居住文化中，而这种矛盾又表现为城市个体和群体、个体与文化模式之间的矛盾。在特定的历史时期，岭南城市居住文化的超越性和创造性精神会为城市居民提供自由和创造性居住活动的空间和条件。而在另外的历史时期，岭南居住文化模式的自在性和强制性又会成为城市个体居住行为发挥创造性的束缚。于是，城市个体创造性和超越性的居住行为与城市居住文化模式的自在性、稳定性就会发生冲突，而新的岭南城市居住文化特质、文化精神就会通过岭南人的居住实践活动中变革的和批判的本性而逐渐生成，并开始冲破稳定常态的传统城市居住文化模式的阻碍，这就是城市居住文化危机的根源和内在机制。岭南当代城市居住文化的危机就是在当前中国现代社会转型和变革期的城市居住文化的超越性本质和原有的自在性特征之间的矛盾冲突中引发的。

三、岭南城市居住文化危机的表现形式

内源性居住文化危机和外源性居住文化危机，是城市居住文化危机的表现形式的两大类。其中，内源性居住文化危机是指在没有外来的其他种类的居住文化模式或居住文化精神介入和作用下，由于自身城市居住文化模式中内在的超越性与自在性矛盾的冲突和居住文化内在的自我完善的合理性要求而导致的文化失范。此类型的城市居住文化危机往往表现为生活在这一主导性居住文化模式之下的特定族群或特定社会从自己内部产生出质疑、批评原有的城市居住文化模式的新居住文化要素，表现为新的自觉的居住文化层面与旧的自在的居住文化模式的冲突，这里明显包含了城市居住活动的主动自我完善和更加合理化的诉求。

外源性居住文化危机从深层原因来看也是基于城市居住文化内在的超越性和自在性的矛盾冲突而产生的居住文化失范。同内源性居住文化危机不同的是，在外源性居住文化危机发生的人群和社会那里，原有的主导性居住文化模式往往具有一种超稳定性结构，它即使已经失去了合理性，也还是能够抑制内在的批判性和怀疑性的城市新居住文化因素的产生或成长，其最终还是要靠一种外来的新居住文化模式或文化精神的冲击才能进入居住文化的批判和否定时期，进入非常态期和裂变期，带有更多的被迫性及外在的更新和重构方面的要求。

一般来说，越往前追溯，内源性居住文化危机发生的概率比较高，如近代之前的岭南城市居住文化。在封建社会稳定期，岭南城市居住文化的产生还大多属内源性，特别是唐宋岭南城市商业贸易的兴旺所引发的居住文化的变革应属于此类。而在近现代全球化文明交往普遍发达的情况下，外源性居住文化危机发生的概率相对较高，如岭南城市居住文化在鸦片战争以后、辛亥革命以后、新中国成立以后、改革开放以后几个重要节点都发生较大裂变。值得注意的是不应把内源性居住文化危机和外源性居住文化危机从形态上截然区分开来，它们在实际中常常是相互交织的。在这种背景下，许多发展相对滞后的地区和居民在全球化和现代化的转型期，所经历的城市居住文化危机大多表现为外源性居住文化危机，而当代岭南城市居住文化危机正是如此，因此有必要分析和讨论当代岭南城市居住文化危机及异化现象。

第二节　当代岭南城市居住文化危机及异化现象

改革开放三十多年来，岭南地区城市化进入史无前例的高速发展时期，但也面临着较为严重的城市居住文化的危机现象。曾几何时，传统民居、历史街区甚至连文物古迹，都似乎成了阻碍城市经济建设发展的绊脚石。旧城更新中，数百年来形成的富有人情味和鲜明特色的古老城区，经过一场"脱胎换骨"的改造，城市记忆消失殆尽。新区开发时，对自然环境、地域特色、文化传统视而不见。迅猛而快速推进的城市化，旧貌变新颜换来的是"千城一面"的无个性和特色的城市居住空间形态。简而言之，目前岭南城市居住建筑活动中存在太多的"异化"现象。

岭南城市的居住文化危机往往是错误的居住价值观念和价值取向所导致的。居住生活信念和居住生活本身的异化是使今天城市居住建筑活动丧失意义，丧失生命活力的关键所在。对城市历史居住环境及传统居住文化氛围的破坏在岭南许多城市都普遍存在，这不能不令人痛心和担忧。为了更好地分析这种状况，在此罗列当代岭南城市居住文化危机及异化的主要现象。

一、城市居住"精神家园"的场所丧失

当前，岭南城市大多数城区的建设尤其是旧城改造，往往采用大规模的一扫而光，推倒重建的策略。老城区大量传统的居住街坊、地段被拆除重建。在被拆除的传统居住空间中，不仅有自发生长形成的、具备地方文化特色的城市肌理——历史街区和民居，而且还有上百年构筑起来的丰富的社会邻里结构和健全的社会网络。因此，满足社会各阶层需要的各类生活空间和就业机会也随之消失殆尽，通过改造重建所形成的新的居住空间，与其现代的外表对应的是意义与情感的贫瘠。同时对于城市居住新区的建设，主要由官员与开发商主导，与城市居民的需求与价值取向存在差异，同时由于开发理念、时间周期、资金投入、运营模式等诸多方面的制约，因而忽视了城市居民的社会居住行为心理等多层次需求与居住空间环境的关系。虽然，越来越多的居民搬入新区，居住的物质条件得到改善，拥有了自己的住房，但他们往往找不到"家"的感觉，即对所居住和生活的全新场所缺乏认同感和归属感，以至失去"家园感"或称"场所感的丧失"。新的邻里关系以致社会网络在相当长的时间内难以形成，从而居民对所处的居住空间环境难以身心融入，人际交往缺失，邻里关系冷漠，"里仁为美、守望相助"的传统居住文化的邻里交往观念正在逐步淡化。

城市居住的人文精神的失落，源于当代岭南人居环境缺乏对人的生命过程的自

觉意识，居住建筑割裂了与居民日常生活的真实关联。居住社区没有关注居民的心理感受，缺乏人文关怀，忽视了居民的精神追求，无法形成一种健康向上的、具有"场所精神"的城市居住文化。"精神家园"难以建立，失去了魂牵梦萦的"乡愁"。此时岭南城市居住文化与"生活世界"渐行渐远，无法帮助居民获得居住生存的意义和价值，无法诠释生命活动的过程而达到诗意安居的境界。

二、城市居住"地域特色"的同质危机

20世纪80年代以来，岭南城市居住环境建设中，过于注重居住建筑功能化，关注城市居住物质性需求，然而对于城市居住精神性需求，即城市居住的历史、传统、习俗、记忆以及特色等具有居住文化内涵与价值的方面，则没有给予应有的重视，不顾当代岭南城市居住建筑与传统居住文化的脉络关系，忽视城市居住街区内在肌理的存在，产生大量无意义、无"场所感"、千篇一律的"同质化"居住环境。

岭南城市呈现快速发展的态势，城市面貌发生了日新月异地变化，但正日益走向趋同。无地域特征的城市居住空间和形态大量出现，瓦解和颠覆了岭南城市居住文化传统，岭南地域居住文化品质受到伤害。作为城市记忆的城市居住文化的地方特色正在消失，"千城一面"的景象正成为岭南城市居民不得不面对的视觉灾难。布局雷同、风格相仿、个性皆无、过目即忘的城市居住新区随处可见。大同小异的住宅新区正大规模地在各个城市复制着，城市居住空间"趋同化"现象愈演愈烈。目前，岭南城市居住文化"同质性"，已经是城市住区开发和住宅建设的一个可悲又不可逆的文化走向，千百年来形成的各具特色的城市居住空间环境的多样性已经不复存在，城市的灵魂正在丧失，街区感、舒适感、亲切感也都荡然无存，呈现出刻板、冷漠、毫无生气的城市街道景观，不能充分反映丰富多彩的城市日常生活。

三、城市居住"建设发展"的利益驱动

在目前岭南城市居住建筑活动中，由于政治和经济体制的制约因素，虽然城市居住建设开发主体呈多元化，但项目决策者往往不是居住建筑的直接使用者，而主要是各级行政官员或开发商，他们对居住建筑活动的把控，并非完全出于人的生存与生活的现实需求，而是含有其他各种目的和动机。开发商以追求利益最大化的市场机制为取向，有可能从个人或企业局部利益出发，忽视社会居住的整体利益。他们对土地和楼盘的价格的敏感和关注远胜于居住区历史文化的价值，有的甚至通过投机欺诈和牺牲公众利益来换取更高的商业利润。这势必导致居住建筑基本目标的偏离。然而市场经济也有着自身内在的调节机制，开发商为了销售利润也会在一定

范围和程度上考虑使用者的真实需求，对产品进行针对性的定位和策划。而以行政命令方式干预居住建筑活动则显然有更大的危害，个别行政官员忽视居住建筑首先应满足人的基本居住需求的本质，而是以此作为自己的"政绩"，因而盲目追求建设的高速度、短期视觉效应，甚至不切实际地相互攀比。个体决策的随机性与群体居住的真实利益需求相分离。少数人决定城市居住环境质量乃至形式风格的决策机制，使得大量城市居住工程项目没有经过系统而严谨的科学研究和论证，而是凭官员或开发商个人的喜好和眼界作出决定，仓促开工建设。结果建成后的住区居住生活氛围难免显得平庸、单调，而城市居住建筑文化品位显得肤浅、粗俗，导致当前城市居住建设发展可谓"四有四无"，即"有绿化，无意境；有住房，无家园；有规划，无社区；有指标，无品质"。2008年以来，伴随着新一轮地方投资热度不断升温，岭南地区有的城市又兴起了新城开发热潮。大规模的"造城"运动，必然带来房地产泡沫，空置率高企，产生了漆黑一片的"鬼城"、"空城"，浪费了宝贵的城市土地资源，破坏了美好的城市自然环境。

四、城市居住"规划设计"的匠心缺失

当代岭南城市居住建筑活动普遍存在本末倒置的现象，住宅小区规划设计缺乏对人的居住生活目标与生活意义的关怀。虽然岭南城市房地产业近三十年蓬勃发展，住宅建设速度不断加快，建设规模不断加大，但规划师与建筑师们难得静心思考居住建筑的意义。他们越来越远离居住生活的真实而沉湎于居住建筑"物"的"完满"，或仅满足于对社会居住生活表面的、肤浅的直观反映，不能透过当前纷杂多变的社会环境，从岭南传统城市居住文化中汲取营养，而是对地域建筑文化缺乏自信与理解，舍本求末地追逐国际流行形式，牵强附会地注入与岭南城市文化特色格格不入的东西，试图以此来表现居住建筑的"时代精神"。甚至屈服于开发商的商业目的，不能坚守职业的操守原则和专业的内在规律，遗忘了居住建筑设计的目的就是为人创造全方位适应其真实需求的生活场所。于是，将城市居住环境中现实存在的与人的生活紧密相关的复杂性、多样性和延续性弃之不顾，建筑师们不再从城市生活的现实中去潜心研究当地的城市居民心理因素与居住文化模式，精心规划设计。而是普遍浮躁，急功近利，热衷于闭门造车，迷恋形式上的"艺术创造"，直至为了纯粹商业性的目的进行违心的"虚假设计"，或为开发商利益去"偷面积"，完全背离了建筑师的责任、义务和权利。质量低下的住区规划和居住建筑设计比比皆是，无法为当代岭南城市居住提供高品质的生活环境，导致了城市居住环境有机性的丧失，更导致了整个城市居住建筑价值和目标的混乱和迷失。

五、城市居住"消费追求"的奢靡低俗

由于城市大众文化的影响，城市居住的消费文化也呈现出时尚性。这时居住消费并不仅仅是对实物的使用价值的消费，而主要是对语言学意义上的符号的消费，是一种建立在地位和身份象征上的消费。城市的精英阶层或先富阶层往往是一个城市居住消费潮流和风尚的领导者或倡导者，他们追求的生活方式能左右城市社会居住的消费观念，形成社会性的居住消费文化潮流和趋势。他们通过居住消费品位的变化与更新，来建立自己居住的"地位商品"优势，拉开与普罗大众的身份距离。于是"没有风格，只有时尚；没有规则，只有选择"，就成为岭南城市居住大众时尚消费的现象。这种现象，不仅表现在城市居住消费的奢华化，也表现在岭南城市居住区规划与建设上的庸俗化和环境的虚假化，各城市居住区建设相互攀比模仿成风，造就了众多风格和主题雷同的住宅小区。为追求所谓"等级化"或"国际化"豪华大宅，城市居住区规划设计中热衷于引进"洋大师"和拷贝"洋小镇"，追捧"外国设计"及宣扬"奢靡生活"的现象也成为了一种时髦。

作为商品文化和大众文化最重要标识的居住形象化的追求，也脱离了居住的实质内容，成为一种独立存在的因素，并成为岭南当代城市居住文化的普遍性特点。模仿、复制、批量生产及翻新和重塑，使得城市住区处处似曾相识。而城市精神意蕴的平面化，以形式上的华美、离奇和震撼、刺激来取得肤浅的效果，使得城市景观影像化。岭南当代城市形象已支离破碎，居住文化失序与居住形式风格的杂烩混搭已成为基本的城市居住空间形态特征。从这样的城市居住环境景观所反映出来的非深度、非完整性与零散化的趋向，以及多元共生性和思维的否定性等特点，隐隐约约呈现出一丝城市居住的所谓"后现代主义"的现象特征。

脱胎换骨式的岭南城市居住转型以前所未有的方式把我们抛离了既有的、可知的城市居住活动的社会秩序和轨道，即传统的、熟知的城市居住"生活世界"，使人们陷入了尚未理解的城市居住文化危机现象中，这既是我国在居住文化转型的过程中，所表现出来的各种居住文化精神和价值观念的碰撞和冲突，又反映了岭南城市居民面对基本居住生存方式的改变所产生的无所适从的迷惘和躁动。实际上折射出当前岭南城市居住文化的价值观念和意识形态的混乱甚至倒置，也就是一种扭曲的病态居住心理。如果从孤立的城市居住建筑活动还难以全面地反映出这种危机状态，那么将其纳入岭南城市现代居住生活的整体背景中便会更加清晰。

造成上述岭南城市居住文化危机和异化现象的原因多种多样，分析起来：一方面，我国正值社会、经济和文化进入转型期，各方对城市居住的要求错综复杂，都

在探索前进，而城市住区规划和居住建筑设计尚难满足时代的要求；另一方面，尽管信息化时代网络及各种媒体发达，当代居住建筑理论和作品不断涌现、纷见杂陈，但是有关新时期中国城市居住建筑的理论研究却流于形式和表象、缺乏深度探索。而当代居住建筑文化哲学理论的贫乏不能不说是一个更深层次的原因，城市住区规划与居住建筑设计还远未构成自己完整的具指导性理论体系。许多从业人员还习惯于用"西方人的眼光看世界"，对岭南城市居住建筑与文化的研究还不够全面和深入，缺乏对自身本土居住文化的自觉和自信。有的甚至认为中国城市居住空间形态仅仅是西方城市居住空间理论的一个特例，远未理解东西方居住文化的差异和融合。这都需要我们从"人的存在及其意义"这个高度和视野研究岭南城市居住文化，走出岭南城市居住文化的危机或异化现象。

第三节　当代岭南城市居住文化危机的反思与启示

针对当代岭南城市居住文化危机，只有站在居住文化哲学的高度进行全面的考察和反思，才有可能触及和掌握其内在的矛盾和真正的问题，从而能够从宏观上把握其正确的走向。在此将岭南当代城市居住文化危机的反思与批判的主题确定为"技术理性特征"和"大众文化特征"两大内容，这也是岭南当代城市居住文化反思与启示的关键之所在，现实意义重大。

一、城市居住文化危机的本体论反思

岭南人自有意识地营造原始居所算起，迄今已有数千年的历史，但对于"居住是什么"及"居住对人类意味着什么"这一组久远的问题却一直在孜孜不倦地探求。不仅是岭南城市居住文化本身，而且与之密切相关的人之存在及其人生存的价值与意义等问题，也一直广受关注和争论。

《尚书》有云："民惟邦本，本固邦宁。"《管子》亦言："霸王之所始也，以人为本，本制则国固，本乱则国危。"因此可以说："以人为本"是中国传统文化本体论的精华。城市居住文化危机是否代表着人的居住生存状况的危机，这是具有深层意义的问题，它直接涉及居住建筑文化的本体论。正视居住文化危机是岭南城市的明智的选择，也是摆脱居住文化危机的唯一途径，因为文化危机不是城市居住文化发展的结束，而是新型岭南城市居住文化建构的起步。

城市居住文化的本体论反思，就是对城市居住环境的意义与价值的领悟与揭

示。关于岭南城市居住文化的各种深层次的探讨与争论都必然在本体领域中展开。当代岭南人对城市居住活动的困惑与迷惘归根到底是对居住建筑本体的困惑与迷惘，或是由于居住建筑的本体的被遮蔽。不过遮蔽的原因都不在传统意义上作为"物"的生产的城市居住建筑活动自身，而是有着更加深刻的城市社会文化的根源。换言之，城市居住建筑活动中真正具有深层意义的问题并不是传统意义上"居住建筑本身"的问题，而是城市的社会问题、文化问题。因此，岭南城市居住文化危机是一个需要深入探寻的重大问题。

城市居住文化危机问题归根到底是人的异化问题，更确切地说，是人之存在的异化问题。居住文化与人的存在之间那种天然的不解之缘，使对居住建筑意义的探索成为对人的生存空间与生命活动的一种整体揭示和明晰。而正是在对城市居住活动的不确定性加以确定的本体论反思之中，在对居住建筑的物质形态所蕴含的深层结构的超越性意义的探求之中，我们发现，居住建筑本体一方面在现实的生活世界和生活过程中展开，另一方面又因为日常感性的麻痹而遮蔽。因此导致了今天城市居住建筑活动中较为普遍而严重的本末倒置的现象与无意义的追求，这实际上也是城市居住建筑活动的异化，而这种异化又与现代社会中普遍存在的人的异化同根同源。

为此，城市居住建筑的本体必然是"人化"的本体。它不再是与人对立的纯粹的实体世界，而是人的生命活动中鲜活的感性认知，既是人现实的城市居住活动，又是人居住的梦想、激情、期盼与记忆。在城市居住建筑的活动中，人所能把握的，都在感性之中，人所能超越的，也只有通过感性去超越。正由于人类主体精神是以充盈的生命中真性情、真血性为主体，它才会对城市居住建筑的本体的领悟和反思成为对自我的领悟和反思。因此，岭南城市文化研究并不是把居住文化看作单纯物质的客体对象，而是始终将其与人的生活过程和生命活动联系起来考察，并始终以人的生存意义与价值作为自己的目标指向。

二、岭南城市居住文化的技术理性现象的反思与启示

（一）技术理性主义批判理论

所谓技术理性主义是指在近现代科学技术呈加速度发展的背景下产生的一种新的理性主义思潮，它根植于科学技术发展的无限潜力和无限解决问题的能力之上，无视"生活世界"的经验常识，其核心是科学技术万能论。技术理性相信人可以通过理性和科学来把握宇宙的理性结构，并且可以通过日益改善的技术手段去征服自然和控制自然，解决人的生存的各种问题。

技术理性的反思与批判是构成20世纪批判哲学的重要主题之一，许多深刻的思

想家在目睹现代科学技术和生产力巨大发展所带来的物质世界的繁荣的同时，敏锐地感受到技术以及文化的普遍异化的问题，他们中许多人从物化或异化的角度对现代西方的文化精神开始了反思，并从不同侧面揭示了这一主题。这里主要介绍两个的技术理性主义批判理论。

1．胡塞尔的文化批判理论

胡塞尔认为，哲学的主要对象是本质，而纯粹的观念，即本质内在于意识之中，人可以通过反省自己的主观意识而揭示本质。把哲学建构成为严格的科学，不仅是哲学自身的本质要求，而且也是科学发展的要求。胡塞尔哲学研究的深刻动机是关于科学的基础问题。然而，正是胡塞尔的科学理想使他晚年看到了欧洲科学的危机，并在对科学危机的诊治过程中，从理想的科学世界回归到前科学的"生活世界"。

胡塞尔关于欧洲科学危机的分析开辟了一套从现实生活世界出发的文化批判理论。其思想的基点是：第一，欧洲科学危机代表着人自身的危机，代表着深刻的文化危机。其关键点是现代科学技术理性或工具理性的过分发展和膨胀，导致了抽象的科学世界和实证主义思潮对人的统治，从而使得现实的生活世界被遗忘；第二，前科学的、前逻辑的生活世界是价值世界和意义世界，自然界的日常生活语言是最重要的语言，因为它代表着现实的生活形式。因此，西方世界摆脱理性主义文化危机的出路在于从文化和精神上回归生活世界，重建人的价值世界和意义世界。

胡塞尔在20世纪哲学中首先完成了具有决定意义的、对后来产生很大影响的回归生活世界的思想历程。而且胡塞尔对于欧洲科学危机和欧洲人的生存方式危机的探讨，不是一般地从政治和经济等社会背景去分析，而是从深刻的文化模式和文化精神去剖析，对20世纪的文化批判理论和文化哲学的自觉产生了划时代的影响和推动作用。

2．海德格尔的文化批判理论

存在主义是作为一种深刻的历史和文化批判意识而出现的，它的批判矛头直指工业社会的主导性文化精神，即技术理性主义。存在主义者的文化批判是从揭示理性文化统治下人的生存境遇开始的。在他们看来，理性主义的发达导致了一个由人的造物统治的普遍的物化世界，人作为一种有限的存在"被抛入"这个物的世界。其结果，人之有限的、孤独的和缺憾的存在境遇成为人之不可避免、无法摆脱或人之为人所命定的存在状态。

海德格尔作为存在主义的主要代表人物，在其代表作《存在与时间》中集中探讨存在问题，即追问"在的意义"，建立一种"以人的存在为核心"的基本本体论。他把人的存在称之为"此在"（Dasein）。一般在者的在并不显示自身，因为它们是现成的、已被规定的东西。而此在，即人的存在则不同，它的本质不是给定的，而是展示于"在世"过程中。而且，此在通过"存在于世界之中"（在世）而把在展开、表现出来，此在处于在的澄明之中。海德格尔的学说就是环绕着人在世界之中的"在"而展开的。

在海德格尔的视野中，日常共在的世界或日常生活世界是一个全面异化的领域，一种非本真的存在状态。关于日常生活的异化，海德格尔作了诸多论述，我们择其要点如下。首先，日常主体把本己的此在完全消解在他人的存在方式之中，与常人认同，结果造成一种未分化的平均状态。"常人怎样享乐，我们就怎样享乐；常人对文学艺术怎样判断，我们就怎样阅读怎样判断；竟至常人怎样从'大众'中抽身，我们就怎样抽身；常人对什么东西愤怒，我们就对什么东西'愤怒'。这个常人不是任何确定的人，一切人——却不是作为总和——倒都是这个常人，就是这个常人指定着日常生活的存在方式。"[①]其次，日常共在的主体在逃避自由的同时，也推卸责任。"常人仿佛能够成功地使得'人们'不断地求援于它……常人一直'曾是'担保的人，但又可以说'从无其人'。在此在的日常生活中，大多数事情都是由我们不能不说是'不曾有其人'者造成的。常人就这样卸除每一次在其日常生活中的责任。"[②]再次，日常共在的主体间的交往同样具有异化的性质。

总而言之，海德格尔从文化批判的视角为我们展示的是一个人在其中失去主体性、全面异化的日常共在的世界。存在主义的批判理论对于现代人深刻认识所面临的深刻的文化危机，并凭借人自身的文化批判力量和创造力量走出危机，具有重大的激励作用。存在主义勇于直面人类的存在困境，无处不透露出对人之存在的终极关怀。

随着20世纪的各种危机，现象学和建筑现象学在上述两大技术理性主义批判理论基础上应运而生：现代哲学和科学的危机催生了现象学，而现代人居环境的危机则引发了建筑现象学。众多学者把探索的眼光转向了现象学，转向了现象学观察现象的方法，就是为了从根本上认识和解决这种居住、场所和环境的危机。在他们看来，这种环境危机是由"科学技术至上"思想所导致，与实证科学分析环境的方法有着直接而内在的联系。而此抽象、缩减和中性孤立看待环境的方法，忽视甚至遗忘了"人"在心理和精神上与世界和建筑之间本应存在的复杂联系，因为这种根本的联系正是衡量人"存在于世"的状况和意义的极其重要的尺度。现象学的方法与这种实证方法形成鲜明对照，可以帮助"人"从实质上把握环境现象原初和本真的价值和意义，进而有可能在全面完整地认识和理解人与环境之间关系的基础上，采取相应的有建设性的行动，在人居环境建设中创造有益于人类居住的场所。

（二）现代城市居住文化的技术理性特征的形成

自20世纪20年代开始，西方多个城市开始了现代城市的规划实践。此时工业革命之后科学技术的快速发展所带来的政治、经济、社会形态的巨大变革冲击着传统的思想观念，激励人们以全新的方式改造世界。法国现代建筑大师勒·柯布西耶就大力倡导在建筑设计中运用现代的技术反映崭新的时代精神。他在《走向新建筑》中描绘的对城市与建筑的构想，代表了当时城市规划与建筑设计领域的主流意识。在机械美学和功能主义倡导下，城市规划强调形式与功能的统一，注重明晰的功能划分与等级化的结构组织。功能主义为主导的城市规划思想带来的是对传统城市空间结构和组织方式的全面否定，这种思潮进而对现代城市居住文化的技术理性特征的形成产生了巨大的影响。

在20世纪早期全新的工业文明社会、经济、文化和技术背景下，成立于1928年的国际建协（CIAM）所提出的建筑方向、方法和美学思想逐步成为现代建筑发展的主要潮流。其主张革除现有的城市组织结构，并以新的理性秩序取而代之，1933年在希腊雅典召开的国际建协第四次年会提出的《雅典宪章》，详尽地论述了这一"技术理性"的新城市居住文化模式。《雅典宪章》强调城市的功能分区，机械地将城市活动分割为四大基本功能：居住、工作、交通和游憩，首先强调城市中不同功能的分区布局，然后再以交通网彼此联系。宪章规定了合理规划、功能分区、建筑高层低密度等以形体环境为主的构建手法。《雅典宪章》是现代功能主义建筑与城市规划观念的集中反映，受其影响，世界各地城市开始逐步脱离古典传统，抛弃历史原型，走向形体化的"功能主义"城市之路。

在《雅典宪章》的基本原则和理性精神的引导下，城市空间结构上表现为明确的功能分区，形体环境秩序井然。同时城市以纵向的树形结构形成等级化的组织体系，即按照严格的递增等级来组织城市。城市居住空间的组织方式是：邻里单元——邻里单位——城市次中心。邻里单元成为等级化的功能主义城市中最基本的组成单元，它由近百家住宅组成。几个邻里单元围合成一个邻里单位，它通常以一个小学的服务面积控制规模（居住户数大约为1000户），服务设施居中布置。城市次中心由若干邻里单位构成，配备各项公共生活设施，服务半径正好覆盖这些邻里单位。在城市空间中，住宅、道路、绿化彼此功能明确，而住宅高度、日照、间距、朝向、建设密度等通过精心的设计达到理想的结果。邻里单位的城市居住组织结构也体现了《雅典宪章》所倡导的功能主义原则，这一城市居住空间模式的出现，改变了工业革命之后城市拥挤、恶劣的居住环境状况。以新的城市居住文化模式应对工业革命后城市混乱的客观条件，其本身的进步意义是不言而喻的。

（三）岭南城市居住文化的技术理性现象的分析

20世纪以来，特别是辛亥革命以后，岭南城市开始出现由西方引进的城市集居住宅形式，其特点是：住宅内部按功能的需要进行划分，开始采用西式的建筑结构和施工方法，住区环境和公共设施的规划相对以往较为系统和完善。

近现代岭南城市居住文化的演进过程就深刻印证了现代功能主义的影响和作用。这一时期岭南城市居住空间的各种变化都源于更具功能优势的居住建筑形式的应用，可以看到功能对形式的决定作用影响着居住建筑形式的选择。岭南城市长久以来因人口增长，使得居住空间狭小拥挤、卫生条件脏乱恶劣，传统的居住建筑形式——街坊式的生存状况遭到越来越多人的质疑。评价城市居住空间优劣的标准，就是要改善居住空间与居住环境，使之满足适度的开发强度和日照、通风等卫生条件的基本要求。当然这些标准的制订更多是出于技术理性的角度对居住空间基本功能的考虑。日照、通风条件良好及建筑密度较低的居住空间有利于居住者的健康和安全，居住空间的建设模式就逐步向这一目标转化，居住建筑的空间布局形式也多从传统的街区式逐步变为行列式。实际上，在这一居住形式选择的过程中起决定作用的是日照、通风、绿地率、密度、容积率等重要技术经济指标，其数据决定了城市居住空间与居住建筑的主要布局方式。

当代岭南城市居住模式无论是邻里单位模式，还是以之为原型的住宅小区模式，都是建立在现代功能主义城市规划理论基础之上，是技术理性功能至上理念下的产物。受功能主义城市规划思想的影响，为体现等级化的城市组织结构，岭南城市邻里单位注重功能，注重空间组织的秩序和空间结构明晰与条理性，注重公共交通与居住的分离，试图以良好的整体环境重组人的社会居住生活。住宅小区模式屈从于汽车交通的需要，以公共设施配套及服务半径限定居住人口规模的方法，使居住空间的主体——人被置于从属的地位，空间规模与范围与人的认知和控制能力无关，人不得不屈从于城市居住物质环境。岭南城市住宅小区模式所采用的规划先验结构，不论是"小区—组团—单体"的三级组织结构，还是"小区—单体"的二级组织结构，其既定的结构和自上而下的规划方法，使住宅小区首先在规划设计上就显得机械和单调，无法体现城市居住社区的多样化的环境特征，以及由于居住群体不同所应具有的差异性。"功能主义"住宅小区模式通过等级化的组织结构，机械地把城市居住空间分解为住宅、服务设施、道路、绿地等一系列子系统，服务设施的规模、道路宽度、绿地大小根据等级层层分解、逐步缩小，形成等级化的树形结构。这种理性布局的树形结构对城市居住、交通、休闲、服务等空间无法产生相互关联的综合作用，与满足城市居住生活的多元性和多样性应有的半网络化结构不相适应，消解了城市居住物质形态和城市社会网络、人文脉络间的对应关系。

在岭南地区大规模的城市建设和房地产开发的背景下，由于城市中个人合法自建住房基本杜绝，城市功能主义等级化组织结构和邻里单位模式被广泛接受并采用，它们以清晰便捷的方式，满足了房地产商的在符合功能要求的前提下快速规划，大量建设的开发要求，政府主管部门也易于审批和控制。以住宅商品化模式为主体的城市居住建筑活动，使经济、实用、可操作性强的单元式住宅成为主流的住宅形式，并成为居民被迫接受和认同的城市主要居住形态。然而不论功能主义城市等级化的组织结构，还是邻里单位模式，都是在强调物质环境最大完善的同时，将人的生活与情感排斥在外，丧失了城市组织结构与社会结构、居住文化传统间的对应，导致了城市土地分区与人口密度分配的简单机械化。结构的清晰明了削弱了因各种职能空间交叉所产生的丰富的、多元的城市空间关系，同时居住地点与工作岗位的分离增加了城市的交通量，居住地和就业地钟摆式地来回奔走带来城市居民生活的不便，造成效率低下、能源和土地浪费的状况。

岭南城市住宅商品化过程中，虽然居民通过自由的选择提高了在城市居住区位上选择的自主性，但是不同收入阶层的家庭通过房价这一经济因素的过滤，在居住模式和居住区位上形成了明显的分化。城市精英、高收入阶层注重自然环境、邻里品质，可以入住城市中心区的高级公寓和城市边缘的别墅区，而低收入者只能选择廉租房或经济适用房等保障性住房。这种"居住分异"现象使得社会阶层的分化更加明显，引发社会隔离，激化社会阶层的对立，导致社会矛盾以及在青少年成长等方面所产生一系列社会问题。因此城市居住的社会公平与和谐问题在城市现代化建设进程中正越来越得到关注。

从本质上，当代岭南城市以邻里单位为原型的住宅小区模式忽视了人对居住空间的主体性，单纯注重物质文化层面的物质形态的功能结构和物质形式美学。因此，当城市居住物质环境不断完善，进而追求城市居住空间更多的精神文化层面的内涵时，住宅小区模式就明显地表现出先天不足，以致在现有城市住宅小区中，人们在享受居住物质环境日益改善的同时，也会感叹新的住区多元化的居住空间缺失，多样化的居住生活匮乏，居民间相互交往不足，人际关系淡漠。居民对居住的"场所"缺乏认同感、亲切感与归属感，城市居住环境的文化意义不断衰落。现代城市住宅小区机械的组织结构所造成的各种功能彼此的不交叉，与传统城市街区同一空间中多种功能并置所形成的浓郁的生活氛围相比有明显的差异。

因此，岭南当代城市居住文化的重新建构，就是要反思目前城市居住技术理性倾向所带来的功能主义种种弊端，在城市居住循序渐进发展中更加注重发掘和保留传统的岭南地域居住文化，并在实践中探索新的居住文化精神。

（四）岭南城市居住文化的技术理性现象的反思与启示

20世纪20年代以来，现代主义建筑与国际化风格所倡导的种种"技术理性"的设计理念导致城市过于注重功能分区，忽视社会文化传统，建筑与城市空间千篇一律等问题逐渐暴露出来。伴随西方国家社会经济的发展，《雅典宪章》所倡导的功能主义城市在社会、经济、环境和人类情感等方面的缺陷日益凸显，同时城市的高速发展也带来新的问题，如城市高度工业化、技术化、人口高度密集等因素所引发的拥挤、隔绝、孤独等城市居民心理危机也不断显现。面对新时期城市居住文化问题，西方学者发现现代城市居住最大的问题就是：居住过分注重物质空间的塑造，而忽视对作为城市居住主体的"人"的认识，忽视城市物质形态与社会形态及居住生活之间的关联。他们开始反思近现代城市规划理论和实践，又将目光投向更具人性化的功能复合、空间多元的城市居住模式。

在对功能主义城市居住文化现象的探究中，可以看到：《雅典宪章》以纯理性的思维方式强调科学化的规划、绝对的土地分区、高效率的大众交通、工业区的隔离、贫民区的清除等。其理念在城市居住空间中的表现为，邻里单元——邻里单位——城市次中心的居住组织结构，满足居住功能的基本要求，具有极强的技术理性特征。反映在城市结构中，表现为决然的土地功能分区观念，工作与居住区域的脱离，不仅使人们疲于上下班的奔命，而且使城市的交通量大增。许多城市建设用地分区与人口密度分配过于主观武断，既忽视了地方文化特质的存在，又无法与原有社会结构相配套。更严重的是城市居住空间结构的根本改变与似曾相识的居住建筑形式，不仅泯灭了原有的地方特性，更由于缺乏可理解的城市层次和标准，造就了毫无个性的、居民无法认同的城市居住环境。种种弊端的出现，至此功能主义城市所倡导的功能分区、等级化的组织结构和秩序、邻里单位模式等都成为反思的对象。在这些表象后面的设计中，城市居住文化的功能至上的形体环境准则以及技术理性的静态规划观念都遭到质疑和批判。

在剖析功能主义城市失败的原因时，1961年加拿大著名城市社会学家简·雅各布斯（J. Jacobs）在《美国大城市的死与生》一书中从美国城市的社会问题出发，通过美国城市建设的回顾，对功能主义的现代城市规划和建筑设计正统理论进行抨击。她认为无论柯布西耶还是霍华德的城市规划思想的实质都是反城市的，是建立在摧毁固有城市形态、割裂城市功能基础上的，其结果则表现为城市生活的多样性和丰富性的丧失。她认为柯布西耶所倡导的由摩天大楼、高架桥、绿化公园构成的"垂直城市"设计"制度化、程式化和非个性化"，而霍华德的"花园城市"理论"一笔勾销了大都市复杂的、相互关联的、多方位的文化生活"。[③]
她指出城市不是艺术的成果,城市是最广泛、最复杂的生活,现代城市规划中对
"人"的忽视是造成各种不合理的城市空间关系和城市组织结构的原因。她认为现
代主义城市非人性的环境和单调乏味的空间是其规划思想导致的恶果,现代主义
的理性方法摧毁了城市空间、城市生活、城市文化。简·雅各布斯提出一种新的
城市建设原则,增加城市人口的多样性、密度和活力,营造能够聚集各种人群和
活动的空间,并列出了一个生气勃勃的城市在形态上的四个要素:①用途混杂;
②街区小、路网密;③不同年代、环境和用途的建筑物并存;④建筑密度高。

　　美国建筑学家克里斯托弗·亚历山大(C. Alexander)在《城市并非树形》一文
中反对把城市各组织层次的等级看成"树形结构"(Semi-lattice),他指出:"城市不
是也不能是,并且必须不是树形结构。城市是生活的容器。假如因为此容器是树形
结构,从而割断了在期间的生活流的互相交叠,那么这样的城市就像一个盛满直立刀
片的碗一样,随时准备割断任何交赋予它的物体。在这样的容器中,生活被割成了碎
片。倘若我们建造具有树形结构的城市,那么这种城市将把我们在其间的生活搅得粉
碎。"[④]现代功能主义城市的组织结构以及城市功能的明确分区,虽然明确的等级体系
简化了城市空间彼此的关系,但就此将多种空间彼此交织叠合产生的丰富性、模糊性、
不定性从城市的塑造过程中剔除出去,在形成理性的秩序的同时也必然带来呆板单调
的结构模式。亚历山大指出城市复杂的现状环境反映了人类的行为以及深层次的复杂
需求,体现了城市的文化价值。他还认为必须努力去创造一个综合的、多功能的环境。

　　美国后现代主义建筑创始人罗伯特·文丘里(R. Venturi)的《建筑的复杂性
和矛盾性》被认为是后现代主义城市规划思想诞生的标志,后现代主义城市规划倡
导对城市深层次的社会文化价值、生态价值和人类体验的发掘,提倡人性、文化、
多元化价值观的回归。呼吁城市为了保持其持久魅力,必须实现历史的延续,返璞
归真一种被现代主义所割裂的历史情感。

　　而柯林·罗(Colin Rowe)和考特(F. Koetter)共同著述的《拼贴城市》一
书认为城市的生长、发展应该由具有不同功能的部分拼贴而成,反对现代城市规划
按照功能划分区域、追求完整统一而割裂文脉和文化多样性的做法,强调"以小为
美"的原则和"居民意象拼贴决定论",采用多元内容的拼合方式,构成城市的丰
富内涵,使之成为市民喜爱的"场所",他们认为只有这样城市才有生机和活力。

　　1977年《马丘比丘宪章》的颁布表明:在社会与人文科学领域研究成果以及
对城市理论与城市组织结构的反省的基础上,城市居住空间发展进入了又一新的阶
段。宪章中有关城市及住宅建设的有关论述成为指导性纲领。宪章批评了《雅典宪

章》把城市划分为各种分区或几个组成部分的做法，认为其"为了追求分区清楚却牺牲了城市的有机构成"，"规划、建筑设计不应把城市当作一系列的组成部分拼在一起来考虑，而必须努力去创造一个综合的、多功能的环境。"宪章中在提到住房问题时指出："与雅典宪章相反，我们深信人的相互作用与交往是城市存在的基本根据。城市规划与住房设计必须反映这一现实。同样重要的目标是要争取获得生活的基本质量以及与自然环境的协调。""住房不能再当作实用商品来看待了，必须要把它看成促进社会发展的一种强有力的工具。住房设计必须具有灵活性，以便易于适应社会要求的变化，并鼓励建筑使用者创造性地参与设计与施工。"并反对《雅典宪章》把私人汽车看作交通的决定因素，指出将来城区交通的政策是公共运输系统的发展。⑤

从《雅典宪章》到《马丘比丘宪章》的变革体现出城市居住文化观念上的质的飞跃。城市居住环境规划设计从注重物质形态规划的功能主义的技术理性思想，逐步转变为注重城市人文生态的人本主义理念。

对以技术理性为导向的功能主义城市居住文化的思考，就是通过反思与批判当代岭南城市居住环境规划只注重形式，不考虑居住场所与人的居住活动之间丰富的关系的弊病，逐渐认识到城市居住应该是多元交织混合、多功能重叠的网络结构，在城市居住空间组织中注重不同功能的混合以及不同功能空间的相互交叠的重要性。功能主义城市居住环境不能满足居民精神层面的要求，无法反映动态社会组织所形成的社会结构等问题也日益得到重视，岭南城市居住文化应逐步摆脱功能主义的规划思想，逐步转向强调居住功能的混合化、居住空间多元化。在这样的背景下，作为功能主义等级化城市居住组织结构代表的，以邻里单位模式构建的住宅小区也应重新评价，从而探索新的更加与人的多样性的居住生活对应的城市居住文化模式。

通过对城市居住文化发展过程的回顾和反思，当代岭南城市居住文化的建构，正逐步摆脱以技术理性为特征的功能主义规划理念的束缚。其从强调功能分区转而注重功能复合，从居住空间的等级化的组织结构向多元化网络化组织结构转变，从单纯重视物质形体环境的优美向重视人的社会生活的丰富转变，从强调远期静止的规划结果向注重控制城市发展的动态过程转变。因此新的更加关注人的生活的居住社区正在涌现，城市居住文化的观念正从物质至上的功能主义向人本主义回归。

三、岭南城市居住文化的大众文化现象的反思与启示

（一）城市大众文化的特征

"所谓大众文化，是指在现代都市工业社会中，以现代都市大众为其消费对象，

通过当代都市大众传播媒介传播的无深度的、模式化的、按市场规律生产的文化产品。"⑥大众文化是在发达工业社会和后工业社会中随着文化进入工业生产和市场商品领域而产生的新的社会现象，是由现代大众传媒技术和现代信息技术塑造并加以支撑的文化生产形式和文化传播形式，并因此能够成为被大众广为使用和利用的文化消费形式，是基于文化成为大众普遍的消费品而确立起来的文化形态。在所有的文化类型中，大众文化无疑是与当代城市特性结合最紧密的一种文化，甚至在某种程度上，大众文化本质上就是近现代城市化过程中的一种产物，因而是当代城市文化的重要组成部分。

在《消费文化与后现代主义》一书中，迈克·费瑟斯通描绘了当代都市社会和文化的新景观："后现代城市以返回文化、风格、与装潢打扮为标志，但是却被套进了一个'无地空间'（no-placespace），文化的传统意义的情境被消解了（decontextualized），它被模仿、被复制、被不断地翻新、被重塑着风格。所以后现代城市更多的是影像的城市，是文化的消费中心，又是一般意义上的消费中心。而对后者，亦如曾经所强调，不能脱离文化记号与影像来谈。因此，城市生活方式、日常生活与闲暇活动本身，不同程度地受到了后现代仿真趋势的影响。"⑦在当代城市社会，大众文化借助于现代传播媒介和商业化运作机制，不仅事实上已成为当代城市文化的主流，成为一种城市大众可以共同享受和消费的文化，而且改变了当代城市的社会生活和文化形态。

当代大众文化与传统的通俗的民间文化具有本质的区别，一种具有新的文化特征的大众文化正在取代传统的、通俗的民间文化。这种取代显然具有极其深刻的社会动因，而其中最重要的原因则是城市化，以及伴随着城市化而来的市场机制的孕育和发展。城市化是一个从传统的乡村社会向现代的城市社会转化的自然历史过程。其主要表现为，农村人口不断地向城市集中，城市人口在总人口中的比重不断上升，同时农村生活方式向城市生活方式转变。城市社会在本质上具有和乡村社会不同的物质文化、制度文化和精神文化形态。由乡村社会向城市社会的转变，必然伴随着文化生长土壤的变化。在岭南当代城市化过程中，随着社会存在的改变，文化领域的一个突出现象，就是传统的民间文化向现代的大众文化的转化。主要特征表现为：

第一，城市大众文化的兴起，意味着视觉文化时代的来临，即视觉符号取代语言符号并成为占统治地位文化符号的大众文化时代。在现代视觉文化中，新兴媒体制造的视觉影像，不仅决定性地改变了大众日常生活的肌理，而且大规模地侵入城市生活和社会生活，甚至已经成为城市大众生活环境的一部分。城市大众文化的孕育和成长，意味着当代城市文化进入了影像的、形象的或视觉的时代。

第二，城市大众文化的兴起，意味着传统社会地域文化之间的差异消失，大众文化跨越特殊地域界限，而成为不同地域居民可以共享的文化。城市的拓展，经济的成长，交通的发达，使地域空间距离感大大缩小。而且加之各种城市传播媒介与互联网信息技术的发展与推动，使现代城市社会生活及交往甚至超越地域局限而得以远距离甚至全球化地展开。

第三，城市大众文化的兴起，意味着公众话语与私人话语变得模糊不清。所谓公众话语指话语的共识过程，人们彼此沟通、解释、商讨、争论，从而形成某种舆论。当城市大众文化兴起后，公众话语便开始侵入私人话语空间，而私人话语也开始向公众话语转换。这是城市化以及城市文化市场兴起后必然会发生的现象。因此，伴随城市化、信息化而来的新兴媒体等交往沟通平台技术，如QQ、微博、微信等在城市的移动互联网迅猛发展，大众文化成为城市社会大众的共同体验、共同消费、共同娱乐的共享元素。

（二）岭南城市居住文化的大众文化现象分析

1979年改革开放以后，岭南由于毗邻港澳，对外窗口率先打开，外来的居住文化逐步通过岭南地区向内地渗透。香港商品住宅建设，为岭南城市商品化住宅开发建设提供了许多有益的经验，扮演了积极的角色，促进了岭南城市居住建筑设计品质的改善和提升。一段时期内，从香港引进的所谓"欧陆风格"在岭南城市的盛行，就是对千百年来岭南传统居住建筑形象的挑战，也表明某种文化位差的存在，是一种城市居住文化的传播。但是由于内地和香港在社会制度、经济制度和生活方式等方面的不同，因此当把香港居住文化模式套用在内地时，就会出现"时差"和"错位"的现象。最主要的原因是整个岭南社会的城市文化价值取向问题，由于人们对自身传统的城市文化的认知不足和信心失落，以及求异求新，盲目推崇外来西方文化。以致把西方生活方式当作现代高尚生活的象征。

城市居住文化上的"位差"造成了文化饥渴。岭南城市"先富阶层"以及其他新生代早已厌倦了以前计划经济年代城市那种单调、冷漠的住宅形式和形态单一的居住文化。由于某些先富阶层"洗脚上田"较多得益于中国对外开放的政策，也自然对外来文化，特别是欧美的传统建筑样式推崇备至。因此，选择"欧陆风格"的居住建筑形式也就成为他们追逐西方文化的一种方式。并且这些仿古典式柱廊或凯旋门式的建筑语言，在某种程度上体现了他们优越的经济与社会地位，满足了精神上"出人头地"的欲望。在这种背景下，"欧陆风格"的流行就不足为奇了。然而，我们必须看到，这种现象恰恰是岭南城市居住文化在社会转型期缺乏文化自信的表现。其实，这些纯粹符号化的西方建筑元素，早已是被西方现代建筑思潮超越、否定甚至淘汰。因此，居住建筑中所谓"欧陆风格"存在局限性，必定不会持久。随着改革开放的深入，内地居民"走出去"的机会也来越多，得以更直接地接触和了解西方当代居住文化，香港作为中西方建筑文化交流的中介角色也正在改变，岭南城市居住建设中的"香港现象"已逐渐淡化。

岭南城市居住文化所面临的许多"异化"问题和现象多与大众文化有关，例如不顾环境、地点、功能，将居住建筑仅仅当作"艺术形式"随意抄袭照搬。或者把居住建筑当作炫耀财富、身份、地位的手段，为标榜突出自己，不惜矫饰堆砌、求奇求异，反映人们追逐时尚的心理。对待外来的建筑思潮，不去弄清其文化内涵、理解其思想观念，而只是热衷于表面的形式和风格，并当作流行时尚到处拷贝。居住建筑的类型、内容和风格不可避免地日趋单调和雷同，"华而不实、大而不当"的浅陋庸俗的居住设计产品可以在岭南城市居住环境中大行其道。

对外来文化的兼收并蓄本是岭南城市文化的基本特征之一，刚刚打开国门并患有文化饥渴症的岭南人，把西方国家几百年中所经历和产生过的建筑思潮和"主义"都拿来演练一番。这些前现代的、现代的和后现代的建筑思潮与居住建筑形态，几乎同时在岭南城市出现，使原本的"历时性"消解而成为"共时态"，它们同时包围和冲击着城市居民的心理，使他们不知所措，并使岭南城市在实现城市社会现代化转型过程中，不自觉地接受大众文化而不知不觉地滑入了所谓"后现代"城市居住文化现象之中。

随着岭南城市居住商品化的深入和生活水平的提高，居民对居住环境质量的追求在不断提高，特别是一些外来的设计机构和留学生，进入内地参与居住建筑项目的创作设计，他们把外来原汁原味的欧美居住建筑风格移植到岭南地区。有的更是直接将国外的居住建筑从设计、材料、室内装饰全盘照搬过来，产生了一批制作品质精良、异域风情十足的居住建筑作品。由于这些舶来的建筑风格在历史上早已成熟并成为经典，再加上开发商出于自己的商业利益驱动会对住宅产品用心打造，因此能做到格调纯正，即刻从前些时那些不伦不类、不太成熟的所谓"欧陆式"居住建筑中脱颖而出，受到市场的追捧。其通过丰富错落的体量组合、典雅端庄的立面造型，淡雅柔和的色彩格调、精雕细刻的细部处理，来为岭南城市居民营造纯粹地道的异国情调的居住环境。

这种舶来移植模式较有代表性的居住建筑作品有夏威夷风格的广州星河湾（图5-1）、地中海西班牙风格的广州锦绣银湾（图5-2）、意大利风格的深圳观澜湖高尔夫别墅以及法国风格的广州保利香槟花园。这些住区的共同的特点就是建筑设计

图5-1　广州星河湾

（来源：作者自摄）

图5-2　广州锦绣银湾

（来源：作者自摄）

以鲜明的异域风格、休闲的生活情调与考究的细节装饰突出品位和个性，同时与园林相配合以和谐的格调营造出典雅精致、亲和温馨、富于舶来风格的"欧式家园"。同时还有整体引进国外的住宅产品，如广州南沙滨海花园·水晶湾就是采用北美南加州风格的轻钢结构别墅小区，从设计到安装都引进外来技术，整体移植国外居住建筑原型。还有一种做法就是模仿或拷贝国外某一著名城镇，如深圳华侨城·波托菲诺就是参照地中海沿岸的旅游胜地PORTOFINO，以营造出充满悠然安逸、热情浪漫生活格调的意大利风情小镇。异曲同工的居住项目还有广州的美林湖国际社区就是由国际设计团队打造的南加州风格的生态小城。

当代岭南城市出现将真实的实在转化为各种影像，并将时间碎为一系列永恒片断的景象，这证明了大众文化的特征已开始成为岭南"后现代"城市的特征。城市作为现实生活的场所已被影像化了，而所谓的历史"文脉"也仅是一系列历史碎片的"拼图"。城市化与城市现代化是我们社会发展与时代的要求，文化整合与文化转型是这个时代的必然趋势和艰巨的使命。"后现代"城市大众文化现象，既是一种困惑，又是一种启示，面对眼花缭乱的岭南城市居住文化的大众文化现象，我们应保持清醒的认识和判断力。

（三）岭南城市居住文化的大众文化现象的反思与启示

鉴于大众文化的特征及其在当代岭南城市居住文化上的表现。大众文化现象的反思与批判主要从以下几个方面剖析其对于人的存在的负面影响。

1. 大众文化的商品化：创造的丧失。在现实居住生活中，通俗化、大众化的城市居住文化已经偏离了居住的本质追求，即丧失了本真的创造性，呈现出虚伪的商品性，具有拜物教的特征。这种现象在"住宅商品化"的今天比较普遍，岭南城市居住生活中也呈现出与传统居住价值取向大相径庭的城市居住的大众文化发展趋势。在全社会的商品化浪潮和功利心态的引导下，目前岭南城市大众的主导性居住文化模式是一种只贴近居住生活表象、不反映居住实质的平面文化。

2. 大众文化的齐一化：个性的消除。由于现代技术的发展，社会商品具有批量生产、无限复制的特征，所以大众文化表现为标准化和齐一化，也就是，大众文化不再具有不可替代的个性。众所周知，艺术创造的特征主要表现在其个性，亦即不可替代、不可重复的"独创性"。然而，当代岭南城市居住建筑已经失去个性，从外观形式到功能布局都越来越趋于相同，成为可以批量生产和复制的大众化商品。

3. 大众文化的欺骗化：超越的消解。为迎合在社会化大生产中疲惫不堪的现代人的需求，大众文化通过提供更多的承诺和更好的消遣来消解人们内在的超越维度和反抗维度，致使人们失去了思想深度，从而逃避现实，沉溺于无思想的享乐，与现存状况认同。因此可以说，大众文化具有某种欺骗性。当前岭南城市居住项目策划和销售环节中通过各种媒体大肆宣扬浮华的感官享受和奢靡的生活方式，从而使人们自觉不自觉地陷入以现代大众传播媒介为依托、以此时此刻为关切中心、以吃喝玩乐为基本内容的消费文化和通俗文化。

岭南城市居住建筑创作由于大众文化的影响，缺乏对居住目标和终极价值的关怀，习惯于依附外界反应和外在目标的行动、思维和选择，习惯于追逐一个个莫名其妙的时尚，甚至已习惯于不做任何思考和判断，仅仅满足于别人怎样我就怎样。这种城市居住生活方式已不再是个体的体验，因而也不再需要真正的生活艺术，艺术不再是个人心灵的一部分，而成为生活的一种点缀和装饰。这导致了人的个性的消除，也使生命活动本身失去了美学的向度和存在的意义。因此，虽然城市居住的大众文化现象在表面上不具有强制性，但是，它对人的操控和统治更为深入，具有无所不在的特征。

在城市居住的大众文化氛围中，人对城市居住现实的"反抗无效"或"虚假抵抗"的现象，充分说明了后工业文明条件下城市人的异化的严重性。本来极具创造性的城市居住文化也走向了异化，其不仅丧失了人的居住创造性本质和个性的自由，而且自身正成为操控人们城市居住行为的力量，成为人们与居住现实状况认同的媒介。如果我们把前面已经分析的"技术理性"等异化力量与"大众文化"结合起来，就可以更清楚地理解当代岭南城市居住文化异化的深层问题。居住文化主要表现为人的基本的居住生存方式，因此，城市居住文化的异化毫无疑问是城市人的居住深层次的异化，因为它是人的居住本质的异化。要扬弃城市居住的大众文化，就必须扬弃人的居住本质的异化，回归其艺术的个性和创造的本质，也就是重建人的自由自觉的居住生存方式。从这层意义上，城市居住的大众文化反思与批判同城市居住的技术理性反思与批判的主旨有异曲同工之妙。

虽然岭南人自古对外来文化持开放兼容的态度，但这类"拿来主义"的大众居住文化只能满足人们向往西方"时尚"、"高端"生活情调的心理。但如果从一个长远的居住文化历史角度来看，这种舶来移植模式必定是一个过渡时期的暂时现象。因为居住建筑毕竟与地域、气候、风土、民俗和生活习惯有密切的关系，纵观当今全球各国各地的特色各异居住建筑，很少看到这种大规模照搬照抄异域风情或流行元素的做法。多数居民自然愿意选择更能体现本土居住文化的价值观，更能表达传统居住文化的舒适、安全、温馨的"场所感"。

由此，当代岭南城市居住文化建构的重要任务和内容，就是要对城市居住的大众文化现象进行深入的反思和批判。做到自觉抵制和消除其对岭南城市居住文化的负面影响，避免城市居住活动及与之相关的人的生存的异化和物化。当然，城市居住的大众文化现象所导致的个性的泯灭本身，就意味着人在城市居住活动中的生存意识和自由意识的丧失，而一旦失去生命的创造性，文化批判精神也将不复存在，使得我们对岭南城市居住的大众文化现象的批判变得十分困难。正因为如此，坚守"人文精神"和"人本主义"才显得尤其重要。

四、岭南城市居住文化反思的性质和意义

作为与城市人的日常生活最直接相关的一种文化活动，城市居住文化是人们最应熟悉和了解的事物，而事实上人们却对它的误解更普遍、更严重，这值得我们深思。从某种意义上讲，一般人很少意识到居住文化对居住者的真实含义。尽管人们对居住文化的误解程度及其表现的方式大不相同，但似乎有一点是相似的：没有将居住建筑同人的生存活动和存在意义联系起来，而只是将其当作某种外在于人，外在于人的生命的对象——"物"来看待。因此城市居住建筑活动便失去了与居住生活的内在关联，失去了它赖以存在的居住文化土壤。居住建筑的设计和建造仅仅成了一种与人的生活无关的住宅工业产品的生产和制造，或是设计者个人自娱自乐的"艺术创造"，这两者表面上看似截然不同的思想倾向，其实在无视居住建筑的人文品格，将居住建筑中的人的生存意义相剥离的做法上却是共通的。由此，对岭南城市居住建筑活动的考察从根本上讲是一种城市居住文化的考察，因而具有城市居住文化反思与批判的性质和意义。

当先进的城市规划思想已从以功能主义为主导走向规划的多元化时，岭南城市居住环境规划和建设却还存在某种误区：采用单纯的自上而下的规划过程，城市居住空间规划以形体规划为主体，以有秩序的形体环境作为居住区规划的终极目标。在城市居住空间的建构中，对旧城中原有居住空间通常采用大规模的拆除，致使原有的功能复合的多元化空间结构，多年自发形成的城市肌理，老城区极其丰富的社会邻里结构和社会网络，满足社会各阶层需要的各种类型生活空间和就业机会也散失殆尽。通过改造所形成的新城市居住空间，与现代的表象相对应的是意义和情感的匮乏。大规模单一功能的居住空间以及以邻里单位为原型的居住区及住宅小区模式都体现了功能分区、城市等级化组织结构的作用。这种城市组织结构及居住空间建设模式的出现和形成，虽然满足了城市居住物质功能的要求，但对城市居住精神层面的追求和进一步发展重视不够。在岭南地区城市的边缘，这类居住区屡见不鲜，方兴未艾。导致城市中越来越多的纯居住空间与其他功能空间和精神空间的进一步分离。

城市居住建筑活动绝不是一项单纯孤立的物质生产活动，它是城市人的居住文化活动的重要内容，岭南城市居住文化的各种思想观念、矛盾冲突都必然会深刻地反映在城市居住建筑活动中，并得以充分地体现。城市居住建筑对于城市人的生活和存在而言，其意义远未得到今天大多数人所认识，这也与人们对生命意义的体会与认知不足有直接的关系。因此，要充分认识和理解城市居住建筑就只有充分认识自我，充分理解生命并懂得生活的含义——就必须赋予城市居住建筑活动以强烈的"主体意识"和"人文精神"，而这也正是岭南城市居住文化的技术理性与大众文化现象的反思与批判的任务和目的所在。因此，要对当代岭南城市居住建筑活动进行真正深入的反思和批判，就必须把视野扩展到整个城市居住文化领域，而城市居住文化的人文精神，人文价值和人文理想的建构则应当成为这种反思与批判的目的和追求。

《马丘比丘宪章》在城市规划与居住空间建设上的影响是巨大的，同时对城市居住建筑设计也有很好的指导意义。其认为现代居住建筑设计的主要任务就是为人们创造适宜的居住生活空间，应强调的是内容而不是形式，不是着眼于孤立的居住建筑，而是追求建成居住环境的连续性，即居住建筑与居住环境的和谐统一。具体表现为：在城市组织结构上，将人的需要作为城市规划及空间组织的依据，从强调"功能主义"机械式的功能分区，转变为重视多功能的复合环境，强调尊重人的多元文化和社会交往；在城市规划理念上，提出遵循城市发展的动态过程，从城市终极状态的静态的构想，转变为把城市作为一个持续发展与变化的动态系统整体去统筹考虑；在城市规划方式上，试图通过公众参与实现城市结构与形态与人的生活方式与意愿要求的统一，从将规划视为一门纯技术的工作，转变为重视规划的过程与社会责任。总之，其价值观已从"技术理性主义"，转变为"人本主义"的价值取向，表达了《马丘比丘宪章》从追求完美的城市物质形态与形体环境，转变为追求城市在人文精神上的深层内涵。

人文精神实际上是人对自身存在的思考、对其价值和生存意义的关注、对其命运的理解和把握。因此，它是一种自由精神，也是一种美学精神。当代美学摒弃了传统美学的自然本体论或理性本体论，而日益成为一种"生命本体论。"它关注和深入人的生命活动，把生命解释为人的价值存在，认为人的超越性生成和人的终极意义的显现才是人所生活于其中的世界的本原。这种对活生生的人的"生命活力"和"精神追求"弘扬的转变，无疑是本体论上的一次"革命"，其荡涤了以往本体论的非人性化倾向，同时也意味着将人的全部生命形式，生命过程以及生动丰满的城市居住生活加以还原，从而使岭南城市现实居住环境回归真正属人的"生活世界"，成为人们"诗意地安居"的居住场所。

　　总而言之，可以发现城市居住文化危机往往是很深刻的，不仅在现实的城市居住生存活动和社会居住运行中，人们可以亲身体验到不同居住文化观念、居住文化要素、居住文化特质的冲突和碰撞，而且在城市居住文化反思与批判的层面上，我们同样面临着不同的居住文化观念和居住文化精神的自觉的冲突与争辩。这种深刻的城市居住文化危机并不是消极的现象，它在相当多的历史阶段成为城市居住进步和变革的前奏。当城市居住文化危机达到一定的深度，当各种居住文化反思和文化批判思潮的争辩与冲突发展到一定的阶段，就会导致一种新的城市居住文化模式逐步为人们所认同，以某种方式逐步取代原有的城市居住文化模式，成为新的主导性城市居住文化模式，这就是城市居住文化转型。

第四节　岭南城市居住文化转型的含义和机制

一、城市居住文化转型的含义

　　所谓城市居住文化转型，是指特定时代特定人群所普遍接受、赖以生存的主导性城市居住文化模式被另一种新的主导性城市居住文化模式所取代。从此意义上讲，城市居住文化转型类似于城市居住文化危机，并不是经常发生的城市居住文化现象，无论是个体的居住行为的微小变化、居住习俗或价值观念的逐步转化，还是特定社会城市居住文化特质或居住文化模式的一般意义上自觉的或不自觉的更新，都不能算作居住文化转型，只有在较大的历史尺度上所发生的主导性城市居住文化的理念、体系、要素发生整体性的、脱胎换骨式的转变，才能称为城市居住文化转型。因此，迄今所经历的最深刻的城市居住文化转型就是现代化进程中的城市居住文化转型，即传统农业文明条件下自在自发的经验主义的城市居住文化模式，被工业文明条件下的自由自觉的理性主义的城市居住文化模式所取代。即指城市居住文化的现代化或城市人自身的现代化。

　　显而易见，城市居住文化危机和城市居住文化转型是不可分割的。一方面，对应于居住文化模式的常态期和稳定期，居住文化危机和居住文化转型共同构成了城市居住文化模式的变革期。在居住文化模式的变革期中，居住文化危机和居住文化转型是同一个历史进程中相互紧密关联的两个阶段。如果说，在总体居住文化冲突与变革时序中，居住文化危机代表着"量变"的过程，居住文化转型则代表着从量变过程达到一个转折的关键节点而引起的"质变"。另一方面，居住文化危机和居住文化转型本身就是交织在一起的，可以说，居住文化危机是居住文化转型的过程，居住文化转型是居住文化危机的结果。

二、城市居住文化的转型的内在机制

揭示城市居住文化转型的机制，是我们认识城市居住文化转型的首要问题，同时也是我们进行城市居住文化反思与批判的重要问题。居住文化在某种意义上就是居住"人化"，居住文化是人历史地凝结成的稳定的居住生存方式，因此，研究城市居住文化转型的机制在某种意义上也就是探讨城市人自身发展和演进的机制。事物的运动和发展一般是由其内在矛盾所驱动，居住文化的内在驱动力也来自居住文化的内在的矛盾运动，而居住文化的内在的矛盾运动实际上也就是人的居住活动的内在的矛盾。因此，认识城市居住文化转型的内在机制，要从揭示和把握人的居住活动的内在矛盾根源入手。

（一）城市居住文化的超越性与稳定性的矛盾

我们在分析城市居住文化危机的内在机制时，曾经简要地阐述了城市居住文化内在的超越性与稳定性的矛盾冲突。就是城市居住文化危机的根源和内在机制，同时也是城市居住文化转型的内在驱动力或内在机制，因为城市居住文化危机和文化转型原本就是同一个过程。居住文化所包含的超越性与稳定性的基本矛盾不是一种暂时的、时有时无的矛盾，而是居住文化内在的永恒的矛盾，因为这种矛盾是人与生俱来的基本的居住生存矛盾和生存结构。所以，我们应进一步从人的基本居住生存结构和人的居住活动的内在矛盾的角度，深化关于居住文化的超越性与稳定性矛盾的认识。

正如弗洛姆所说：人的"命运是悲剧性的：既是自然的一部分，又要超越自然。"[⑧]人的这种特殊的生存矛盾不仅表现在人同外在的自然的关系之中，也表现在人同内在的"第二自然"，即文化的关系之中。城市居住文化体现了人的城市居住生活的自由本性，同时也成为人开展城市居住活动的基本方式。然而，城市居住文化的积淀在一定的程度上又会成为作用于人的居住活动、约束人的自由创造的桎梏。因而，人不仅生活在城市居住文化之中，还会不断地以新的居住文化创造去超越原有居住文化模式的束缚。人的任何有关居住文化的创造都有其独特的价值，但是，又注定是有局限性，注定会在一定的条件下成为被扬弃的对象。这种局限性或不完善性又促使居住文化的不断创新成为可能。因此，城市居住文化内在包含的超越性与稳定性的矛盾根源于人特殊的居住的生存矛盾，而这种矛盾必定是永恒的。

必定是与人本身居住的生命过程相依存。

（二）城市居住文化自在性与自觉性的互动

超越性与稳定性的矛盾对于城市居住文化危机和城市居住文化转型的驱动作用，是通过自觉的城市居住文化和自在的城市居住文化的互动而表现出来的。因此，我们在分析了人的居住生存结构中的超越性与稳定性的矛盾之后，要专门探讨自觉的城市居住文化与自在的城市居住文化所代表的两种城市居住文化层面或文化存在形态之间的相互关系。

自在的居住文化是指以自在的传统、习俗、经验、情感等常识性因素构成的人的自在的居住生存方式，而自觉的居住文化则更多地体现在科学、艺术、哲学等精神领域中，是指以自觉的科学知识或思想观念等为创造性依据的人的自觉的居住生存方式。二者都属于城市居住文化的范畴，但是，各自的居住文化存在形态却有较大的差异，它们会以不同的方式影响和制约着城市个体的居住行为和社会的居住活动，并且相互构成了错综复杂的互动关系，推动着城市居住文化的演进、发展和转型。

在人的居住实践活动中，自觉的居住文化对于自在的居住文化的超越是一个本质性的维度。实际上，在城市居住历史的演进中，人的居住文化精神的每一次观念的更新，每一次思想的解放，都表现为对原有的人们习以为常的自在的居住文化模式的突破和超越。城市居住现代化进程表现为由自觉的居住文化对自在的居住文化的超越而完成的一次意义重大的居住文化转型。由传统农业文明的居住文化模式向现代工业文明的居住文化模式历史性转折，实际上是自觉的理性居住文化对自在的经验居住文化的一次全方位的变革和超越。现代化进程割裂了人对土地的依赖和对血缘或宗法依附，使人从凭借着经验、常识、传统习俗等自在的居住文化要素而自在自发地生存的状态，进入到依据理性、知识、契约等自觉的理性居住文化精神而自由自觉地和创造性地生存的状态。显而易见，自觉的城市居住文化对自在的城市居住文化的超越维度及居住文化内在的自我超越、自我更新的维度构成了当代城市居住文化转型的深层基础。

（三）城市居住文化的创新与整合

城市居住文化危机的表现形态，包含了内源性和外源性两种不同的居住文化危机。其中，内源性居住文化危机和我们在这里所探讨的居住文化的内在创造性转化，即居住文化创新方式的居住文化转型在本质上是一致的。这种意义上的居住文化危机往往表现为生活在这一主导性居住文化模式之下的特定人群或特定社会从自身内部产生出质疑、反思与改变原有城市居住文化模式的新居住文化要素，表现为新的自觉的或自为的居住文化层面与原有的自在的和自发的居住文化模式的冲突。不言而喻，在此意义上的城市居住文化危机深化的结果必然是居住文化的内在创造性的转化，是通过内在的自觉的居住文化要素同自在的居住文化要素之间的冲突而导致的城市居住文化的自我更新。岭南城市居住文化发展在近代之前大多为城市居住文化的自我更新的创新模式，如宋代街坊式的城市居住模式的出现。

正如城市居住文化转型的内在创造性转化方式，即城市居住文化创新方式与内源性居住文化危机具有内在的本质上的一致性，城市居住文化转型的外在批判性重建方式，即城市居住文化整合方式同外源性居住文化危机也是相互统一的。我们在分析城市居住文化危机时指出，外源性居住文化危机从深层原因来看也是基于居住文化内在的超越性与稳定性的矛盾冲突而产生的居住文化失范，最终是靠一种外来的新居住文化模式或居住文化精神的冲击才能进入居住文化的怀疑和混乱时期，进入新常态期和变革期。伴随着西方近代文明在坚船利炮的开道下的强行输入，岭南近代城市居住文化的转型也是经历了痛苦和艰难的自我调适、理性选择和融汇创新的三个阶段。这种外源性居住文化危机达到一定的深度，就会导致一种由外来的新居住文化精神同本地域被改良过的居住文化要素的整合而构成的新的居住文化模式或居住文化精神。

这种意义上的城市居住文化转型比较多地发生在非西方国家的城市居住现代化进程。随着信息化和全球化进程的加快，越来越多的发展中国家的城市将采取这种方式来实现自己的传统居住文化的现代化转型。岭南城市近三十多年现代化进程中的城市居住文化转型属于居住文化的外在批判性重建或文化整合。在岭南城市居住现代化进程中，新的自觉的城市居住文化精神基本上是外来的。尽管岭南城市居住现代化进程中的居住文化转型至今还未完成，但是这一城市居住文化转型采取的是典型的外在批判性重建，即城市居住文化整合的方式。

由此可以清楚地看到岭南城市居住文化转型的两条不同的路径：当自觉的城市居住文化同自在的城市居住文化之间形成必要的和恰当的关联或互动时，这时城市居住文化的转型会采取内在的创造性转化的途径，即采取城市居住文化创新的方式；而当这两个城市居住文化层面之间没有存在必要的关联和互动时，城市居住文化的转型只能采取外在的批判性重建的途径，即采取城市居住文化整合的方式，因为在这种情况下，只有一种新的自觉的城市居住文化因素从外部切入，才能同原有的自在的城市居住文化层面构成张力和冲突，从而推动原有城市居住文化的自我超越。

第五节　岭南城市居住文化转型的方式和历程

一、岭南城市居住文化的转型方式

　　城市是地域社会政治、经济、文化的集中体现的重要场所，也是地域文化的外显标尺。近现代岭南地区从农业社会向工商业社会的快步转化，人口向大中城市快速集聚，居住需求的增大也使城市居住建筑的商品属性日趋强化，工商业社会初期的物质文明反映在岭南城市生活的方方面面，也集中体现在居住建筑活动中。一种新的城市居住文化模式的出现是地域社会的经济结构变革的标志，也是现代城市化过程的表征，自然也涉及家庭结构和城市居住文化形态。居住建筑与城市是一个相互关联的整体，新的城市居住文化形态的形成，本身就有其深刻的社会文化因素的影响。

　　家庭作为城市社会结构的基本组成单位，其功能包含生产与生活各方面的多重内容。它的存在形式与其所处的城市社会关联密切，从经济基础到上层建筑，在家庭结构中均有所反映。作为承载家庭生活的物质空间——居住建筑，在不同的时代、不同地域中形态各异，不同的居住文化形态往往能从隐藏于城市社会深层的经济所有制、生产方式、伦理观念、审美取向中突显出来。传统的居住形态与日常家庭生活内容总是相对应的，居住建筑所涵盖的内容与家庭的多种功能相对应也是多元化的，生产、生活、分配、消费、交往、教育、祭祀、游赏等一应俱全。

　　以血缘关系为纽带的族群聚居的居住形式在农业文明里的存在，具有普遍的意义。在岭南地区，一块世代相传的土地是一家几代赖以安身立命的资产，是生产资料，而且往往生活资料也取自于这块土地。家庭的构成常常是几代同堂，兄弟共处，因此离不开土地，也就难以脱离大家庭，去独立经营小家庭的生活。联合式家庭，或主干式家庭是当时的主要类型。合院式住宅就成为这类家庭的最佳居住形态，它满足一个家庭生活的私密性和防卫性要求，遵循"长幼尊卑"的伦理原则，也切合长期以来形成的儒家文化观念。而"聚族而居"在商业发达的岭南城市中也时有所见，特别是城市周边地区。如位于广州荔湾区大冲口的聚龙村，就是整体统一规划、布局整齐有序，巷陌纵横井然的清末民居建筑群，它是邝姓广东台山大家族聚族而建的，并由邝氏族人按定价认购，被称为广州原始的房地产开发模式。

　　由原始时代的居无定所、到处游动的狩猎采集活动，到后期捕捞农耕的择地"定居"，是岭南社会居住发展史上的第一次飞跃，从农业文明时代的家族的"聚居"转向工业文明时代不同族姓的城市中的"集居"又是一次飞跃。岭南城市居住文化的转型的深层原因是岭南城市社会生产力和生产机制的变革，社会经济基础规定了上层建筑的形态，自然也涉及家庭结构与居住方式。城市谋生方式的改变，导致了传统的大家庭制度的瓦解，城市居住文化的伦理、道德观念和价值取向在新的社会机制下重新建立，作为承载城市家庭生活的城市居住建筑，也以新的形态迎接其新的主人。随着近现代岭南城市社会的发展和转型，岭南城市居住生活中各种功能行为正逐步向社会化过渡，功能各异的建筑类型相继出现。当城市生产方式和生活方式发生变革之后，依附其上的城市家庭结构，社会网络、直到城市居住文化模式也随之转型。

　　岭南当代城市居住方式从20世纪30年代初露端倪的集合式住宅开始，到50年代以后出现的单元式住宅及住宅小区不断转变，目前居住社区成为当代岭南城市居住方式的主流，城市居住模式也从单一化走向多元化，从独立式走向集合式。几千年来形成的岭南城市居住文化模式，在近百年发生了根本性变化，特别是改革开放以后，而这一切又是与岭南城市社会的转型和变革密不可分。因为在近一百年的时间，改变了几千年的岭南城市社会制度和结构以及生产、生活方式。岭南城市社会发展急剧变化时期，必然导致岭南城市居住文化的转型，也促进了岭南城市社会居住的进步和发展。

二、岭南城市居住文化的转型历程

　　由于岭南独特的社会环境和自然环境条件，岭南城市文化的整体特征具有明显与内陆中原文化不同的特点，是以中原文化为主体的多元文化的混合体。岭南城市居住文化很大程度上折射出岭南城市的文化内涵，岭南城市地域文化的多元性、开放性、实用性等特征对岭南城市居住文化的形成和演进产生极大的影响。岭南城市居住文化在历史发展过程中，从古至今经历了五次较大的转型。

（一）岭南城市初始"王权"所导致的向居住"里坊制"的转化

　　岭南城市居住文化的第一次转型是岭南城市产生的初期，岭南城市是脱胎于岭南原始聚落的新生事物。广州城的诞生就是与秦军平南越、设郡治以及南越王国的建立紧密相连，因此王权制度在岭南城市居住文化的产生过程起了很大作用。刘易斯·芒福德也有此类观点："在从分散的村落经济向高度组织化的城市经济进化过程中，最重要的参变因素是国王，或者说，是王权制度……在城市的集中聚合的过程中，国王占据中心位置，他是城市磁体的磁极，把一切新兴力量统统吸引到城市文明的心腹地区来，并置诸宫殿和庙宇的控制之下。国王有时新建新城，有时则将亘古以来只是一群建筑物的乡村小镇改建为城市，并向这些地方派出行政长官去代他管辖；不论在新建的城市或改建的城市中，国王的统治使这些地区的城市，从形式到内容，都发生了决定性变化。"[⑨]当时封建地方割据的南越国和南汉国都开展了规模空前的都城建设。因此，岭南城市同以往岭南原始聚落有了本质的差异。应该说：原始聚落过去所有的功能和要素基本上都被城市所继承，但在发展过程中又介入了新的因素，导致一场全面的变革，导致一次全新的聚合，居住形态上从分散的原始村落转向集中的城市，从而使原有的居住实体的性质发生裂变。

由于秦汉时期，中央集权的统治，带来中原汉文化在岭南地区的传播。古代中原城市的居住礼制，也逐步影响岭南城市的居住形态，由于其所依附的社会结构体制决定了当时城市社会居住的等级体制。岭南古代城市的空间结构形态明显受中原城市布局的形制的影响，采用西城东郭的格局，体现了以西为尊的宗法礼制的思想。而古代中原城镇居住区称为"闾里"，据《周礼·尔雅》载："巷门谓之闾，五家为比，五比为闾，闾，侣也，二十五家相群侣也。"《说文》中有："里，门也"；"门，居也"。《周礼》也有："五家为邻，五邻为里"之说。因此，里坊制是封建社会城市居住管理的一种基本形制，里是一个封闭的居住单位，闾是里的门。

"坊"在汉代以后多称为"里"，是城市中最基本的居住组织单位。唐代以后"坊"的名称在全国普遍使用起来，有时也"里坊"并称。《说文》曰："坊，邑里之名。""里坊"是指四周有围墙及相应管理制度的封闭式居住区。而"坊市"则是指四周有围墙及相应管理制度的封闭式市场。

由于广州唐朝以前的有关居住形态的文献记载相当贫乏，但从广州附近的廉江县（今廉江市）发现的唐代古城池遗迹为我们了解唐以前广州的居住状况提供了一定的依据。这座古城池遗址——唐罗城以官署为主体，封闭式的里坊制管理，其居住空间布局实际上是当时的城市社会、经济生活运作方式的形象反映。而在唐代对大批来华定居的外国商人的居住管理也是采用依据"里坊制"设立"蕃坊"。而岭南传统村落梳式布局中两列建筑之间的小巷，还很多至今称为"里"，就是古代的"里巷"。因此，可以初步推断岭南城市在唐以前可能采用"里坊制"居住模式为主。

为求稳定的社会秩序，统治者控制了城市居民日常生活的时间和空间，里坊内的居民的日常交往和公共生活受到较大的限制，城市景观和市民生活还显得单调和乏味。但由于岭南城市组织结构与管理制度实际没有中原地区健全和严格，宗法礼教影响较小，而且社会生活多是以商品经济作用占主导地位，城市居住区布局相对还是比较自由，开放式的行市和街市渐渐取代原有的里坊结构的封闭式集中的"市"，特别是随着商贸繁荣而在城外大量涌现的商业居住地区。岭南古代城市居住文化虽受汉文化影响较大，但也保留了岭南地域南越居住文化特色，表现为城市居住建筑形式活泼多样，平面组合丰富多彩，这在广州出土的汉代陶屋明器有所体现。

（二）岭南城市商业发展所导致的向居住"街坊制"的转化

岭南城市风俗、城市居住建筑在很长一段时间内都保留着南越居住文化的特色，直到宋代才有较大的改观。马克思曾指出："亚细亚的历史是城市和乡村无差别的统一，真正的大城市在这里只能干脆看作王宫的营垒。看作真正的经济结构上的赘疣，"⑩即说东方的城市是君主专制的统治中心，在政治上统治乡村，在经济上依靠乡村，因此在这种经济基础上的上层建筑和生活方式只能同样也是无差别的统一。尽管岭南古代城市历史文化十分悠久，但城市文化生活的发展却十分缓慢，宋代前期岭南城市民生活习俗中南越的文化特征基本上被完整地保留下来。宋军打败南汉国后，宋太宗曾经指示官员在广州等地改变当地的"婚姻、丧礼、衣服制度"以及杀人以祭鬼、疾病不求医而由巫师装神弄鬼祈求康复的习俗。经过近三百年的不懈的教化努力，岭南城市民俗中的最为愚昧落后的部分大为减少，并且在城市生活中逐渐有了新的内容，如上元节（元宵节）、花市等。

宋元岭南城市进入大规模开发期，源源不断的南下移民潮，使岭南地区发生重大改变，大大缩短了社会生活与岭北地区的差距。至南宋以后，基本达到同步发展。宋代岭南城市商业和手工业的迅猛发展，使得居住区与商业区逐渐犬牙交错，连接成片。城市商业的繁荣带来岭南城市经济的兴旺发达，城市建设也蓬勃发展，如宋时广州城区面积达唐城的四倍以上，市政设施不断完善，街道布局呈丁字形，面积最大的西城为井字形的商业市舶区，并开通了城市供水、排涝的水利系统"六脉渠"。

商业在宋代的复兴和发展，被有的学者以一次"商业革命"来形容，宋代也被当作中国封建社会的转折点。其给古代城市带来的变革是全面和深刻的。而所有这些变化最先表现为延续千年的商业"坊市制"全面崩溃，产生"街市制"。"街市"指的是沿街开设店铺、摊点的街道市场，坊市解体、街市繁荣是最为典型的宋代城市特征，并从根本上影响城市整体结构，出现开放式的"前铺后宅"或"下铺上宅"的商住合一或合院式的新型"街坊"式城市居住形态。

岭南原有的城市居住模式不能适应社会经济状况和城市生活方式的转变，居住模式由较为开放自由的"街坊制"取代了封闭的"里坊制"。城市生活的多样性需求从而使根据礼制等级划分的居住分区结构发生根本性的变化，形成了以经济因素为主、礼制要求为辅的新的城市建设思想。随着城市商业发展和居民交往的自由进一步扩大,各种生活服务设施和公共空间也空前发达,如商铺酒楼、茶坊邸店、当铺诊所、宗祠寺庙、书院私塾等,为市民提供了更加宽阔的城市日常生活空间。街市的产生实现了城市空间的场所化,产生了与西方的广场相对应的街道式的城市外部空间场所。城市景观丰富多彩、错落有致,居住空间突破礼制、形态多样,呈现开放化、平民化、世俗化、生活化的市井风情,形成了特定的岭南地域的城市居住文化氛围。至鸦片战争之前的明清时期,岭南城市居住文化已形成稳定的有鲜明地方特色的传统体系。

(三)岭南城市近代化所导致的向居住"集居制"的转化

1840年鸦片战争以后,岭南传统城市的发展轨迹产生根本改变,开始步入痛苦的变革时代。在这过程中,虽然岭南城市在晚清时期发展缓慢,广州也逐渐失去全国对外贸易的垄断地位,沦为区域经济中心,但是岭南传统城市的布局模式和结构体系等方面还是因战后不平等条约制度的影响发生显著变化。条约制度下,岭南传统城市最直接的改变来自租界(广州沙面)、租借地(湛江广州湾)、口岸城市(汕头)以及割让城市(香港)的开辟以及所引发的传统城市结构的突变。租界与旧城、传统城市与割让城市的合作与竞争推动了晚清岭南城市的近代化转型。

外国租界和殖民城市的开辟,也带来了西方近代城市的样板,传统的岭南城市社会在近代城市发展各方面的影响和冲击下,处于激烈的动荡和新的变化之中,社会背景的不断转换,给家庭生活以强烈的震撼,城市面貌和居住形态的变化是这一系列冲击波的物质表征。而城市居住文化的危机与转型则涉及更深层结构,由于外来居住文化的侵入,近代先进的建造技术和材料的引进,西方建筑观念的传播,社会风尚的变化导致生活方式与行为方式的转变,并折射至居住社会生产领域,包括传统的在本土竹筒屋住宅的基础上衍生出的新居住形态——骑楼出现在岭南城市中。其特点是小型化、均质化、商品化、总体布局密集,以同一种模式在同一区域批量开发,并以租赁或出售的方式供给使用者。它是市民阶层具有普遍意义的社会化集中居住形式,迅速得到社会普遍认同,并在岭南各地传播,说明其朝着社会型集居方向迈出一大步,能够与当时岭南城市社会的生活方式和经济水平相适应(图5-3)。

进入20世纪以来,特别是辛亥革命以后,岭南城市发生革命性变革,真正进入破旧立新的近代转型时期。近代城市管理体系和城市法规制度逐步建立,"拆城筑路"与"城市改良"成为民国初期岭南城市发展的主要策略。新型城市交通的出现,引发了城市城墙的拆除,道路的拓展,公共设施的开发,基础设施的完善,也使长期停留在中世纪的城市水平提升了一步。岭南城市从街道界面的改造入手，通过一系列城市规划活动的开展和实践，城市结构和城市空间的近代转型开始起步。

随着工商业的发展，大多岭南城市扩大了规模。新兴产业的出现，吸引了一大批农民走进城市，外来人口的出现使新兴的房地产业随之而起。住宅的商品性被强调出来，城市型的集居式居住形式被社会认同。居住模式也走向多元化，这是城市社会居住转型的结果，也是岭南城市居住文化历史进程的必然。集合住宅与骑楼相结合是20世纪二三十年

图5-3　岭南城市近代集居式住宅
（来源：作者自摄）

代商业街区房地产运作的基本模式，而公寓式集合住宅作为一个新的城市居住模式的发端，其存在的意义，说明了一个事实，城市化过程中，人口骤增，用地紧张，和所有的走向近代工业文明的城市一样，岭南城市居住模式由"家族型"向"社会型"、"独立型"向"集合型"转化。

（四）岭南城市计划经济所导致的向居住"单位制"的转化

1949年新中国成立以后，岭南城市进入社会主义初级阶段。城市发展进入了全新时期，在1953~1957年的第一个五年计划中，广州提出要把自身建设成为一个社会主义工业生产城市。经过所有制社会主义改造和私房公有化，一大批工业企业的建设奠定了城市经济发展的基础。岭南旧有的城市居住形态发生了巨大的变化，形成了新型的、以公有制和计划经济为基础、以行政控制为主导、以企事业"单位大院"为形象特征，并成为城市居住空间形态的主角。新中国成立初期各项社会主义机制的建立尚在起步阶段，"学习苏联先进经验"成为经济建设的指导性方针。岭南城市同其他中国城市一样参照苏联福利性住宅供给原则，相应地也引进了住宅小区规划理论和单元式住宅形式。

"单位大院"的居住模式类似于古代封建城市"里坊制"式"院套院"的空间

格局。这种模式由于单位间相互封闭，市民公共意识、公共生活极不发达。而且，有的单位往往占地规模较大，客观上造成了单个街区尺度过大，城市路网密度过稀、交通不发达的局面。计划经济和福利分房，以及社会平均主义的思想，也导致城市各个"居民新村"及"住宅小区"建筑形象雷同。岭南城市的"单位制"居住是时代的产物，低标准的建设大多只能满足居住的最基本生活空间要求，而不能满足居民个性化、多样化的城市居住生活需求。

单位大院强化了个人对单位的全面依附的关系，并使之产生了强烈的单位意识，而不是社区意识。这不仅使城市单位制居住社区在不同程度上成为一个个相对封闭的社会实体，而且造成了居民对单位的全方位的人身依赖。其主体独立意识迟迟不能形成，社区居民自治组织也极不发达，导致健全的市民社会迟迟不能建立，城市公共空间缺乏活力,与居民丰富多彩的城市生活的渴求反差甚大。

（五）岭南城市市场经济所导致的向居住"社区制"的转化

自20世纪70年代末改革开放以来，岭南城市建设走在全国的前列，敢于先行先试，进入高速发展期，城市空间结构发生天翻地覆的变化。伴随着国家市场经济体制的逐步确立和城市社会结构的转型，土地使用制度发生变革，住宅商品化得以实施。岭南城市居住模式呈现多元并存的格局，其中最突出的是市场经济建立和深入的背景下，城市社会居住模式从"单位制"正向"社区制"逐步转化，以房地产开发为主导的物业管理型居住社区已成为岭南城市人居环境建设的重要模式。

岭南城市居民的居住生活水平有了大幅度的提高，从安居型住宅到小康型住宅仅用了20年时间，城市居住建筑达到了与当代城市生活世界相适应的居住文明水平。岭南城市居住更加关注人的居住日常生活，强调社会居住的整体关怀，注重城市居住社区的整体营造。多元化城市居住空间形态并存与发展的格局已经呈现，并随着社会主义市场经济的发展和完善，从城市居住建设规模到居住文化理念等均在快速转变和演进。

第六节　岭南城市居住文化转型的深刻意义

城市社会是一个包含丰富内涵，由人的多种活动方式、多层面的存在形态、多样化的物质和精神结果、多重体制和社会关系组成的复杂的总体，城市居住文化是内在于所有城市居住方面的活动图式和机理。因此城市的发展推动了城市社会居住的进步，改善了城市的居住生活或生存条件。但是，同具体的表象的居住进步相比，城市居住文化转型的发生与速度虽然较慢，但是对于城市社会居住和人类居住历史的进步与发展的影响却最为深刻，它代表着城市社会居住和居住历史在较大历史尺度上的飞跃和变革。

一、岭南城市居住文化转型与岭南人的发展完善

人是城市社会居住的主体，城市居住历史就是人的居住生存活动不断展开的过程，因此，人是全部城市居住历史活动所环绕的价值核心，人的自我完善和发展是居住历史的核心内涵。L．芒福德认为："城市应当是一个爱的器官，而城市最好的经济模式应是关怀人和陶冶人。"[11]人的生命活动、人的感性生活、人的个体自由、人的创造性等越来越成为城市社会居住活动所关注的核心内容，20世纪全球范围内的现代化浪潮推动着城市居住发展观的不断进步，从单纯的城市居住经济增长观，经过城市居住的综合发展观，最终确立了以人为本的城市居住的新型生态发展观。

城市居住文化必须有广泛的民众基础，城市居住文化来自于民间，属于市民大众。市民作为城市的主体，是城市居住文化的创造者和体现者。居住文化往往在人们日常生活的居住空间内展开，由日常交往所产生，市民的整体素质直接决定一个城市居住文化的形态。随着岭南城市居民居住的物质生活条件和居住质量的提高，市民的居住文化的需求也日益强烈，他们迫切希望居住环境不再是冷寂的钢筋混凝土塑造的"石屎森林"，而应该是拥有完善的生活设施、充满温馨的文化氛围和满足多样化生活需求的"精神家园"和"生活世界"。

L．芒福德指出："'城市的作用在于改造人。'缔造和改造人类自身，正是城市的主要功能之一。在任何一个时代中，相应的城市时期都产生了多种多样的新角色和同样丰富多彩的新潜力。这些东西带来了法律规范、举止风度、道德标准、服装、建筑等各方面的相应变化，而这些新变化最后又将城市变成一个活的整体。"[12]城市居住建筑活动虽然只是直接关系着人的存在的居住行为，但对人的影响却超越居住本身，而具有关系人的存在的意义。也就是说，城市居住建筑活动最终关怀的远不是居住的便利、舒适之类可见的结果，而是人的生命活动的全面发展和完善。

岭南人从远古时代走来，经过几千年的不断地发展与完善，自觉不自觉地创造了辉煌的城市居住文化和居住文明成果。他们在补偿自身自然本能方面的不足的同时，也使自身的居住生存条件和居住生活环境不断地得到改善。人在这个过程中自身的发展与完善，也同城市社会居住的进步一样，可以体现在居住行为的方方面面，如人的"住"的物质条件的改观、人的家庭关系的变迁、人的社会交往的扩展、人的心智人格的健全，人的审美体验的丰富、人的学识才能的加强、人的观念

境界的提升等。但是，人从本质上是城市居住活动和居住环境的主体，其最大的发展和完善往往体现在其城市个体居住层面的基本的生存方式或行为模式的转变，也必然带来岭南城市居住文化的转型。

每当发生一次脱胎换骨式的城市居住文化转型，对于居住生活在这一时期的人都会遇到不小的困惑，都会逼迫他们作出艰难的抉择。实际如此，在历史上的城市居住文化转型时期，总会有相当数量的个体无法适应新的居住文化模式，而使自己的居住生存处于无所适从的境地。当前岭南人在城市现代化进程中，特别是城市更新过程中就普遍存在因传统城市居住文化失落而产生的心理焦虑状态，因此，岭南城市居住形态中有关"新旧"、"中外"的争论一直没有中断过。可以说，城市居住文化转型无论如何对于每一个体而言都是深刻的转变，代表着一种城市个体的居住生活方式的变革和改良，一种岭南人自身的发展和完善。

要在岭南城市居住文化转型中体现岭南人的发展完善，首先就是要确立居民在岭南城市居住环境中的主体地位，使他们不再依附于"物"，不再依附于伦理纲常和行政体制。充分发挥"人"的主观能动性，提高城市居民自身的人生修养、文化素质和精神追求，实现岭南城市居住中人与人之间的社会交往和人与自然的和谐关系的持续发展。

二、岭南城市居住文化转型与城市社会居住进步

城市居住文化转型对于城市社会居住进步的意义，犹如对于人的发展完善的意义一样深刻和重大，因为，城市社会居住进步同个体的发展完善总是密不可分的。

城市居住文化转型对城市社会居住进步的积极推动作用主要体现在两个方面：一方面，一种新的城市居住文化模式一旦战胜并取代传统的城市居住文化模式，就会为城市社会居住的发展带来极大的活力，推动城市社会居住的生产力以前所未有的速度发展。宋代坊市的解体、街市的产生改变了古代城市结构和整体形态的生成法则，导致了适应经济活动和居民生活的新兴城市居住形态——街坊制，由此，城市居住文化的发展又向前迈进一步。新的城市居住文化模式所具有的文化精神内含的超越性和变革性，会从根本上剔除旧的居住文化要素和体制障碍，从而解放被束缚的社会居住生产力，为社会居住提供前所未有的发展空间，如从单位福利分房到市场经济下住宅商品化的变革。另一方面，新的居住文化模式的确立会从根本上改革不合理的旧居住体制，从而为社会居住的运行提供一种新的更加合理的运行机制和体制，这种新的体制反过来又为受新居住文化模式支配的个体居住生存提供新的自由空间。

现代工业文明取代传统农业文明的一个重要标志是社会化大生产取代了传统的自然经济和小作坊生产。这不仅包含城市居住生产方式的变革，而且包含了内在的城市居住文化模式的转变，因为，这种现代化生产与交换模式给现代城市社会居住注入了前所未有的活力，岭南城市社会居住的进步开始建立在人的居住实践活动的自由本性和超越本性之上。因此，它为岭南城市每一个体的居住创造性的自由发挥提供了广阔的空间，也为岭南城市创造了此前不敢想象的如此丰富的社会居住的物质和精神财富。

综上所述，岭南城市居住文化转型的深刻意义也从另外一个方面印证了现代城市居住发展观的一个重要的观点，即城市社会居住发展的最深刻的内涵，不是单纯经济的增长，而是岭南人自身的发展完善，是人自身的现代化。而人自身的现代化最终体现为深刻的城市居住文化转型。只有从这个视角反思，我们才能理解，为什么在过去一百多年岭南城市社会居住的近现代化进程中，城市居住文化的转型问题经常成为社会各方有关城市社会居住发展争论的热点。⑬

本章小结

本章针对当代岭南城市居住文化危机及异化现象，分析了岭南城市居住文化危机的含义、根源和形态，并对岭南城市居住文化技术理性与大众文化现象进行了解析与反思，揭示了岭南城市居住文化危机与转型机制，在分析了居住文化转型的方式和历程基础上，领会岭南城市文化转型的深刻意义。

岭南城市居住文化模式的历史演进机制，可分为两个主题进行研究，一是主导性城市居住文化模式的失范问题，即特定城市居住文化模式的制约作用和规范作用开始失灵，从城市居住文化模式的常规期和稳定期进入到它的怀疑期和混乱期，这一现象称作城市居住文化危机；二是城市居住文化模式的剧变期或变革期，即一种新的主导性城市居住文化模式取代原有的城市居住文化模式的时期，这一现象称作城市居住文化转型。

针对岭南当代城市居住文化危机，要站在居住文化哲学的高度进行全面的考察和批判，才能触及和掌握其内在的矛盾和真正的问题，从而从宏观上把握其正确的走向。本章将岭南当代城市居住文化危机的反思与启示的主题确定为"技术理性特征"和"大众文化特征"两大内容，这也是岭南当代城市居住文化反思与批判的关键之所在，现实意义重大。

岭南城市居住文化在历史发展过程中，从古至今经历了里坊制、街坊制、集居制、单位制和社区制等五次较大的转型。它也从另外一个方面印证了现代城市居住发展观的一个重要的观点，即城市社会居住发展的最深刻的内涵是人自身的发展完善，是人自身的现代化，而最终体现为深刻的城市居住文化转型。只有从这样的观点出发，才能理解，为什么在过去一百多年岭南城市社会居住的近现代化进程中，城市居住文化的转型问题经常成为争论的焦点。因此，从城市居住文化转型入手的城市居住文化反思为分析当代岭南城市居住文化发展提供了一个十分重要的角度。

[注释]

① （德）海德格尔. 存在与时间[M]. 陈嘉映. 北京：生活·读书·新知三联书店，2006：147.

② （德）海德格尔. 存在与时间[M]. 陈嘉映. 北京：生活·读书·新知三联书店，2006：148.

③ （加拿大）简·雅各布斯. 美国大城市的死与生[M]. 金衡山. 南京：译林出版社，2005：16.

④ 《建筑师》编辑部：从现代向后现代的路上（Ⅰ）[M]. 北京：中国建筑工业出版社2007.8：282.

⑤ 陈占祥. 雅典宪章与马丘比丘宪章述评[J]. 建筑师，1980.4.

⑥ 陈立旭. 都市文化和都市精神——中外城市文化比较[M]. 南京：东南大学出版社，2002：108.

⑦ （英）迈克·费瑟斯通. 消费文化与后现代主义[M]. 刘精明. 南京：译林出版社，2000：145.

⑧ （美）弗洛姆. 逃避自由[M]. 北京：北方文艺出版社，1987：10.

⑨ （美）刘易斯·芒福德. 城市发展史——起源、演变和前景[M]. 宋俊岭 倪文彦. 北京：中国建筑工业出版，2005：38.

⑩ （德）马克思 恩格斯. 马克思恩格斯全集[M]. 第6卷上. 北京：人民出版社，1979：480.

⑪ （美）刘易斯·芒福德. 城市发展史——起源、演变和前景[M]. 宋俊岭，倪文彦译. 北京：中国建筑工业出版社，2005：586.

⑫ （美）刘易斯·芒福德. 城市发展史——起源、演变和前景[M]. 宋俊岭，倪文彦译. 北京：中国建筑工业出版社，2005：122.

⑬ 衣俊卿. 文化哲学十五讲[M]. 北京：北京大学出版社，2004：91-132.

第六章
基于生活世界回归的岭南城市居住文化重建

　　当我们对当代岭南城市居住文化危机有了较全面和深入的了解之后，现在的问题是如何面对与走出这种危机。相对而言，在20世纪的文化哲学中，回归生活世界的理论在解决人类的理性文化危机方面的探索较具合理性，因为其主要观点不是笼统地坚持或是彻底地否定现代"理性主义"问题，而是主张返回人类社会和文化的根基——"生活世界"，去找寻更加合理的现代理性文化的重建之路。

　　生活世界理论一直以来被看作文化哲学的主要组成部分，舒尔茨的建筑现象学理论也以此为重要出发点。无论从何种视角回归生活世界，其根本原因都是探寻现代人走出深刻文化危机之路，或是思考在文化冲突和文化交汇的意义上，传统的"自然主义"或"经验主义"文化模式如何向现代"理性主义"和"人本主义"文化模式转型的问题。基于生活世界回归的岭南城市居住文化重建就是从总体上把握回归生活世界的城市居住文化的导向，在建构当代岭南城市居住文化方面进行富有建设性的探究，这也是岭南城市居住文化研究从理论建构到实践探索的开始。

第一节　生活世界理论

　　"生活世界"、"日常生活"等概念及其相应理论最初产生于哲学领域，而如今它们正逐渐成为社会、自然以及人文等科学领域日益关注的问题。

一、"生活世界"概念

　　"生活世界"是德国哲学家胡塞尔晚年提出的概念。面对20世纪西方世界深刻的"理性主义"文化危机，胡塞尔开出了"生活世界"的良方。他认为：导致这场危机的根源在于科学世界在自己的建构过程中，偷偷地取代并遗忘了生活世界。而科学世界是从这一前科学的生活世界中分化出来的，它把生活世界的一部分抽取出来加以形式化和片面化，结果把人从统一的世界中作为主观性而排斥出去，形成了一个没有人存在于其中，没有目的、意义和价值的科学世界。因此，要摆脱这场文化危机，就必须回归到"日常生活世界"。①

胡塞尔还认为，"日常生活世界"（alltagliche Lebenswelt）是"唯一真实的世界"，生活世界的主体论是其他一切本体论的基础。在胡塞尔看来，"生活世界"（Lebenswelt）或"周围世界"（Umwelt）就是指人们进行日常生活的世界，是一个具有目的、意义和价值的世界。在这个世界中，人们的意识活动和意识活动所指向的对象构成了生活世界的两极。胡塞尔反复强调，科学不应当把"人"的问题排除在外，哲学应当自觉地回归并研究生活世界，重建人与世界相统一的，有价值、意义和目的的世界。

在这里，我们首先梳理一下胡塞尔关于生活世界的阐述在一定意义上被大家认可的观点。①

第一，生活世界具有先在的给定性，是"直觉地被给予的"、"前科学的、直观的"、"可经验的"人之存在领域。必须加以限定的是：这种先在的给定性不是简单的时间上的在先或逻辑上的在先，也不是一般的经验上的非反思性，而是一种具有原初的、本源的意义上的给定性，是非课题化的给定性，而科学世界则是在生活世界的基础上课题化、理性化的产物。

第二，这种给定的生活世界包含着的日常生活的范畴，但是，不能把生活世界简单地理解为琐碎的经验的日常生活，它是主体性的意义构造。特别要强调的是，生活世界不是理性化和课题化或主题化的具体的意义构造，而是前科学的、非课题化的生活的成果，现存生活世界的意义是超验的主体性的产物。自在的第一性的东西是主体性，生活世界的这种意义构造成为科学世界和其他一切领域的基础。

第三，生活世界作为自在的第一性之主体性的意义构造，不是孤立的自我产物，而是交互主体性的产物。换言之，生活世界之所以是前科学的、给定的意义世界，还在于它是主体间性的生活世界。

第四，生活世界同科学世界相比具有优先性，因为在生活世界中，人和世界保持着统一性，这是一个有人参与其中的、保持着原初自在的主体的意义和价值构造的世界。而科学世界是从这一前科学的生活世界中分化出来的，是以生活世界为基础的，胡塞尔认为"生活世界是自然科学的被遗忘了的意义基础。"②

由此可见，生活世界与科学世界的关系是紧密而微妙的，从某种意义上，生活世界是人的多姿多彩的实践活动和生命活动之总和，而科学世界则是抽象化和理论化了的事物之总和。正如真实的居住空间不存在抽象化的几何点、线、面一样，城市规划和建筑设计这些理论化、概念化的抽象事物并非真实存在，只是基于人们认识和描绘客观真实的世界的需要而人为创立的。显然，回归"生活世界"就是人真正找寻和立足赖以生存的真实世界，而人的生存一刻也离不开的城市居住环境本来就应当是这样一个感性的、属人的、真实的"生活世界"。

二、"日常生活"理论

对"日常生活"范畴进行系统研究的哲学思想领域是当代西方马克思主义。在《日常生活》一书中，东欧新马克思主义布达佩斯学派主要代表人物A．赫勒对日常生活作了较为全面地探讨，设计了日常生活变革的模式。她认为"日常生活"是个体再生产的领域，它构成社会再生产的基础。并将其界定为"同时使社会再生产成为可能的个体再生产要素的集合③"。

赫勒提出了系统的日常生活理论范式，从社会存在领域和内在活动图式两个方面对日常生活作了深刻的界定，把日常生活理解为以个体的再生产为主要内涵的自在的对象化领域，并且区分了日常生活领域与非日常生活领域。这样就提供一种透视人类社会的新视角，将人的生活世界分为日常生活世界和非日常生活世界，从而为我们对岭南城市居住文化主体的生活结构特征及居民交往的研究提供了基础。关于日常生活的结构和图式，当代西方马克思主义认为，日常生活是"自在的"，是重复性、整体性思维和重复性实践占主导地位的领域，这一领域划分为对象世界、习惯世界和语言世界等；而日常生活的一般图式为：实用主义、可能性原则、模仿、类比等。同时赫勒在书中还对"日常思维"、"日常空间"、"日常交往"等进行了理论分析。这些将为我们对岭南城市居民的日常生活现象的理解和居住文化观念的探究提供了依据。

日常生活批判的宗旨是日常生活的人道化，这充分体现了赫勒日常生活批判理论明显不同于胡塞尔等人的生活世界理论的价值取向。因为从另一视角，整个日常生活的结构和图式本身就具有抑制创造性思维和创造性实践的特征，即一种抵御改变的惰性。因此，要使人类社会取得进步，就必须进行"日常生活批判"。赫勒认为，日常生活批判的目的就在于通过自由自觉的个体的形成而把日常生活建立在"为我们存在"之上。

从日常生活及其结构和图式的双重性，赫勒得出了如下结论，日常生活批判的任务不在于一般地抛弃迄今为止的日常生活结构和一般图式，而在于使之人道化，即扬弃日常生活的自在化特征。具体而言，日常生活人道化的核心是使日常生活的主体同类本质建立起自觉的关系，通过这一主体自身的改变而改造现存的日常生活结构的自在的特性，从而使个体再生产由"自在存在"变为"自为存在"和"为我们存在"，使个人由自发和自在状态进入自由自觉的状态。她区分了两种类型的"为我们存在"，一种是传统的基于对"有限的成就"的关注而获得幸福；另一种则是现代人所追求的"有意义的生活"。日常生活批判为我们有关城市居住文化创新与城市居住环境营造的本质及价值追求提供了较有深度的解析。

文化哲学定义：日常生活代表着个体再生产领域，而非日常生活则构成社会再生产领域。日常生活作为旨在维持个体生存和再生产的各种活动和要素之总和，包括衣食住行、饮食男女等以个体的生命延续为宗旨的日常生活资料的获取与消费活动，包括婚丧嫁娶、礼尚往来等以日常语言为媒介，以血缘和天然情感为基础的交往活动，以及伴随着各种日常活动的日常观念活动。因此，日常生活世界表现为一个自在和自发的，以重复性实践和重复性思维为基本活动方式并自然而然地运转的领域。而非日常生活世界作为旨在维持社会再生产或类的再生产的各种活动的总称，是伴随着精神生产和物质生产的分化等社会大分工，以及阶级和国家的出现等因素而逐步形成并日渐发展起来的。它一般由两个基本层面构成，一是社会化生产、政治经济、技术实施、经营管理、公共事务等有组织的或大规模的社会活动领域；二是科学、艺术和哲学等自觉的人类精神生产领域或人类知识领域。由此可见，非日常活动世界是一个日新月异、充满竞争，同时也充满创造性的世界。[13]

第二节　主体交往理论

近年来，主体间交往问题正悄然成为哲学理论研究中的一个备受关注的"热点"，这标志着对人及其生活世界的研究和认识正走向深化。因为从理论上，只有建构起合理的交往模式，才能真正发展以人与自然和人与人的统一为基本内涵的实践哲学。

一、城市的交往功能

城市虽是解决人类共同生活的物质手段，但在社会生活中，在个体和群体的思维、情感、体验、知觉交互活动中，不断被改造和重塑。L.芒福德独具慧眼看到："城市，作为在文化传播中仅次于语言的一项最宝贵的集体发明。"[4]在城市里面"有和睦的共居，精神上互相沟通，广泛的交往，还有一个相当复杂的职业上相互配合。"⑤因此城市为人类带来了广泛的接触和伟大的交流。

城市文化中的交流、切磋、争论，塑造了城市一代代杰出人才。城市这种交流表现为"交往"和"对话"，交往和对话可以使思想流动、可以使灵感跳跃，从而使人的创造力长盛不衰。因此，芒福德指出："对话是城市生活的最高的表现形式之一，是长长的青藤上的一朵鲜花。对话这种形式原来也并非城市本来的计划和功能的一部分；城市这个演戏场内容的人物的多样性使对话成为可能……城市发展的关键因素在于社交圈子的扩大，以至最终使所有的人都能参加对话。不止一座历史名城在一次总结其全部生活经验的对话中达到自己发展的顶极。"⑥城市社会交往领域的扩大，必然带来城市社会生活的繁荣丰富，最终会导致城市文化观念的融合与协调。

城市的交往功能与城市居住文化密切相关，城市居住环境直接营造出城市居住生活的天地，城市居住文化的建构策略和生存方式自然反映出我们城市居住生活的价值与信念。只有看到交往与对话的价值，才能去创造有利于交往与对话的城市居住环境。芒福德说："城市衰败的最明显标志，城市中缺乏社会人格存在的最明显的标志，就在于缺少对话——并非一定是沉默不语，我同样指的是那种千语一腔的杂乱扰攘，也都是这种表现。有一种社区既不懂得超脱又不懂得反抗，既不懂得诙谐讥嘲又不懂得标新立异，既不懂得机智的斗争又不懂得公正的解决，与此种社区相比死城的沉默反而显得庄重威严。"⑦在芒福德看来，交往和对话不仅是城市兴盛的标志，也是城市对人类生活的最伟大贡献，而且，广泛而充分的交往和对话也是人自身发展完善的重要因素，它甚至成为人类生存的一种基本需要。所以，应把使所有的居民都能参与交往和对话作为城市居住文化营造的一个重要指标。

反观今天的岭南城市，大多像一座座"隔绝之城"。在这里，人们为着自己的"奋斗目标"，建造着各自的心理堡垒，忘记了自己创造城市社会生活的缘由：交往和对话。现代社会"技术理性"所带来的专业化分工制度和功能化居住制度，把每个人都束缚到一个个固定的城市"方格"里，居住在同一城市中的人们，因其不同的职业、不同的阶层而相互分异，画地为牢，彼此失之交臂，甚至老死不相往来。人们不能充分享受丰富多彩的城市居住生活，却要为枯燥的城市居住生活付出了高昂的代价，这难道不是一种当代岭南城市居住文化的异化现象吗？

二、主体间交往问题

在现实生活世界中，人不是独个存在的，社会交往是人的根本属性，也是社会形成并发展的根本方式。现象学社会学创始人A.许茨关于日常生活世界的现象学社会学研究对于从社会和文化的两个角度搭建日常生活范式，意义重大。许茨关于作为社会实在的"有限意义域"（provinces of meaning）的主体间性的日常生活世界的分析，给我们提供了生活世界理论的新思路。日常生活世界的存在是以人与人之间（主体间）的交往与互动为前提的，人及其生活世界的具体性和生动性，正在于交往的具体性和生动性，而交往活动的最根本特征又在于它的"主体间性"（intersubjectivity）。正如许多学者所指出的那样，"主体间性"是建构交往理论范式的核心范畴，它反映的是"主体——主体"结构。"所谓交往，简言之，就是共在的主体之间的相互作用，交流、沟通和理解。它是人的基本存在方式，它清楚地昭示了人根本区别于动物的社会性和主体特征。"⑧

许茨把日常生活世界界定为给定的主体间际的世界，界定为一个文化世界和一个意义结构。他在《社会实在问题》一书中强调，日常生活世界是一个主体间性的世界，一个交互主体性的世界。他说："我的日常生活世界绝不是我个人的世界，而是从一开始就是一个主体间际的世界，是一个我与我的同伴共享的世界，是一个也由其他他人经验和解释的世界，简而言之，它对于我们所有人来说是一个共同的世界。"⑨

许茨的这种理解和界定为生活世界理论范式对于人的存在和社会运行的文化机制的解释奠定了基础。在这种视野下，日常生活世界的重要性不仅在于它作为个体生存层面不可缺少的意义上的要点，而且已经成为社会的文化基础和意义源泉。许茨阐述了作为文化解释模式的生活世界理论，并展示了日常生活世界作为意义结构和文化世界的重要地位。"它从一开始就是一个主体间际的文化世界。它之所以是主体间际的，是因为我们作为其他人之中的一群人生活在其中，通过共同影响和工作与他们联结在一起，理解他们并且被他们所理解。它之所以是一个文化世界，是因为对于我们来说，这个日常生活世界从一开始就是意义的宇宙，也就是说它是一种意义结构（A Texture of Meaning）。"⑩

从某种意义上，城市居住文化的生成过程，就是在人与人的交往过程中进行人与自然空间环境关系界定并发展的过程。L. 芒福德指出："经常性的交往，以及文化艺术生活的陶冶，使人的情感得以锻炼、提高和训练。在此过程中，城市人类通过自身的行动和参与，尤其是通过自身的超凡脱俗和内心反省，使自身的生活在很大程度上具备了共同的思想方法和精神面貌。其结局不是什么物质上的获胜，而是一种更深刻的自我理解，一种更丰富的精神发展。"⑪因此，城市居民的交往（主体间交往）对城市居住文化有着更为本质与广泛的影响。

城市居民交往是由城市个体的人结合成城市居住社会的必经之路，并在日常生活中发挥着重要的社会功能。交往的功能主要反映在以下三个方面：一为整合的功能，就是通过城市居住主体间的血缘、地缘、业缘、趣缘等多种社会交往关系，把城市居民有秩序、有组织、有系统地联系起来，结成多样化、多层次的社会网络，进而产生多种形式的社会群体组织。二为协调的功能，就是通过城市居住主体间的社会交往活动，增进社区居民的相互了解，同情和支持，促进社区归属感的产生。并能协调个体行动，达成社区共识，逐步形成城市居住环境特有的居住文化的认同。三为保护的功能，就是城市居住主体间的交往既是城市个体社会化的重要途径，同时也是"人"的社会性的重要表现。从马斯洛的需求层次理论可知，交往需求是人在实现生理、安全等基本生活需求通向实现尊重及自我实现等更高需求的必经之路。因此，保护城市主体间社会交往的权利，维持人与人相互的思想、感情和信息等的充分交流和沟通，有利于城市居民健全人格的塑造和健康心智的培育，这在社会心理学研究中得到一定的证明。

　　人在其居住生活中如何认识自我，如何实现人的存在及其意义；居住建筑作为容纳人的居住生活的物质空间环境又怎样与人的居住生存活动建立起有意义的联系，从而帮助人达到存在的超越性，即不断超越自我，不断创造和完善自己。要做到这一点，必须把眼光投向"人"的生活世界，以领悟到城市居住环境的多重含义。为此，许多建筑师针对城市社区交往与居住空间环境相互作用进行理论与实践的探讨，较有代表性的有丹麦建筑师杨·盖尔（Jan Gehl）关于社区生活交往的"交往与空间"理论研究。

　　为了区分居住建筑环境对人的生活和活动产生影响的途径和方式，J.盖尔对街头景象作了仔细的观察和描述。在其代表作《交往与空间》一书中，他归纳有关居住社区内居民的交往活动为三大类：必要性活动，自发性活动和社会性活动。必要性活动是日常生活中那些多少有些不由自主，强制性活动。如上学、上班，购物、等候等。这些活动很少受物质空间环境的影响，参与者没有多少选择的余地；自发性活动是指那些人们有参与的意愿，并且在时间、地点等条件可能的情况下才会产生的活动，包括散步、呼吸新鲜空气、驻足观景以及日光浴等享受性活动。这种活动较多地依赖于物质空间环境的质量；社会性活动是指在公共空间中有赖于他人参与而引发的活动，如互相打招呼，交谈，儿童游戏，各类公共活动以及最广泛的社会性活动——人与人之间的被动式接触。因为在绝大多数情况下，社会性活动都是由前两类活动发展而来的，其还可以被称为"连锁性"活动。社会性活动也在一定程度上受到物质空间环境的影响。

　　J.盖尔通过调查统计大量的案例，剖析了基于现代主义建筑理论的城市居住空间设计所暴露的问题，对将人抽象化，标准化的居住空间环境设计进行了深刻的反思。他从而总结出关于有同居民交往活动对城市空间环境的各种特殊要求，同时提炼出有利于促进居民交往活动，充满活力并富有人情味的社区户外公共空间的设计方法和途径。要打造有利于居民交往的居住空间，他认为的应符合三个要求：其一，居住空间社会结构与环境结构应相一致；其二，提供私密的，半私密的，半公共的及公共的不同层级私密性空间环境，并且各层级之间应有平缓的过渡；其三，营造适宜的各级领域感，从而形成社区居民的认同感，并提供防卫犯罪的空间。而其中的关键因素是为社区居民提供交往的机会。⑫

J.盖尔的"交往与空间"研究对城市居住环境的设计具有重要的启示。一方面建筑师可从另一视角认识城市居民的日常生活、交往活动的性质与特点，并在城市居住物质空间环境设计中给予更加针对性的设计。另一方面，研究使城市空间环境与居民的交往行为的互动关系具体化了，并从中发现了一些有价值的细微的行为空间规律，如公共空间具有吸引力的重要因素之一的人与人互相看、互相听的机会等，为城市居住空间环境的设计提供了具体参考依据。

三、日常交往与非日常交往

日常交往与非日常交往的划分的基本依据，就是将人的生活世界划分为日常生活和非日常生活两个相对应的领域。换言之，日常交往就是日常生活领域中主体间的交往活动，而非日常交往则是非日常生活领域中主体间的交往活动。通过对两种交往在交往主体，活动图式以及空间特征上的差异进行分析，不仅有利于深刻了解日常交往与非日常交往的基本形式，而且有助于把握交往的一般结构和特征。⑭

对日常交往和非日常交往的划界也意味着对生活世界的界定。把人的生活世界划分为日常生活世界和日常生活世界，这就引入了一种透视人类生活的新视角。以往我们主要关注如何从物质资料生产出发揭示人类社会的结构，探讨生产力与生产关系、经济基础与上层建筑矛盾运动，而很少关注与每个人的生存息息相关的日常生活领域。实际上，日常生活世界对人的存在和人类发展具有不可或缺的重要性，它是人类社会的原生形态，而生产力和生产关系，经济基础和上层建筑所构成的人类社会结构则从原始日常生活世界中分化出来，但它作为人类社会的基础结构依旧制约着人类社会的发展，并从文化层面左右着人的活动方式。因此，要真实地把握岭南城市居住的存在方式及其历史演进，就必须引入日常生活的概念，从城市居住的日常生活与非日常生活相互关系的视角去建构当代岭南城市居住文化理论，去重铸当代岭南人的居住生活信念。

四、城市居住的日常交往与非日常交往的共时性比较

就交往主体特征而言，城市居住的日常交往与非日常交往至少有三个方面差别：

一是交往各主体自身的构成：日常交往主体的构成相对狭小和单一，而非日常交往主体的构成则相对复杂多样。这是因为日常交往表现为个体间的交往，即单个人之间的交往。如夫妻、父子、兄弟、朋友、邻里之间等，至多是一个家庭与另一个家庭之间的交往，这种交往的结果就是形成家庭、朋友、邻里等不同的"首属群体"。而非日常交往则常常表现为具有自觉性质的社会交往，交往主体不仅仅是个体，如工作场合、商品交易中个体之间的交往等，而更多地表现为团体、组织与单位之间的交往。

二是交往的各主体之间的相互关联：概括地说，日常交往的主体的关联相对固定，通常是具有血缘关系的家人、亲属，具有地缘、趣缘关系的邻居或朋友之间的交往。而非日常交往主体之间的关联往往具有不稳定性和不确定性，除了同一工作场所主体间的交往相对稳定外，其他非日常交往主体则常常处于流动之中，如商品交换、政治交往、文化交流、不同地域或城市之间的各种交往。

三是交往中各主体之间的相互地位：无论在日常交往还是非日常交往中，均存在着平等交往与不平等交往两种类型。在日常交往与非日常交往中，主体间不平等地位的形成基础有很大差别。日常交往主体的不平等则反映了一种自然原则，它主要以血缘关系和自然分工为基础。而非日常交往主体的不平等则体现一种社会原则，它主要以社会劳动分工为基础而形成等级关系、从属关系等。因此，日常交往的不平等具有自在的性质，而非日常交往的不平等则具有异化的性质。迄今为止，自由平等的交往更多地表现为理想状态，其能否实现会受到很多具体条件限制。

在城市居住的日常生活中，人们凭借着世代自发继承下来的传统、习惯、风俗、常识与经验等而自发地活动。而在有组织的社会活动和自觉的精神生活等非日常生活中，总是离不开创造性思维，离不开科学逻辑和哲学逻辑。因此可以说，城市居住的日常生活是重复性思维和重复性实践占主导地位的领域，而非日常生活则是创造性思维和创造性实践占主导地位的领域。城市居住的日常交往和非日常交往方式直接体现了上述两者活动图示的本质差别。日常交往方式主要受两方面因素决定或制约，一是道德规范或宗法礼教所体现的传统习惯、风俗、经验以及自在的居住活动规则等；二是建立在血缘关系或自然继承之上的天然情感。同理，非日常交往方式也受到两方面因素制约，一是强制性的法律和各种规章制度；二是超越情感

倾向的理性。显然，从城市居住活动图示上看，日常交往具有自在的、自发的和非理性化即情感化的色彩，而非日常交往则具有自为、自觉和理性化的特征。

城市居住的日常交往与非日常交往具有不同的空间特征。城市居住的日常交往常常是在相对狭小，封闭的空间领域中进行的主体间交往活动，且空间结构具有恒常性。而非日常交往则是在日渐拓宽，开放的空间中展开的交往活动。由于日常生活是以个人的家庭、天然共同体等直接居住环境与基本居住场所为主，因此，不可避免地具有封闭性特征。而由于日常生活，日常交往图式的重复性与继承性，其所处空间结构也具有相对的稳定性。也正因为此，使得传统岭南城市居住空间格局如街巷、宅院等，不仅仍能适应今天居民的生活交往活动需要，而且其自身所隐含的城市居住文化传统内涵为后人所向往。相反地，城市居住的非日常交往活动，则呈现出开放的特征。随着交通和信息技术（特别是互联网技术）的发展和全球经济一体化进程的加速，突破了地域空间的限制，改变了城市生活方式，例如城市居住空间出现了"在家办公"、"在线上班"以及"在家经营网店"等工作和居住一体化（SOHO）模式。而在新的"互联网+"时代，非日常交往的城市居住空间正呈现出日渐拓宽，发散和变化性特征。

在岭南城市居住的的生活世界中，日常交往与非日常交往是相互渗透，相互补充的。而且两种交往方式及其相互关系在不同社会、不同时期均具有不同地位和特征。因此，如果将这种横向的共时性比较分析转变为历时性探讨，不仅可揭示出城市居民交往活动发展的基本线索，而且有助于我们把握到岭南城市居住文化演进的内在规律。[14]

五、城市居住的日常交往与非日常交往的历时性发展

城市居民交往的发展和整个城市居住文化的演进是同步的。当我们从日常生活世界与非日常生活世界的相互关联的角度，透析城市居住的历史运行时就会发现，岭南城市居住的历史是循着一条从日常到非日常的基本途径推进的。

原始世界从根本上说是一个日常生活的世界。一方面，由于自然环境的恶劣和人类自身能力的低下，原始初民把全部精力投放到衣食住行、饮食男女这些带有强烈自然色彩的日常生活中；另一方面，自然的阻隔和交通技术与能力的低下，使原始初民被封闭在家庭和天然共同体（原始聚落）中，带有强烈的地域性特征。他们所有的交往几乎均是与那些同自己有血缘关系或直接情感的人进行，而调节这些交往活动的主要因素是尊卑长幼等自然关系。因此，原始交往本质上是个体间自在的、直接的、带有血缘和情感色彩的日常交往。

到了自然经济和农业文明时期，岭南城市交往活动从原始日常交往开始分化出非日常交往，不过日常交往依旧占主导地位。日常交往的主导和宗法伦理的渗透决定了岭南传统村落居住空间的封闭性、礼制性和稳定性结构以及公共空间匮乏等特征。而这种居住空间结构又反过来促进了日常交往的深入与发展，如邻里关系的牢固性与广泛性，以及非日常交往发展的滞后。但是，这一时期由于商业的繁荣，岭南传统城镇的非日常交往还是比中原许多地方发达。

在商品经济和工业文明时期的近现代交往中，岭南城市交往活动的特征出现了根本性转变。非日常交往开始在人的生活中逐渐占据主导地位，而传统的日常交往退隐为私人活动领域。特别是改革开放以后，商品经济大潮的猛烈冲击，把岭南人从其熟悉的田园般安宁的日常生活世界中逐出，抛入到一个充满竞争，充满挑战，同时又充满创造机遇的非日常生活世界之中。非日常生活领域不再是少数人才能涉足的领域，原则上，所有人都有权力、有机会走出日常生活世界，进入非日常生活世界之中。不仅如此，随着商品经济和科学技术的飞速发展，作为工业文明两大主导精神的科学理性和人文精神极大地改变了人们的思维方式和活动图式，使人开始从自在的重复性思维向自为的创造性思维跃升。相应地，传统交往中的宗法伦理色彩和血缘情感纽带开始消解，理性化、契约化和法制化的非日常交往日益发达。在此条件下，日常生活世界的领域急剧缩小，传统的日常交往也相应地退隐到轰轰烈烈的非日常交往的背后，人们交往的基础从情感主导日趋走向理性主导，导致当今岭南城市首属群体的衰落与新型社会关系的兴起，也正是城市居住日常生活日趋社会化和市场化的主要根源。[14]

六、城市居住的日常交往与非日常交往的价值反思

经过对岭南城市居住的日常交往和非日常交往的共时性和历时性的比较分析后，我们认识到：在当代城市居住生活世界状态中，日常交往和非日常交往是两种最基本的交往活动，实际上也是人类存在的两种基本方式。而从历史的演进角度看，在城市居住的日常交往与非日常交往中，占主导地位的交往方式将是由日常交往向非日常交往的逐步转移。当然无论何时非日常交往都不会完全取代日常交往，这两种交往活动将与城市人的居住生活长期共存。

对城市居住的日常交往向非日常交往的演化趋势进行价值反思，将有助于我们自觉地调整未来的岭南城市居住的交往关系，从而营造一个更适合自身生存与发展的城市居住环境或生活世界。当前，我国正处于社会发展转型的关键期，也必然会出现城市居住交往行为方式的重大转变，其实这种转变已经体现在近30年来岭南城

市居民的日常生活状态和社会交往特征之中。而城市居住文化观念及交往方式的快速转变，与城市居住建筑空间环境的相对不可变性的反差，已给居民生活带来诸多混乱、矛盾、乃至危机。因此，这种思考和判断对于我们探讨当代岭南城市居住文化的重建以及岭南城市居住环境的营造问题，具有一定的指导意义。

当然城市居住的日常交往与非日常交往，以及由日常交往向非日常交往演化的历史趋势，其价值不是单一的，而具有双重性，其正面和负面的效应同样值得我们反思。

一方面，以理性和法制为基础的自为自觉的非日常交往日益成为城市居民的主导交往形式，是城市社会和历史的一大进步，这是因为以血缘关系和情感为基础的自在自发的日常交往的确具有保守性和惰性。通过商品交换和劳动力的自由出售，传统交往中的天然依附关系和等级关系被斩断，它使人们得以突破以血缘关系和情感为基础的日常交往的保守和惰性，从而极大地削弱了人的依附关系，并有助于形成社会化的共同的生产力和平等的人际关系。因此可以说，非日常交往的发展为现代工业文明所引发的前所未有的城市社会变革与进步提供了重要条件和基础。

另一方面，城市居住的日常交往虽然具有保守和自在的消极内涵，但是其还具有为城市人提供安全感和情感世界的积极内涵。在此意义上，非日常交往对日常交往的超越，为城市社会发展带来前所未有的效率和创造性的时候，也在一定程度上导致了城市居住的意义与价值世界和失落交往的异化。因而，从城市居住日常交往到非日常交往演化的消极作用同样也是不言而喻的。

"家"既是满足生理需要的物质居所，又是满足情感需求的精神家园，提供给人赖以安身立命的情感世界和内在追求的价值世界。它使艰辛的生计变得不难承受，使平凡的经历充满情趣和意义。"在家"的感觉就是城市居住的日常交往给城市人带来居住生存所必需的熟悉感，以及置身特定居住生活环境之中的归属感和安全感。

城市居住的非日常交往当依据理性、强制的规则和法律而展开时，城市人在这种开放的交往中获得了更自由的创造性空间。但又因剔除了主体间交往中的血缘关系或情感因素，城市人可能处于充满竞争，充满险阻的不安定世界之中，失落了昔日自在的情感世界和价值世界，其居住行为在一定条件下处于焦虑不安和孤独之中。在今天岭南城市的居住区里，四处可见坚固的防盗门窗，先进的门禁系统，警惕的保安以及冷漠的邻居，所有这些反映了当今城市人与人居住交往状态的一个侧面。根源在于，当代岭南城市社会中，存在着把一切东西都抽象化、数字化与货币化的倾向，导致人际交往的抽象化和异化。因此，这种以高度非情感化，契约化为基础的非日常交往在带来巨大的社会效率的同时，也使当代人陷入了普遍而深重的城市居住文化的"异化"之中。

伴随非日常生活对日常生活领地的挤占和侵染，这种异化现象在城市居住建筑活动中也是显而易见的。人的居住生活世界中天然，自在的情感因素越来越少，城市居住环境中服务于日常生活的内容也在日益减少，而服务于非日常生活目标的东西却越来越多。如旧城中生活内容丰富的街道空间正日益减少，而单调无趣的公共空间却到处充斥。由于非日常生活（交往）的强制性和非情感化，与之相关的居住建筑活动也具有这种性质，其中以社会劳动分工为基础的等级关系，从属关系，经济关系以及政治关系等都将直接而明显地体现在当代城市居住建筑中，它往往迫使居住建筑活动放弃自己本真的目标，而受制于其他外在的目的。而城市居住建筑的着眼点是由日常交往向非日常交往的偏移所直接导致的，是对人和人的日常居住生活实际的遗弃，从而也是对居住建筑根本目标的背离。正如舒尔茨在《存在·空间·建筑》一书指出："我们所面临的环境问题，不是技术、经济、社会或政治性质的，它是人的问题，是防止人的同一性丧失的问题。人由于自己自以为是，妄自尊大的自由而从自己的场所出走，去征服世界。所以，人就被遗留在虚无缥缈，全无真实的自由之中。人忘掉了'居住'的意义"。⑬

显然，理想的城市居住交往模式是力求日常交往与非日常交往的统一与和谐发展，而这是一个需要专门研究的复杂课题，它实际上是当代居住文化哲学始终关注的重要问题之一。由于它与当代城市社会和文化的现代性直接相关，而岭南城市现代化进程也远未结束并正处于急剧的发展变革之中，因此，对这一问题的任何定论都为时尚早。但是，我们仍然可以看到二者相互统一的基本方向与前景。首先，应当充分发挥日常交往与非日常交往各自的优势和积极的价值内涵，使岭南城市居民既能在充满竞争又充满创造性的非日常交往中充分发挥自己的创造力，又能在日常交往的情感世界中获得"在家"的感觉。进而，应当逐步消除迄今为止日常交往与非日常交往的历史分裂，使二者相互渗透、相互影响与相互协调。应当自觉引导科学思维、技术理性等创造性思维向日常交往中渗透，使人逐步超越传统日常交往的重复性、自然性与自在性的图式。同时在有组织的社会活动和自觉的精神生产领域中引入人文因素，强化人文精神，充分考虑人的情感，需求等非理性或诗性因素，以消除当代岭南城市社会人际关系的抽象化和异化，从而使城市居住的日常交往与非日常交往遵循"真善美"与"知情意"相互和谐，"理性"与"情感"相互统一的原则。⑭

第三节　岭南城市居住生活世界现象考察方法

城市作为人类生存的方式，不仅可被看作物质综合体，而且从另一方面也被视为一种文化心理的产物。芝加哥学派城市社会学家R.E.珀克指出："城市，它是一种心理状态，是各种礼俗和传统的整体，是这些礼俗中所包含，并随传统而流传的那些统一思想和感情所构成的整体。换言之，城市绝非简单的物质现象，绝非简单的人工构筑物。城市已同其居民的各种重要的活动密切地联系在一起，它是自然的产物，尤其是人类属性的产物……城市乃是文明人类的自然生息地。正因如此，任何一个文化地区便都有其特有的文化类型。⑮" 既然城市是一种文化形态，那么城市居住环境可被视为城市居住文化的一种物化表现形式，一种属人的生活世界。

一、城市居住生活世界的概念

"生活世界" 是人类努力寻找和赖以生存的世界，而离开了人及其生活世界，便没有真正的价值和意义。当代城市居住文化要回归自己真实的目标，避免无意义的思想和行为，就必须首先回归生活世界，立足生活世界。回归生活世界就是回归一个先于科学和前逻辑的感性世界，立足一个属人的、真实的世界。而城市居住环境本应提供人们一个感性的、属人的和真实的生活世界。因此，城市居住文化回归生活世界，是人的居住生存与发展的内在要求，是对人自身生命活动的关注和解读。

按照建筑现象学的理解，生活世界的现象如舒尔茨所描述是日常所见具体的而非抽象的事物，⑯它可以是世间的四季变换、日夜更替，也可以是花草树木、高山峡谷、明月繁星、行云流水。它可以是城市的街道、广场、花园、房屋，也可以是居民的生息、劳作、交往、繁衍，而更多的是无形的情感、想象等精神活动或心理现象。这些现象错综复杂、互相关联甚至互相包含，一些现象往往成为产生另一些现象的环境。"生活世界" 概念及其相关理论，以及 "现象学的方法"，已越来越对人与世界及环境关系的研究产生重大影响。回归到城市居住建筑现象本身，就是使城市居住建筑活动与城市居住生活的契合，使建成的城市居住环境成为城市日常生活的体现，成为城市生活世界的本原。

二、城市居住生活世界的考察方法

对城市居住生活世界的考察所运用的方法就是建筑现象学的方法，即直接面对事物本身，将意识与其所指向的事物作为一个整体进行考察，从对诸现象的完整和准确描述中，发现那些更为一般和具有普遍意义的现象——本质。主要考查方法有两种，一种是用具体和定性的环境术语而不是抽象和缩减的概念来描述城市居住环境现象，通过这些术语所明示或隐含的具体居住环境结构形式和意义，将居住环境与人们的具体居住生活经历紧紧联系在一起。而对城市居住组织结构的现象学描述，与现代功能主义城市抽象缩减分类的方式相比，更为准确地解析城市居住环境的结构及其所包含的与人们生活之间的联系，并能对城市居住环境构成和城市居住模式及其在历史演变中的意义，进行深入的分析。另一种具体方法就是在具体的城市居住环境中，即在由特定的地点、人群、事物和历史构成的城市居住环境中，考察人们与城市居住环境之间的相互联系，从人们的居住环境经历中揭示出城市居住环境结构和形式的具体意义和价值。这方面的考察是大量的，多层次和多侧面的，小到个人与居住环境各元素的关系，大到群体与城市总体环境以及自然环境的关系。

这两种具体的考察方法都注重从内在的心理和精神而不是外在的物质现象上，去考察和描述人与城市居住环境的关系，以及通过居住环境与周围世界的各种联系，从人与居住环境的相互作用和影响中，发现居住建筑与人的居住生活和存在的本质关系，进而帮助和指导人们对城市居住建筑环境的理解、保护和创造。[17]

三、岭南城市居住环境现象的考察方法与内容

总体而言，考察城市居住环境现象的方法依据主要包括以下四个方面内容：城市居住环境的基本元素及其属性；城市居住环境的体验经历及其尺度；城市居住环境的社会文化及其意义；城市居住环境的场所精神及其本质。下面将从这四个方面入手进行岭南城市居住生活世界现象的考察方法的探究。[17]

（一）城市居住环境的基本元素及其属性

作为人的生活世界，城市居住环境是由自然元素和人造元素组成的有机的整体，这两种元素的相互作用与联系构成了城市居住环境的基本质量。城市居住环境通过人们的居住活动展现出来，它们不仅有赖于各构成元素本身的属性以及元素之间的相互关系，而且取决于它们在人们居住生活经历中的作用和意义。

事实表明，人们对世界和自身的基本认识，在相当程度上来源于人们对自然元素和环境的直接或间接的体验和感受。自然元素及其所构成的自然环境具有天然的形式、结构、特征和由此而产生的原始而神奇的力量。自然环境以自身的特性构成了世界最基本的部分，确立了人们在世界中获得经历和意义的基本框架。

海德格尔在《建・居・思》一文中提出了定居中的天地人神的四要素，以及四

要素的"四位一体"的概念。人沉浸在世界之中，头顶天空，脚踏大地，经历和体验着其所身处的世界。天空和大地是构成世界的两个最基本元素，一上一下相互对应，限定了世界的范围并且赋予其中的事物以具体的属性。一方面，人们从天空中日月星辰的规则运行中获知世界的结构和秩序，又从天空高远、深奥和虚无的属性中体验到世界的神秘和奇异。另一方面，大地是世界中诸多事物和生命出现和展现的平台，人们与周围环境的联系均是在大地上完成的，大地因而是意义更为直接的生活世界，给人以现实、世俗、亲切和自由的感受。人存在于世界之中意味着人的身心敞向天空和大地，敞向世界中的事物。人们通过建立与世界微妙但却根本的联系，认识世界，体验自身在世界的存在及其意义。而"人存在于世"的一个根本目的，就是建立、保持和发展与自然环境的积极而有意义的联系，这也是创造城市居住环境的一个基本任务。

城市居住环境在聚集生活及其方式的过程中，也同时集合和浓缩了自然环境的基本元素和属性。因为从原初和本质的意义上讲，城市居住建筑是自然环境中的居住生活世界，是自然的启示和生活的需要相结合的产物。城市居住环境是对自然环境创造性的模仿和借鉴，人们把自己在自然环境中的经历和所体验到的意义"移植"到城市居住环境之中，与人们的居住生活需要组成一个综合的整体。所以，人们可以从尺度亲切的居住建筑中感受到大地给人们所带来的世俗欢欣与自由。人们与自然元素及其属性的联系是天然而微妙的，但同时又是不可缺少的，一旦这种联系遭到削弱和破坏，人们的居住生活质量就会受到严重影响。在19世纪末期所出现的花园城市的概念中，人与大自然的密切关系成为尊重人性和体现现代文明生活的一个重要而基本的尺度。而当代岭南城市居住环境中也越来越重视自然生态的景观环境，寄情于山水田园，陶冶审美情趣。

城市居住环境的基本结构和形式与自然环境中的相应属性既有联系，又有区别。大地和天空限定了自然的世界，而天花和地面，加上四周墙体则构成了一个人工的世界。在自然的世界中，由自然元素构成的各种自然空间，因构成元素及其构成方式的不同而具有各自的结构和特征。而城市居住环境中，因居住的需求，由自然和人工元素共同限定的居住生活空间，由于组成元素及其组织方式的不同，呈现出不同形式和特征的居住环境，它们是人们居住生活需求的结果，而居住建筑作为居住环境的主要人工元素构筑了各种类型的城市居住空间。

城市居住环境的一个基本目的就是建立人们的居住生活秩序，以满足居住生活需求，这需要通过不同的居住活动领域和途径来实现。以不同方式限定的城市居住空间领域，为在其中所发生的居住活动创造气氛与条件的同时，实际上也对相关活动与方式作出了一定的限制，将人们的居住活动方式和程序相对固定下来。因此，城市居住环境无论是单体还是群体，都在其结构、特征和组合元素等细节中包含了特定的城市居住文化方面的信息和内容，其支持和鼓励某些居住生活方式的发生，也限制甚至禁止另一些居住生活方式的出现。城市居住环境的文化信息越单一，居住环境所容纳的活动范围就越狭小，如功能主义的住宅小区。而当城市居住环境的文化信息具有多重特性时，城市居住空间的功能和目的就表现出复合的属性，如传统的居住街区与人本主义的居住社区。

（二）城市居住环境的体验经历及其尺度

建筑现象学重视人类在日常生活中对场所、空间和环境的感知和体验。人生经验由实在的环境中的生活故事来构成，过去的生活经历在人生旅程中浓缩成为记忆。生活和建筑的经验是经由人一生来感受并积累，因而生活和建筑的体验经历是由记忆和不断变化的即时知觉和感受组成，如岭南传统城镇大街小巷青石板路上传来的清脆的木屐踏踏声就是许多老岭南人儿时不可磨灭的记忆，而其中刻骨铭心的居住场所和空间的多种体验很多是从回家的路上或在家中获得的，"在家"的经验是在一系列独特的居住活动中获得，而不是由单纯的影像要素组成。

人在城市居住环境中的体验与经历主要包括两个方面的内容。一方面指在居住生活世界中人们对城市居住环境诸事物(无论自然的和人造的)质量、属性和意义的体验和感受；另一方面则是人们感知、理解和评价城市居住空间环境的心理和行为模式。

在有关第一方面内容的研究中，丹麦建筑学者斯汀·拉斯姆森（Steen Eiler Rasmussen）于1959年写成的《建筑体验》一书具有代表意义。他以许多具体生动的实例，论述了人们是如何从对建筑的体验中获得对世界的深入理解，获得生活的乐趣和意义的，揭示了建筑在给予和丰富人们生活经历中的积极作用。他分析了建筑环境的诸元素（包括实体、空间、平面、比例、尺度、质感、色彩、节奏，光线和声响等）在视觉、听觉和触觉等方面对人们环境经历产生的微妙而深刻的影响。他指出构成建筑环境的基本元素及其属性与人们的生活及其质量密切相关，建筑环境可以丰富和强化人们生活经历及其意义。拉斯姆森虽然未提及现象学及其方法，但他的研究考察方法与现象学的方法相近，即直接从人们对具体环境的体验中讨论建筑的价值、意义及其与人们生活的密切关系。相比之下，其他相关的研究则侧重于某一种特定环境属性的分析（如环境的声音质量和光线质量等），或对某种特定人群的环境经历（如盲人和儿童等）的探讨，或对某一特定文化群体与特定环境及具体环境元素的关系的考察。对人们居住环境经历多层次多角度的考察、探讨和研究，从不同的侧面展示了居住环境与人们生活之间的多重复杂而密切的联系，从而帮助人们完整而准确理解居住环境的本真意义。[18]

另一方面内容的研究，主要来自心理学尤其是环境心理学领域，具体探讨了人们认识和理解空间环境的尺度和过程。人们对周围环境的心理和经历联系主要表现为"定位"和"认同"两个精神功能。定位就是人们在空间环境中确定自己的位置，建立自身与周围环境的相互位置关系。而认同是在明确认识和理解空间环境的特征和气氛的基础上，确定自己的空间归属，与环境建立密切的联系。或者说，定位是认识和感知人和空间的关系，认同是分析和评价环境质量。通过定位和认同，人们与周围环境建立起相应的关系，同时也确定了一定的活动范围和活动强度。因此，定位和认同从来都与人的日常居住生活相关联，是人们定居在世界的两个基本心理尺度。分析特定人群在环境中的定位与认同经历，以此来揭示人们身心和周围世界或人与某个场所相互之间关系的普遍意义。

具体而深入地探讨居民在城市居住建筑环境中的定位和认同，一个关键点就是城市居住环境意象的形成及其对居民居住环境经历的影响和作用。这是一种借助于认知心理学和格式塔心理学方法的认知意象分析理论，其分析结果直接建立在居民对城市居住空间形态和认知图式综合的基础上。城市居住环境意象是居民经由直接或间接居住环境经历，对城市居住环境实际状况的心理描述，这种描述往往集聚了重要的城市居住环境特征，并且呈现一定的规律性。它综合了进入人的大脑之中的居住环境信息，并在先验的认知结构的作用下，形成一个帮助人们进行定位和认同的整体系统。大量的调查研究表明，居民的城市居住环境意象往往并不与实际的居住环境状况相吻合，而只是在总体结构和特征上与实际状况相联系。

认知意象对城市居住空间环境提出了两个基本要求，即易识别性（Legibility）和可意象性（Imaginabilility）。美国学者凯文·林奇（Kevin Lynch）在调查和研究中发现，道路、边界、领域、节点和标志物是构成人们关于城市环境意象的五个基本元素，它们帮助并指导了人们在城市中的定位和认同。

城市居住环境是人造环境向自然环境延伸的领域，为人们感知、体验和理解生活世界提供了场地。通过对居住环境形式的结构和特征与居住环境意象之间的关系探讨，可知城市环境之间引人注目的差异即特性是产生居住环境意象的关键点。因此那些没有特征的现代功能主义住宅小区给人们带来的居住环境体验与经历必定是单一的。总之，体验居住环境与建筑就需要理解和重视用以感知和体验这些建筑环境的要素的知觉系统，知觉系统对生活世界和场所空间的各种微妙知觉，以及对不断变化的现象世界的感知是丰富多彩的城市居住生活的真实基础和唯一源泉。关于人的城市居住环境的体验与经历的研究，为我们理解人与居住环境的密切联系及其在环境中的定位与认同提供了坚实和可信的基础，进而对于良好城市居住环境的创造具有积极的指导意义。

（三）城市居住环境的社会文化及其意义

城市居住环境的社会文化及其尺度的建筑现象学研究更加强调社会与文化因素对居民城市居住环境经历的影响和作用，人与居住环境以何种方式共存，人如何塑造居住环境，居住环境如何影响人等是这种研究关注的焦点。在不同的城市居住文化作用下产生了不同特征与形态的城市居住环境，因而也就划定了居民城市居住环境经历的基本框架。城市居住文化在此被理解为城市共享生活方式的人化。人是自然和文化共同作用的产物，在特定的环境出生，因此在被抛入这个世界之时，已被赋予一种特定的生活方式，人们生活于世界之中首先是沉浸于特定的生活方式之中。这种生活方式又在相当程度上具体体现在相应的城市居住环境之中，体现在居所、庭园、街道、广场以及公共建筑等城市居住环境元素的具体形式和结构之中。

城市居住环境以一种与城市居住文化相适应的方式参与到人们居住生活之中而成为生活方式的一部分。作为城市居住文化的载体，城市居住建筑环境所包含的信息和意义即特定城市居住文化的价值观念和风俗习惯等，以或显形或隐形的方式表达和传达出来，在一定程度上指导并限定人们的居住环境活动及其方式，直接影响居民城市居住环境经历。同时还微妙地规定了居民吸收，整理、解释和理解城市居住空间环境信息的具体方式和程序。因此在含有特定城市居住文化信息的居住环境形式的"教化"下，人们往往是在先辈的观念的影响下，获得城市居住环境意象，做出对城市居住环境质量和意义的解释，但是对环境的意象及意义会因为人的认知与理解的深入而产生变化。如果城市居住环境的意义在于传递规定人们居住活动和行为及其方式的信号或暗示，那么同一居住环境的意义在不同的居住者眼中是有差别的，有时这种差别会相当悬殊。因此，准确地把握特定城市居住环境对于特定居住人群的意义是相当重要，这牵涉到能否完整和准确地理解人和城市居住环境的关系的问题，涉及建筑师是否能为居住者设计营造出适宜的城市居住环境

美国文化人类学家阿摩斯·拉普卜特（Amos Rapoport）就是运用文化人类学和社会生态学的综合的方法，以文化生态学理论探索人与居住环境的关系，他所作的努力对我们具有借鉴和启示意义。其相关论著如《宅形与文化》（1969）、《建成环境的意义》（1982）、《文化特性与建筑设计》（2004），系统而广泛地考察人与居

住环境关系中的文化因素的作用，并运用不同文化和不同时期的多种环境的实例，研究具体的居住文化因素对于具体居住环境形式及其意义的影响，论述了文化因素在理解和创造环境中的迫切性、必要性和重要性，为发展一种新的环境设计理论奠定可信而坚实的基础。

城市居住环境的社会与文化因素的研究具有以下几个特点：

第一，注重运用比较的方法。从对不同城市居住文化的城市居住环境的对比中，讨论社会和文化因素的影响与作用。所以，这类研究的范围较为广泛，涉及不同的城市居住文化。而研究的一个基本目的，就是为建立完整系统的城市居住环境的设计理论提供充足的依据。

第二，注重细致考察被传统居住建筑研究所淡忘的民间和地域居住环境。在此类型居住环境中，城市居住文化因素对人们居住环境经历的影响似乎更为直接，更为明确。这方面的研究有时集中于某一地域居住环境元素的意义和作用，有时则在社区和城市的居住环境层面上展开。

第三，从城市居住环境使用者而不是从设计者的角度来探讨和解释城市居住环境的意义，研究的基本出发点是，城市居住环境使用者因直接参与其中而应拥有更多的发言权，他们对城市居住环境意义的理解和解释应当受到更多的尊重。当代岭南城市居住环境中的一个突出问题，就是由于设计者忽视了对居民使用要求的了解与理解，而是将自己所谓理想化的居住环境强加于居住环境使用者。这种对居住环境使用需求及其意义理解的偏差往往造成了城市居住环境不能较好地适应现代居住生活需要的问题。

（四）城市居住环境的场所精神及其本质

如果上述研究只是从不同的侧面去理解城市居住建筑环境现象，那么在这里将注重从整体和更为普遍的意义上把握诸多城市居住现象中的本质现象。居住场所与人的存在及其意义紧紧联系在一起，城市居住环境的场所概念成为探讨人的存在状况的一个基本而重要的方面，成了考察人如何存在于生活世界中的一个基本内容。

所谓场所是指包含了物质因素和精神因素的特定的生活环境，是建筑环境的一种表达方式。建筑活动的根本目的是为了创造出符合人的社会、文化、心理需求的环境，其建筑的过程和手段只是为了达到这一目的而赋予的物质形象。而只有当物质的实体和空间，表达了特定的社会、文化、历史和人的活动，并充满活力时，才能称之为场所。因此，居住的场所精神就是使人们具体居住在某种特定空间之中的总体氛围。

人沉浸于生活世界之中是海德格尔关于人类存在状况属性的一个重要论断，其中包含了不少深刻的哲学思想和概念。这个论断表明，在关于存在及其意义的研究中，人和生活世界是同时出现的一个不可分割的整体，即没有独立的主体，也不存在着孤立的世界，因为人的存在总是在生活世界中的存在。这种存在是在人们与生活世界中其他事物相互交往的过程中显现和展示出来的，人们与其周围世界的相互联系与人的存在密切相关，而人是一切联系的中心。人生活在世界中，居住在有具体地点、事物和时间所构成的特定环境之中，而作为人们在地球上存在的本真方式，居住是人的归所，它表明人们的心身归属于特定的生活环境。能够使人产生归属感与认同感的建筑空间是场所，居住和场所是人们在生活世界中进行建筑活动的根本目的。生活世界、居住、场所和归属感等概念构成了建筑现象学的中心议题和主要内容。

从原初的意义上看，居住场所是人们居住生活的建筑空间，由特定环境中一定形式的居住建筑组成。特定的地理条件和自然环境与人造环境构成了居住场所的独特性，赋予居住场所一种总体的特征，并体现了居住场所创造者的生活方式和存在状况。因此，居住场所与物理意义上的居住空间和自然环境有着本质的不同，是人们通过与居住环境的相互间的反复作用之后，并在记忆和情感等已有概念的影响下形成的。所以，从更为完整的意义上来看，居住场所应当是特定的人群与特定环境之间相互作用而形成的具有意义有机的整体。

居住场所的本质意义在于使人们在生活世界中居住下来，并从中深刻而广泛地经历到自身和世界的意义。居住场所就是人们在生活世界中的家，意味着身心的归属。归属感的产生是人们存在于世的基本需要，是人们心理和精神上需要和愿望的产物，也意味着人们在经历和情感上对某一居住环境的深度介入，从而在更加深刻的层次上感受到居住生活和存在的意义，同时建立与周围世界积极而有意义的联系。这就是流浪者和无家可归者渴望归家的根本原因所在。因此，应根据人们的经历和居住场所之间的关系，对居住场所与非居住场所的属性及其人们对特定居住环境的归属层次进行深入的探讨。

城市居住场所意味着本真的城市居住环境。本真的居住环境并不表现居住物质世界的状况，而是人们和其居住周围世界相互关系的具体体现。本真的居住环境是体现和揭示本真居住生活的艺术品，城市居住环境的本真性因而与居住生活的本真性是一个不可分割的整体。对城市居住环境和生活本真性的讨论，目的是通过对岭南城市居住的场所精神的探讨，揭示城市居住文化的本质，因为场所精神与人的居住日常生活息息相关，它赋予人和居住场所以生命，并伴随着人与居住场所的整个生命过程。这也使我们认识到当代岭南城市居住环境的危机根源，需要采取积极的应对措施，恢复本真的城市居住生活与本真的建筑技术，重建本真的城市居住文化，解决当代岭南城市的居住文化危机。

建筑现象学对于日常"生活世界"、"居住场所"本质的阐释，那种直接面对事物本身并且将意识、活动与事物相联系的考察现象方法，注重人类居住活动目的和意义的态度，对于研究和揭示人与居住环境的关系，居住建筑空间的本质，意义和价值等均具有十分重要和积极的指导意义。[17]

第四节　岭南居住场所要素与城市居住生活世界

诚如舒尔茨所言：建筑作为一种工具的艺术，是为日常生活服务的。那么，场所是一个"生活世界"的有形表现。岭南城市中展示的真实活动和人们熟悉的日常生活内容构成了城市生活世界。岭南人历来注重当下、注重实际、注重生活。岭南城市的动人之处，正是它所具有的浓厚的生活气息。广州被称为"生活之都"，其城市魅力是实实在在的生活魅力。岭南城市大多表现为平民化，城市的特征可大致总结为：世俗味、休闲味、潮流味。研究岭南城市居住文化，需要从探寻传统的岭南居住建筑开始，关注岭南城市居民的生活世界，总结岭南传统居住建筑的基本元素，研究他们的居住心理需求与行为模式，研究他们的居住场所要素和交往方式，及其与城市居住环境相互作用下的特征和规律。才能发掘岭南城市居民日常生活世界中多样化、生活化和地域化的居住文化特征，构建居住建筑与日常生活之间良好的互动关系。

一、岭南传统居住建筑的基本元素

岭南传统居住建筑的形成与发展是在岭南工匠们的不断摸索下完成的。当代岭南城市的居住生活如果论溯源和传承，一定需要充分解析传统岭南居住建筑的构成元素及其发展缘由，从而寻求建构当代岭南城市"生活世界"之路。

岭南传统居住建筑的基本元素用于当代岭南居住建筑设计中，可以抽象其原型，归纳总结其类型，结合当代的新材料和建造技术加以转化创新，使传统岭南居住空间的"场所精神"再现于当下城市住区。

（一）空间形态

岭南传统城市居住建筑总体布局总是从应对环境和气候、顺应人们的生活方式出发，提炼出一系列适应性的居住空间策略，并与自然结合、与庭院结合，形成独

具特色的岭南居住建筑的空间形态
（图6-1）。

　　第一，空间布局充分利用原有
地形体貌，因地制宜保护原生态，
尽量避免对自然环境的破坏。传统
岭南城市空间结构多为理性形成的
道路系统布局，也是在传统的居住
"街坊制"或"里坊制"等规划思
想指导和影响下建设的。岭南城市
道路网络不像北方城市那么方正，
内部交通主要考虑最便捷方式，加
上河涌水网纵横交错，许多街巷呈
不规则状。岭南城市传统居住建筑
多依据地形条件，根据功能的动静

图6-1　广州西关街巷平面
（来源：陆琦. 广东民居. 北京：中国建筑工业出版社，
2010：31）

要求、空间内外属性，而发展形成树枝状的"街巷"空间形态。街道为干，内街和
巷道为枝，街巷的走向形式有直线形、折线形和曲线形，街巷界面的开合以及尺度
的大小带来了外部空间和内部空间的过渡和转换。巷道和敞廊兼有遮阳与隔热的作
用，是室内与室外的过渡空间，又可成为具有交往功能的"灰空间"。在其内部开
门或开窗形成空气压力差，加速室内空气流通，通风遮阴效果明显，也可成为人们
交谈、纳凉的好去处。从街道到内街，再到巷道，最后到宅门的回家路线也形成了
从公共空间——半公共空间——半私密空间——私密空间的居住空间序列。

　　第二，依据亚热带夏季高温多雨，冬季低温少雨的气候特点，为了更好地做到
"遮阳、隔热、通风"，岭南传统聚落中常采用梳式布局方式，如广州西关地区居住
内街巷道呈棋盘状，建筑坐北朝南，利于冬季日照和夏季通风。主要朝向迎向夏季
主导风，相互之间留有通风间距，形成与夏季主导风向平行的"冷巷"。冷巷因狭
窄而提高风速，加上两边高墙遮挡阳光直射，形成大片阴影，利于空气降温，结合
天井、敞厅、敞廊等组织自然通风对流，为居民提供了阴凉舒适的居住空间环境。

　　第三，在岭南传统城市空间布局中，商业街道为城镇居民的物质交换提供了场
所，具有浓郁的生活气息，形成了城市内部重要的公共活动空间。传统岭南商业形
态就是下铺上宅，20世纪初随着马路的拓宽逐渐形成连续的敞廊式商业空间，从而
演变成骑楼街这样独特的岭南建筑形式。这种建筑形式反映了早期以广州为典型的
岭南城市的商业特性，结合岭南的地域气候，发展至今成为了常见的底层架空、形

成连续商业界面的设计手法。

　　第四，岭南传统城市居住建筑空间布局一类是沿主要街道，还有一类是在内街巷道中。沿街的住宅多为骑楼式，兼顾商业与居住的需求；而在内街巷道中的住宅大多为梳式布局方式，是以竹筒屋或明字屋为主，加上少量三间两廊式民居作为基本单元，其他类型的居住建筑空间形态基本上都是在这三种基本类型的基础上分类组合而来（图6-2）。同时还存在潮汕地区整片大家族集居的密集式布局方式。

　　（二）居住类型

　　岭南居住建筑类型虽然较多，但都是以"间"作为民居的基本单位，由"间"组成"屋"（单体建筑），"屋"围住天井组成"院落"，各类民居平面就是由民居的基本单位——"院落"组合发展而成的。

　　岭南传统居住建筑因用地紧张，院落要比北方狭小得多，由于气候炎热潮湿，因此空间组织上多用小天井来组合，使得居住空间紧凑。天井的组合，其布局一般是在中轴线上，一般为方形，大小随生活需要而定，而天井与厅堂的组合，有三种方式：一种是直串式，天井与厅堂组合成多进院落；第二种是围合式，厅堂围合成中间一个天井的形态；第三种是前两种的组合，即厅堂与天井有横、纵两个不同的方向，数量与形状也不尽相同。居住空间中的厅堂、天井、廊道之间的组合变化带来了居住建筑界面的虚实变化，也虚化了室内室外之间的直接隔断。

　　岭南城市传统居住建筑大致分为竹筒屋、明字屋、三间两廊、大型天井院落式民居、庭园式民居、别墅洋房等类型。

　　1．竹筒屋：平面单开间，进深大，城镇建有楼房。广州西关的竹筒屋民居呈联排式布局，进深一般为15米左右。每屋一般设有不少于两个天井，作通风采光之用。天井在空间上也将厅、房与厨、卫等分隔开来。

　　2．明字屋：平面以双开间最为典型，象征"明"字，适合人口较多

图6-2　岭南村落中梳式布局巷道
（来源：陆琦. 广府民居. 北京：中国建筑工业出版社，2010：31）

的家庭居住。明字屋功能分区明确，平面布局比较灵活自由，两个开间可大小不一，进深可长可短。通风采光较好，可在后院天井辟做小型绿化庭园，拥有一个相对安静的居住环境。

3. 三间两廊：平面三开间，中间开间两侧有廊，而天井则一般在中间分隔门厅与客厅或天井在入口分开两侧的两户人家。大门布置方式有两种：正面入口和两侧入口，这由总体布局和道路系统决定的。

4. 大型天井院落式民居：如"西关大屋"，大多选取向南地段，建于主要街巷边。平面呈纵长方形，临街面宽十多米，进深可达四十多米。典型平面为"三边过"，即三开间。偏厅或书房前面常设有庭院，栽种花木，布置山石水池以供游憩观赏。

5. 庭园式民居：除上述常规的天井单元住宅，岭南也出现了带庭园的住宅——"宅园"。在庭园中，住宅要么布置在庭园中，要么两者相对独立，布局开阔灵活。由于庭园占地面积大多不大，所以常将具有居住功能的建筑物沿庭园外围边线成群成组布置，用"连房广厦"的方式围合成内庭园林空间，使庭园空间与日常生活空间紧密结合起来。同时庭园的通风效果及微气候得以优化，因此以"庭"为中心，绕"亭"而建的岭南园林布局方式也成为广府庭园建筑布局的特色之一。

6. 别墅洋房：受外来居住文化影响，建筑带有明显的西式风格。平面布局依据居住功能进行，又与中式园林有机结合，是近代岭南城市新式居住类型，主要代表为"东山别墅"。以上岭南城市传统居住类型在第二章有关岭南居住形态中已有所讨论，因此在这里不再赘述。

（三）材料与构造

建筑材料的属性是居住建筑场所精神不可缺失的又一要素。15世纪之后西方产生了对材料新的理解和思考，材料的"本性"与"真实性"问题被广泛讨论。借助于现代哲学（主要是现象学），材料的"观念性"得以确立，胡塞尔所说的"行为质料"（Aktmaterie）几乎可以直接转换为建筑活动。其包括三方面的内容：赋予感觉材料以意义；赋予意义的活动；被赋予意义的材料。也就是说，在胡塞尔构想的整个结构中，材料使建筑中的人类活动和活动的意义之间的关联变得可以理解和感受。[⑲]传统居住建筑多就地取材，如常用土、木、竹、石等，人们处于与周边环境紧密相关联的建筑材料中，对居住地就会产生特别的地域归属感，再加上日常生活的各种活动，于是便自然而然产生了居住环境的"场所精神"。

对于岭南传统居住建筑而言，其结构与构造形式大多相仿，它们的基础地面的材料与构造大致分为几类。基础一般有块石基础、灰土基础、块石四合土基础。地坪主要分为室内地坪与室外地坪，室内地坪有灰土地坪、四合土地坪等；室外地坪一般用麻石砌筑，为石板形。[20]

在墙体构造上，当代建筑可以加以借鉴与演化的主要分为以下几种：青砖实墙、空斗墙、块石墙和蚝壳墙等。

1. 青砖实墙：一般采用水磨青砖砌筑，青砖质坚而声脆，棱角规整。由于广东气候湿热，很多居民采用砖砌实墙，尤其用在山墙部位便于防火，厚约40厘米。在个别粤中侨乡民居中，外墙有一种叫"夹心墙"的，即两面各用半砖厚的砖砌墙体作墙面，往里浇灌12~20厘米厚的混凝土作为墙心，这样墙体更加坚固，更有利于防御。

2. 空斗墙：空斗砖墙内部空心，无填充材料，砌法多样，五顺一丁，七顺一丁等，中空以节省用砖。这种墙体对隔热隔声性能好，但承重性能不足。

3. 块石墙与蚝壳墙：这两种多在沿海地区采用，沿海盛产石材。块石墙分为干砌法和湿砌法，区别在于用不用砂浆。另外粤中地区通常会用铜丝穿过蚝壳使其成为整体后再砌筑，称为蚝壳墙，整个墙体相当坚固，同时又形成了立面上的特殊效果。[21]

在梁架结构上，广东地区的梁架结构主要有抬梁式和穿斗式。

1. 抬梁式：主要指柱上架梁，梁上置短柱，其上再置梁，梁的两端承桁，层层叠上，最上层的梁中央，置脊瓜柱，承脊檩。抬梁式多用于厅堂明间，可以获得较大的使用空间，但对于梁的要求高，使用的木材消耗大。

2. 穿斗式：一般用于沿海地区，用料小且抗风性能好。主要用于山墙部位或厅堂内，这种结构形式用料小，但由于立柱较密，导致空间不开阔，但其抗风性能较好。

对于承重的柱，主要有木柱与石柱，也有木柱与石柱混合使用的。

1. 木柱：木柱一般为圆形，有下直上收分的，也有梭形，即两头都收分的。

2. 石柱：石柱有圆形、方形、凹角方形等。柱径一般依照梁架大小而定，桁檩直径、瓜柱直径应与檐柱直径相同。[22]

（四）装饰与细部

岭南的装饰题材大多有浓厚的伦理色彩和吉祥瑞庆的内容，也有神话故事、珍禽异兽等，而所表达的都类似于宣扬孝、悌、忠、信、仁、义等传统思想。装饰构件有门窗、屋脊、山墙、照壁、梁枋和柱础等。

1. 门窗：岭南各地民居出入口多为凹门的处理。传统形式是三间当中凹进形成入口的过渡空间，门的两旁配以装饰。以广州西关大屋为例，西关大屋的正门分为三层：第一层为脚步门，即四扇对开的小折门，多用来防止外部视线的干扰；第二层为常用的趟栊，多为通风和防盗；第三层是双扇对开全闭合的木板门，坚固结实，是最重要的关防。[23]另外，岭南民居的大门装饰也有用线条、材料、结构和装饰色彩来处理的方式（图6-5）。

2．屋脊山墙：传统居住建筑中的屋脊与山墙都是突出的部位，因此比较讲究装饰。屋脊部位的装饰有平脊、龙舟脊、龙凤脊、燕尾脊等，按材料来分有瓦砌、灰塑、陶塑、嵌瓷等，山墙的处理集中在墙头或脊头。

图6-3　传统村落镬耳山墙天际线
（来源：历史图片）

粤中、粤西广府地区的山墙形式有三种，小型民居用人字形山墙，其余较多为"镬耳墙"，亦称"锅耳墙"，山墙尖的形状像锅的两耳而得名，也隐喻官帽，象征富贵；山墙的装饰重点集中在上半部，墙头做法分为三线、三肚，下带浮楚，也称楚花。在墙头线条正中方向下面，称为"腰肚"，下面印有花纹者即为"楚花"。在墙头线条下面，称为"垂带"，其做法有用色带的，也有用彩画的，这些装饰都加强了墙面的明暗和色彩变化，丰富了传统居住建筑特有的艺术效果。[24]（图6-3、图6-4）

3．照壁：传统岭南居住建筑的照壁通常用砖砌筑，外框矩形，中央为壁心，下用壁座承托。装饰题材的内容标志着社会门第的等级，官邸常用麒麟，富户常用繁复的图案花纹或花卉、鸟兽等。

4．梁枋：主要为厅堂和檐廊的梁、柱、枋等，装饰主题多为动、植物或图案等。檐廊也是传统居住建筑中装饰的重点部位。主题相仿，均非常细致精致。

5．柱础：在传统民居中，柱础除了满足功能需求外，也能作为一种装饰加以美化。柱础上通常雕成线脚或花纹等，柱础的形状也各异，有方形、圆形、鼓形、半凹鼓形、束腰形等（图6-6）。

细部装饰的类别分为木雕、石雕和砖雕等。

1．木雕：木雕算是一种柔性的造型艺术，多用曲线和曲面，构成和谐的节奏。木雕材料大多采用楠、樟、椴、黄杨等木。木雕的种类也很多：线雕、隐雕、浮雕等，按用途需要选定用料后，由木工师傅按规格要求做好木胚，再由木雕艺人进行设计，画出图样贴于木胚上，按需要镂空，再由艺人凿出轮廓，最后油漆、贴金成为成品。

图6-4　镬耳山墙
（来源：作者自摄）

2．石雕：石雕常用于柱、柱础、梁枋、门槛、栏杆等。由于石材昂贵，加工和运输也比较困难，因此石雕技艺趋于简化，但仍保持着传统的类别和做法，如线刻、隐刻、突雕、混雕等。

3．砖雕：砖雕是用凿和木槌在砖上加工，刻出各种人物、花卉、鸟兽等图案作为建筑上某一部位的一种装饰类别，是一种历史悠久的民间工艺形式。砖雕的种类除了剔地、隐刻外，还有浮雕、多层雕、透雕等。粤中地区采用砖雕较多，沿海地区因海风中带有酸性易腐蚀砖而不采用。[25]（图6-7）

二、岭南城市居住行为心理特征

城市居住环境的创造不能脱离城市中的主角及公众，居住环境的营造、空间秩序的建立不是规划师与建筑师理性的推导或理想化的设计，更不是形象化的艺术创造。人与环境的关系及人在环境中的行为心理在一定程度上决定了城市居住环境的优劣，因此"人"才是岭南城市居住环境设计构思的中心点。因此，有必要总结岭南城市居住行为心理特征：

（一）自在与归宿感

居所是居民自己的"家"，经过一天紧张忙碌的工作后，回到自己的家，产生轻松、温馨、愉快的"自在"心理感觉，因此家最能体现归宿感并使人产生自在感。归宿感的产生需要环境的提示与暗示，环境的可识别性。构成居住环境可识别

图6-5 趟栊门细部
（来源：作者自摄）

图6-6 柱础细部
（来源：作者自摄）

图6-7 砖雕细部
（来源：陆琦. 广东民居. 北
京：中国建筑工业出版社，
2010：237）

性的元素众多，如居住环境的入口门廊、景观小品，甚至于归家路上的一棵树木，这些有特色的、居民日久习惯的、富有亲切感的住区标志物，均能形成居民的自在与归宿感。自在与归宿感是积极的心理现象，是居民抵家前的良好的心理准备活动。因此城市居住环境设计需要从居民的心理出发，建立一种认知标识，塑造一个居住生活场景，创造一种亲切居住气氛，而它们的出现，就意味着"我回到家了"，回家方式的不同体验可使人对居住建筑有一个全新的认识，为建立自在与归宿感创造认知的条件。（图6-8）

（二）认同与归属感

认同与归属感是一种领域意识，"回到家了"和"这是我的家"是两个相关概念，具有自在与归宿感的城市居住环境必然有助于居民产生归属感这种心理现象，也就是居民心里认为"这是自己的居住领域"。设施完善便利、生活气息强烈的城市居住环境有助于居民建立认同与归属感，从而树立对自己的居住环境的自豪感。因此布局合理、形象优美而富有特色

图6-8 广州西关逢源街石板路
（来源：作者自摄）

的居住小环境设计，界定和标志居住空间的其他处理，都可以使得居民有"我们的住区"，"我们共同的组团"，"我们那里的景观"及"我家门口的树木"等的观念。在社会人群构成中，人的认同与归属感也是叫社会心理需求，因为人不可能单独存在与生活，个人必须与群体打交道，隶属于一个群体或社区。认同与归属感同时也是一种安全感，它有利于居民爱护自己的居住环境，并维护自己所在居住环境的安全。

（三）回归自然的心理

亲近自然与自然和谐共处是人的自然属性。岭南城市自古以来气候温和，四季常青，风光旖旎。岭南城市的传统居住环境就有崇尚自然的特性，居民喜好户外生活，居住建筑与自然环境的结合较为紧密，室内装饰也较多绿色植物。随着现代城市的快速发展，人口密度越来越高，建筑物越来越密集，蓝天绿树少了，自然的气息逐渐远离市民的生活。导致居民生理上的不适，心理上感受到压抑，因此城市居民渴望回归自然。城市居住环境中，需要大自然的气息来调剂人的精神、舒缓紧张的情绪，需要大自然清新的空气增进人的健康，也需要大自然的美好景观陶冶情操。因此当代岭南城市居住环境设计需要正视回归自然的心理需求，营造居住生活接近自然的居住环境。城市居住环境中的绿化景观设计显得尤为重要，不只是绿化布置与提高绿化覆盖率或绿化景观的形象，而是绿化设计充分考虑人的户外活动方式，提供人们休闲散步、休憩与交往的需求。同时绿化景观与建筑交相辉映达到和谐统一（图6-9、图6-10）。

（四）交往与邻里效应

任何时候人的生活都离不开社会环境，居住环境中邻里关系是最基本的社会关系。交往是人类心理需求之一，居住生活中的交往属于日常交往不同于工作中的非日常交往，它往往更随意更自由，可以密切感情，交流信息，切磋技艺，发展爱好，共享文娱乐趣等。因此与邻居友好相处，建立和谐的人际关系是人们普遍的期望。

传统的邻里关系是居民长期聚居共处，因日常面对面的生活，而形成的具有感情因素的亲近的人际关系，从而产生出道义感和相互理解等自我意识。这种邻里关系往往与特定的生活场景相联系。然而当代岭南城市中的居民，大多居住在多层、高层住宅楼里，虽然生活设施一应俱全，但由于居住环境的相对封闭与现代人工作繁忙等因素，邻里关系淡漠而疏远，邻里交往的频率、广度与深度及频率正处于衰减之中，导致人与人之间情感的隔离，特别是老年人的孤独感强烈。有鉴于此，有的相约兄弟姐妹或朋友选择同一小区毗邻而居，形成小群体满足亲情与交往的需

图6-9　鹅潭湾居住区设计

（来源：广州珠江外资建筑设计院有限公司项目组提供）

图6-10　居住区设计

（来源：北京市建筑设计研究院华南设计中心提供）

求。同时在信息化的社会，人们的交往方式也产生较大的变化，在传统的交往方式之外，新型的网上社区及交流方式也出现在人们的日常交往之中，并受到年轻人的喜爱。城市居住环境的物质条件固然十分重要，精神需求也是不可忽视。作为现代城市居住生活的主要内容之一，社会交往不可或缺，因此岭南城市居住环境的设计应为促进社会交往包括邻里交往创造有利的条件。

（五）接近与疏远心理

这是居民因与城市居住环境情感交流而产生的反应，直观反映在有些地方，人们愿意停留、休憩并感到轻松适意。而有的地方，人们感到沉闷枯燥，引不起兴奋感或恬静感，只是匆匆而过。这是一种心理上的趋向性或回避性的特征。美感本质上是一种对美的事物的情感反应，而美感即人对周围环境的好恶倾向只是决定人们与环境接近与疏远的一个方面。居住行为上的对居住环境的接近或疏远，还取决于环境是否满足居民的行为方式，以及能否带来心理上的舒适感。因此居住环境不仅要布局合理、环境优美，还应提供休闲活动的相关设施，是气氛浓烈、富于情趣的、易于亲近的场所。

（六）私密性与领域感

私密性即个人（或家庭）在某种情况下，要求所处居住环境具有隔绝外界干扰的作用，可以按照自己的意愿支配居住空间，表达自我感情，进行自我评价，选择与他人的交往。居住建筑的私密性梯度表现为：公共性（街道广场、会所）→半公共性（组团门廊、电梯大堂）→半私密性（入口花园、客厅餐厅）→私密性（主人卧室、卫生间）。而私密性与领域感密切相关，私密性太强导致与世隔绝，而私密性不足则会引起部分的非安全感。

居住环境空间中的私密性问题，日益受到重视。居住行为分为生理性居住行为、家务性居住行为、社会性居住行为和文化性居住行为。在生理性居住行为中，私密性要求最高，如睡眠、洗浴、更衣、患病、排泄、性爱等，而家务性、社会性和文化性居住行为私密性要求相对较低。居住环境的私密性可以归结为居住者在私有领域的某种自由度。居住空间领域围合实质性的开放或者关闭对居住者的私密性产生直接的影响，除此之外，还有外界视觉上及听觉上的较为隐性的影响因素。因此居住者对住宅的私密性除了空间上的实质性要求外，还表现在心理的反应上，即在视觉和听觉上对邻居以及外界的隔绝与防范。对居住私密性的要求是现代人居住生活的基本要求之一，因此应该为每个家庭及其每一成员提供不受干扰和侵犯的个人空间。在城市居住环境层面上，总体布局应避免各种干扰，尤其是住宅相互之间视线的干扰，以创造出尺度相宜、产生共鸣的私密空间。在住宅设计上，功能分区避免各方间的交叉干扰，确保住宅内部的居住的私密性。而在建筑技术层面上，需采用相应的材料及措施进行隔音减噪。

（七）可防卫空间感

安全防卫是居民领域性居住行为的重要内容，是能对犯罪加以防卫的城市居住组织结构在物质上的表现形式，可防卫空间是保障群体或个人的人生安全、维护个性和心理平衡的重要条件。城市居住环境中的可防卫空间感实质上是居住空间领域的安全感，它一方面表达了居住群体对自己领地的护卫。另一方面也是人的正常交往的保证。

可防卫空间感具有明确的等级领域感，从公共到半公共，从半私密到私密，与居住的私密性存在对应关系。一般而言，空间的私密性越高，它的可防卫感也越强。因此居住建筑的平面布局及门窗设置都应为居民的可防卫活动提供条件，如对入口和公共区域的监视等。简·雅各布斯就十分推崇居民自觉监视外来人员的"街道眼"的安全防卫作用。可防卫空间感有助于增加居民对居住环境的责任感，而具有可防卫空间感的规划设计会对抑制犯罪产生一定的作用。

（八）居住室内空间心理

居住室内空间尺度、光线、色彩及家具布置等对住户心理均有影响，一般需要能满足人的室内活动的适度的空间，充足而适中的光线，和谐的色彩，实用而美观的家具等。由于夏季气候炎热且持续时间长，室内空间的主要特点是较为开敞、灵活利于通风，而室内淡雅的主色调也会带来清凉感，以增加居住的舒适感。

虽然住宅室内设计及其装饰风格与主人的气质、职业、爱好和性格有关。但由于气候环境及生活习惯等因素，岭南城市居住历来追求清新、淡雅、活泼的风格，因此室内空间色彩一般以中性浅色作为基调。而室内采用柔和轻快的色系，可以提高空间的明亮度，有空间扩展感。室内家具也以浅色为主，易与室内环境协调。室内陈设品的色彩则属于整个室内环境中的"强调色"，起到丰富室内色彩，创造欢快活泼气氛的点缀作用。另外岭南人注重家庭生活，就居住室内空间整体而言温馨亲切，客厅成为家庭生活的中心，凝聚感强，生活气息浓厚。

三、当代岭南城市生活世界的场所要素

岭南城市居住文化要做到回归生活世界，就应该对岭南城市居住生活世界进行分析，从中总结出对当今城市居住环境设计有益的生活街道、社区中心、庭园空间、情境居所等几个重要元素。

（一）生活街道

简·雅各布斯认为城市最基本的特征是人的活动。人的活动总是沿着线进行的，城市中街道担负着特别重要的任务，是城市中最富有活力的"器官"，也是最主要的居民活动的公共场所（图6-11、图6-12）。岭南城市传统街区因同一空间中多种功能并置形成了浓郁的生活气氛，随着20世纪末期新社区理论的出现，对街道的研究也逐渐深入。传统的街道并不仅仅承担商业和交通的功能，而是具有多元化的功能和多层次的组织结构，它甚至起到界定特定社区空间领域的作用。街道是真正的城市开放性的公共活动空间，是社区交往的主要场所，邻居可以在此小憩、相聚，儿童在此嬉戏、游乐等。

在居住场所感及生活氛围的营造中，生活街道起到重要的作用。今天居住区主要以生活服务等公共设施及公共绿地等为主形成的生活街道，在充分满足现代城市生活的基础上，需要借鉴岭南城市传统街道的功能，乃至组织结构与形态特征。利于在街道空间中展开的工作、购物、休闲、饮食、儿童游戏等多样化的日常活动，

图6-11 十三
行同文街一景

（来源：李国荣，
林伟森. 清代广
州十三行纪略.
广州：广东人民
出版社，2006.4：
60）

图6-12 同文
街街景

（来源：李国荣，
林伟森. 清代广
州十三行纪略.
广州：广东人民
出版社，2006.4：
56）

促进邻里交往等社会公众活动，以此丰富与强化居住社区的生活气息。如广州汇景新城和广州星河湾等居住社区就专门设计了商业街，以方便居民生活及营造居住的生活情调（图6-13）。

生活街道两侧的住宅，限定了生活街道的空间领域，因此住宅的高度、体量、立面与细部处理等都将对生活街道的形成、空间尺度、生活氛围产生直接的影响。为了利于生活街道的形成，规划设计中首先处理好车行与人行流线，人与车各行其道避免交叉干扰。在此基础上形成现代城市居住区生活街道的多元化和多层次的组织结构，复合生活街道中交通、生活服务、商业交往、社会交往等多重功能，使购物、休息、观赏、交往等多重活动并置并有序展开，展现城市居住空间的生活气氛。

（二）社区中心

一个居住社区要舒适宜人就要有一个充满活力的社区中心，也就是必须营造一个精彩的公共领域。这里的公共领域是指其功能和组织形式自发地吸引居民前往，并自动聚集在一起的开放地点。岭南传统城镇的河涌边、榕树下或祠堂前就是居民的社区中心，他们在公共领域内聚集休闲，尽情地享受居住社区的舒适服务和优美环境。社区中心是整个居住社区的焦点，是展示社区活力和风貌的最佳地点（图6-14、图6-15）。

社区中心也是居住社区活动的集中地，是实现地方感的重要手段。社区归属感的形成不但要有居住空间，更要有吸引人的活动，而居民通过社会交往活动，进行彼此交流，进而相互熟知形成社会网络，于是社区也就产生了。社区中心就是要为社区居民提供公共空间，使他们能自由自在地在其中活动，尽情地享受社区公共生活。

社区中心设计就是营造公共领域或公共空间，它可以是某类广场或围合的街道，也可以是社区的商业服务、机构办公、文化娱乐、餐饮休闲等多功能集成的综合体，目标是形成一个充满活力的复合功能社会生活的中心区域。如广州汇景新城的商业街前的小广场就自然而然成为老人活动、小孩游戏、妇女交谈的居民相互交往的社区中心（图6-16）。

然而，当今岭南城市中许多居住公共空间内所谓社区中心（如小区会所、中心花园等）通过高额收费或严格管理等手段只为少数"精英人士"开放，是非大众性、非共享性场所，因而是"伪公共空间"。它不仅没有促进社区内不同居民间的交往与社区整合，反而加剧了社会隔阂。

（三）庭园空间

由于特有的地理和气候的原因，在一定的环境条件下，庭园成为岭南城市传统

图6-13　广州汇景新城商业街
（来源：作者自摄）

图6-14　传统村落社区中心
（来源：作者自摄）

图6-15　社区中心
（来源：作者自摄）

图6-16　广州
汇景新城小广场

（来源：作者自摄）

居住建筑的一个组成部分。"宅中有院，院中有园"，庭院空间与居住空间相互渗透，增添了居住环境的自然情趣与诗情画意，加强了居家生活的乐趣。

传统岭南宅园建筑基本都以"院"、"庭"、"天井"为重要元素进行建筑平面与空间组织，既解决采光、通风和降温等问题，又将居住、休闲与自然景观相结合，居住空间与庭园融为一体，表现出居住者追求日常生活的实在。而庭园设置不在乎"大"与"全"，而在于实用。庭园功能以适应居住生活为主，适当地结合一些水石花木，以增加庭园的自然气息和审美价值（图6-17）。

而在20世纪60、70年代，岭南地区涌现一系列令人耳目一新的公共建筑，其创新性体现在借鉴岭南庭园的设计手法，将建筑与园林环境的结合，给建筑空间带来了浪漫与生机。代表性建筑有广州白云山庄客舍等。岭南城市居住环境设计创作中，传统岭南园林的空间处理等手法，岭南公共建筑与庭院空间相结合的创新方式都值得借鉴。

当今岭南城市居住环境正越来越重视各类庭园空间，如居所的入口花园、空中的屋顶及露台花园、底层的架空花园等，增强了居住建筑的生活情调和艺术感染力，并丰富了居住环境的持续景观。特别是深圳"万科第五园"亲切宜人的全新院落空间呈现出岭南当代城市居住文化的可贵的人文主义倾向（图6-18）。

图6-17　岭南民居小型庭园空间
（来源：作者自摄）

图6-18　万科第五园庭院空间
（来源：王戈，赵晓东. 万科第五园，深圳，中国. 世界建筑，2006（3）：56）

（四）情境居所

居所不仅仅是一套住房，而应是居民的"家"，"家"保存着人们无数的回忆，如果作为家的居所较为精致和丰富，那么人的记忆也会更加丰富，更加具有叙事性。情境居所的设计就是要回归生活的本原，从基本的理性居住行为和"家"的本质特性出发，模拟居住日常生活的生命过程和空间意象，再现传统居住生活场景，从而形成稳定的、约定俗成的居住空间结构、行为流程，满足居民对家的预期，提供居住的便利性与安全感，而居所最终也会影响居民的生活方式和生活品质。

家庭的生命周期是家的本质特征，每一个家庭成员对其他成员的行为的预期是相对固定的，家是最可信赖的地方。所谓生活方式的设计，就是根据不同居住人群的年龄层次，营造出适宜的具有丰富感染力的居住空间氛围。并在居所设计中强化居住的生活情调和韵味，追求居住环境超俗的意境，使人的日常居住和生活体验更趋人性化和雅致化，触景生情，能够发掘出生活的价值和意义，感悟到生命的真谛和美好。

当前的岭南城市居所设计站在人性的角度对居住地功能性深入挖掘，注重适应新的居住生活模式，户型多样化、空间丰富而且实用。情境居所强调必要的私密性和向心性，做到层次分明、内外有别、处理灵活、联系便捷。在近期的岭南城市居住建筑单体设计中，较为注重吸取传统岭南城市居住文化的优秀元素，通过丰富居住者的行为习惯过程中的细节，探索符合现代居住生活模式的富有生活情调和意境的居所形式，如万科的居住产品——"情景洋房"、"合景洋房"等，可归于情境居所之列（图6-19、图6-20）。

四、岭南居住场所精神与当代岭南城市居住生活世界的契合方式

人的居住生活是在特定居住场所中的生活，它构成了居住场所中有意义的事件和活动。在城市居住环境中，功能性、消遣性和社会性的居住活动已经以形形色色的组合方式融合为一体，共同构成了人丰富而生动的居住的生活世界，凝聚了居住的场所精神，也因此产生了居住生活的各种意义。岭南城市居住文化的重建最基本的前提就是传统居住场所精神与当代居住生活世界相契合，使建成的城市居住环境成为城市居住生活的物化表象。

（一）城市居住生活世界的相关研究

随着心理学、社会学等人文学科的发展，对城市居住生活世界中人与环境的相互关系的研究逐步深入，也为在城市居住区规划中以人为本组织居住空间环境奠定了基础。在探索城市居住物质环境时，研究的角度从功能主义的物质形体环境决定论，转变为注重人的存在并从人的认知和生活方式出发。

图6-19　广州万科四季花城情景洋房

（来源：作者自摄）

图6-20　广州万科蓝山合景洋房

（来源：作者自摄）

1．认知意象

凯文·林奇（K. Lynch）在《城市意象》一书中，探讨如何使人们通过城市形象而对空间的感知融入城市文化中，从人的认知方式出发与使用者的角度重新评价城市的空间组织，并借此反思现代城市规划的合理性和欠缺，提出城市规划应该以人的认知心理要求为目标。他通过对城市形象的认知基础的社会调查与研究，提出城市形象构成的基本要素是道路（Path）、边界（Edge）、区域（District）、节点（Node）和标志物（Mark）。并认为应以这些元素的组织为重点建立城市设计体系，以人的生理、心理的切实感受的认知模式，决定城市空间的建设形式，这代表了城市规划理念的飞跃。[26]

2．可防卫空间

在对城市居住环境的评价上，纽曼（Oscar Newman）从心理学角度研究城市居住区的安全感和领域性（Territory）问题，并在对"可防卫空间"的研究中将居住物质空间构成形式与人的居住行为结果相对应，提出对居住空间通风、日照、密度等功能要求的满足，并不一定能够形成人对居住空间的领域感和自然监视。城市集中主义所倡导的高层住宅与大片绿地的优良环境在满足物质功能、塑造形体环境的同时漠视了人的领域感和认同感的形成机理。提出应从行为学角度建立居住空间层次建立与规划的原则。

3．城市活力

简·雅各布斯从社会学、心理学和行为科学等方面研究城市问题，提出城市组织方式应回归传统城市的生活状态与空间形式，因为以规划师理念为主导所设计的城市，丧失了高密度的人口、活跃的交往频率与多元的生活方式，她强调城市需要增加使用强度，混合不同城市功能，从而混合各种城市活动，避免过度的功能分区，并集中城市人口，促进人的交往，以增加城市活力。

4．公众参与

功能主义城市规划趋向于对规划者主观意志的表现，追求的是对城市远期静态模式的定型，而使用者的意志与价值观往往被排除在外。因此保罗·达维多夫（Paul Davidoff）提出倡导性计划（Advocacy Planning），提倡通过公众参与的手段使规划者接受规划使用者的价值观，使规划的物质形态与使用者的主观意念、使用方式等相吻合，使城市规划从图纸上对形式美学的探讨转变为与人的城市生活世界相吻合。

通过对功能主义城市居住文化的反思，人们对城市居住生活世界的认识逐步从注重城市居住环境的物质环境、功能组织与外在形象，转向对居住环境中人的社会居住生活的关注。城市居住环境是人的居住行为方式的体现，因此城市居住组织结构必须从居住生活本身发展而来，城市居住环境建设就是创造与人的社会居住生活相适应的城市居住生活世界。

（二）城市居住生活世界的社区理论

特定地域的居住文化共同体长期积淀的生活方式和传统习俗，会给居民心中留下持久而深刻的印记，这个共同体即是所谓的社区（Community）。而城市居住社区，是指在城市的一定区域范围内，在居住生活过程中形成的具有特定空间环境设施、社会文化、组织结构和生活方式特征的生活共同体。其具有地域、人口、生产生活设施、组织结构及共同的文化社会五个基本要素。

以邻里单位模式为原型的住宅小区，因其简化的形式、建设周期短等，在住宅匮乏、需要大量建设的背景下形成并成熟起来，并构成当代岭南城市主要居住空间。然而它简化了城市居住空间的组织要素，仅抽取组织结构中的表面成分，却忽视或放弃了与人的居住生活对应的混合复杂的内在机理，缺乏社区感。因此，功能主义思想占主导地位的城市居住邻里单位模式受到广泛的质疑。岭南城市居住区规划理念从注重物质形态正向"以人为本"回归，即向城市居住生活世界回归。

在城市居住生活世界中，住宅小区模式逐步被居住社区模式所代替。社区理论建立在社会学领域研究成果的基础上，强调社会整体关怀，把居住置于社会网络的整体中。社区理论把人与居住的环境视为一个整体，并且强调人的主体性，重视人的生活与物质环境的对应，追求多层次的物质环境与多元化的生活方式复合，激发居住者对居住环境的心理和情感上的认同感。在这一理论基础上，以小学的服务半径设定规模及以交通划分空间范围的方式，将被遵从人的认知范围和规模的组织方式所代替。

（三）人的尺度与城市居住生活世界之契合

一直以来，"人"都是以自然天赋的能力认知世界，从古至今人构筑城市居住环境就是以自身的尺度为标准。为了使城市居住空间的组织结构更能体现人的主体性，使之成为人的生活的物化反映，按照人控制环境的范围和认知能力作为限定城市居住空间的依据是十分必要的。以人的尺度限定居住区规模就必须了解人的认知能力，人的视力能力超过130～140米范围就无法分辨其他人的轮廓、衣服、年龄、性别等主要特征，而在传统街区中通常将130～140米作为街道与街道之间的标准距离。因此理想的居住区的规模应该是直径130～140米的空间范围或4～5公顷用地规模。而目前岭南城市居住新区的规模普遍偏大，不利于城市居住生活气氛的整体营造，也对城市交通路网的组织产生阻隔。㉒

根据这个理论，岭南城市居住生活世界的塑造首先应该向传统城市学习，缩小居住区的规模。尺度适宜的居住区，可以密切社区的邻里关系，增强认同感和归属感，同时也顺应住房商品化市场机制制约下的集约化的开发模式。有利于将多种职能空间有机分散在城市居住空间附近，不同类型的居住空间混合布局，以及使居住空间与其他多种功能空间混合布局有机结合。

缩小居住区规模也有利于在城市居住空间的组织上避免同一阶层家庭的过渡聚集，降低城市居住分异的程度，改善因此而造成的社会隔离。同时利于生活街道、社区中心等规划理念的实施。缩小居住空间规模、改善居住空间组织结构，利于应对多元化社会阶层的多样化需求。规划设计中根据居住者的主体特征、生活模式、居住习惯等做出相应的布局安排。如在低收入阶层的居住小区中，住宅内适当考虑手工制作等谋生的需求，在居住地附近建立在地缘关系基础上的就业场所例如聚落式社区商业，包含各种小店、报亭等。从而使城市居住空间的塑造真正向关怀人的生活及心灵的居住社区回归。

为了与现代城市生活相适应，城市居住空间在组织结构上不再沿袭邻里单位模式的树形结构，试图使居住空间向邻里生活、丰富的社会网络结构以及多功能复合的空间回归。城市工作、居住、交通、游憩等各项功能不再被完全割裂，尤其在信息化时代，劳动密集型被高科技的知识密集型生产所代替，也为城市生产、生活、居住的空间融合奠定了物质基础，居住空间允许与其他城市职能一定程度上混合布局。至此，城市居住环境的构建发生了根本的变化，城市居住的邻里单位模式将逐渐被混合居住区、居住综合体、整体式社区等取代，而城市居住空间中将融入多种城市职能，如办公、商业甚至创意产业等。多功能、多层次立体化的城市空间与城市社会生活的多元化相对应。

综上所述，依照人的生理特征和认知范围确定合理的居住空间的规模，依照人的使用方式决定居住空间公共设施的布局，依照人的交往及社会网络确定居住空间的组织结构，依照人的生活方式与居住文化价值观念确定居住空间的规划形态等，应成为传统岭南居住场所精神与当代城市居住生活世界相契合的新方式，成为回归生活世界的岭南城市居住文化重建的重要途径。

本章小结

本章对基于生活世界回归的岭南城市居住文化重建进行理论性的探讨，把"生活世界"、"日常生活"和"主体间交往"理论作为研究的主要内容，并提出了岭南城市居住生活世界现象考察方法，以使当代岭南城市居住文化建构实践中能与城市生活世界的对应关系更加契合。

　　"生活世界"、"日常生活"等概念及其相应理论最初产生于哲学领域，而如今它们正逐渐成为各种学科日益关注的问题。基于生活世界回归的岭南城市居住文化重建就是从总体上把握回归生活世界的城市居住文化的导向，在建构理性和现代性岭南城市居住文化方面进行富有建设性的探索，这也是岭南城市居住文化研究从理论建构到实践探索的开始。

　　对岭南城市居住生活世界的考察所运用的方法就是建筑现象学的方法，即直接面对事物本身，将意识与其所指向的事物作为一个整体进行考察，从对诸现象的完整和准确描述中，发现那些更为一般和具有普遍意义的现象——本质。考察城市居住环境现象的方法主要包括以下四个方面内容：城市居住环境的基本元素及其属性、城市居住环境的体验经历及其意义、城市居住环境的社会文化及其尺度、城市居住环境的居住场所精神及其本质。

　　岭南城市居住文化要做到回归生活世界，就应关注和研究岭南传统居住建筑元素以及人的居住行为心理。并对岭南城市居住生活世界要素进行分析，从中总结出对当今城市居住环境设计有益的生活街道、社区中心、庭园空间、情境居所等几个重要场所元素。而依照人的认知范围确定居住空间的规模，依照人的使用方式决定居住空间公共设施的布局，依照人的交往及社会网络确定居住空间的组织结构，依照人的生活方式与居住文化价值观念确定居住空间的规划形态等，应成为传统岭南居住场所精神与当代城市居住生活世界相契合的新方式，成为回归生活世界的岭南城市居住文化重建的重要途径。

[注释]

① 　衣俊卿. 文化哲学十五讲[M]. 北京：北京大学出版社，2004：205～211.

② 　（德）埃德蒙德·胡塞尔. 欧洲科学危机和超验现象学[M]. 张庆熊. 上海：上海译文出版社，2005：64.

③ 　（匈）阿格妮丝·赫勒. 日常生活[M]. 衣俊卿. 重庆：重庆出版社，1990：3.

④ 　（美）刘易斯·芒福德. 城市发展史[M]. 宋俊岭　倪文彦. 北京：中国建筑工业出版社，2005：58.

⑤ 　（美）刘易斯·芒福德. 城市发展史[M]. 宋俊岭　倪文彦. 北京：中国建筑工业出版社，2005：52.

⑥ 　（美）刘易斯·芒福德. 城市发展史[M]. 宋俊岭　倪文彦. 北京：中国建筑工业出版社，2005：123-124.

⑦　（美）刘易斯·芒福德．城市发展史[M]．宋俊岭 倪文彦．北京：中国建筑工业出版社，2005：124．

⑧　衣俊卿．日常交往与非日常交往[J]．哲学研究，1992，10．

⑨　（德）阿尔弗雷德·许茨．社会实在问题[M]．霍桂桓等．北京：华夏出版社，2001：409．

⑩　（德）阿尔弗雷德·许茨．社会实在问题[M]．霍桂桓等．北京：华夏出版社，2001：36．

⑪　（美）刘易斯·芒福德．城市发展史[M]．宋俊岭 倪文彦．北京：中国建筑工业出版社，2005：122-123．

⑫　（丹麦）扬·盖尔．交往与空间[M]．第四版．何人可．北京：中国建筑工业出版社，2002．

⑬　徐千里．创造与评价的人文尺度：中国当代建筑文化分析与批判[M]．北京：中国建筑工业出版社，2000：332-336．

⑭　王彦辉．走向新社区：城市居住社区整体营销理论与方法[M]．南京：东南大学出版社，2003：98-104．

⑮　（美）R．E．珀克 伯吉斯 麦肯齐．城市社会学[M]．宋俊岭等．北京：华夏出版社，1987：1-2．

⑯　（挪威）诺伯舒兹．场所精神——迈向建筑现象学[M]．施植明．台北：尚林出版社，1986：5．

⑰　刘先觉．现代建筑理论[M]．北京：中国建筑工业出版，2000：112-115．

⑱　（丹）S·E·拉斯姆森．建筑体验[M]．刘亚芬．北京：知识产权出版社，2002．

⑲　胡恒．材料的观念性——评《材料呈现》[J]．新建筑，2010．1．

⑳　陆琦．广东民居．北京：中国建筑工业出版社，2010：268．

㉑　陆琦．广东民居．北京：中国建筑工业出版社，2010：270．

㉒　陆琦．广东民居．北京：中国建筑工业出版社，2010：271．

㉓　余健华．岭南传统民居营造技术研究[D]（硕士论文）．重庆：重庆大学，

㉔　陆琦．广东民居．北京：中国建筑工业出版社，2010：226-228．

㉕　陆琦．广东民居．北京：中国建筑工业出版社，2010：237．

㉖　（美）凯文·林奇．城市意象[M]．方益萍等．北京：华夏出版社，2001．

㉗　聂兰生等．21世纪中国大城市居住形态解析[M]．天津：天津大学出版社，2004：65-69．

第七章
当代岭南城市居住文化建构的策略与实践

当代岭南城市居住文化正在呈现的人本主义的趋向，不仅是居住文化哲学理论探求的结果，也是城市居住建筑实践的要求，更是岭南城市现实居住生活的呼唤。它不仅体现了当代岭南人对自身生命的价值和意义的深切关注，对探索回归生活世界的城市居住文化观念的揭示，因而也可作为当代岭南城市居住文化总体建构的一种实践指南。

第一节　岭南城市居住文化建构的策略

当代岭南城市居住文化是当代文化哲学意识在岭南城市"生活世界"的真实反映。随着岭南城市人的主体意识的不断觉醒和当代岭南城市居住文化哲学对岭南城市居住生活本质探索的不断深入，越来越多的人认识到，城市居住文化不是替代城市居住生活的"理想"，不是对城市居住生活的描述、美化、修正或评价，城市居住文化就是城市居民生命过程不可分割的一部分。今天，"生活般的文化"已成为城市现代化时代人们对城市居住生活世界和居住文化价值取向的诠释。这种回归生活世界的居住文化哲学思想必然将导致当代岭南城市居住文化对人的生活经验和生命过程的重视，也使岭南城市居住文化在不断的探索和实践中实现对自身的重建。而岭南城市居住文化建构的策略是"走向生活"与"走向过程"，归纳起来是由价值取向与目标确立、审美体验与诗意追求、过程探索与方法创新等三大部分组成。[①]

一、价值取向与目标确立

（一）价值目标的现实要求

当代岭南城市居住文化的建构首先必须确立自身的价值目标。就岭南城市居住文化而言，伴随着当代岭南城市居住建筑活动的需求和范围急剧发展，内容和形式日趋丰富，技术和手段日新月异，一方面使城市居住文化获得了广阔的发展空间；而另一方面也使这种发展面临前所未有的困惑。由于人的非日常交往活动的不断扩展，人们原有的日常生活和交往活动方式遭到了极大的冲击，并日益消融于非日常生活和交往方式之中。因此，与人的生活和交往密切相关的岭南城市居住建筑活动中出现了大量新的制约因素和追求目标，各种社会与文化因素从不同角度，不同方面控制并影响城市居住建筑活动，并且由于这些因素大多与非日常生活和交往方式有关，往往具有强制、胁迫和非情感化的特征，是一种异化的力量。于是，居住建筑活动为了人的生存这一最基本和最朴素的特性和目标被淡化甚至被"消隐"了。外在的和纯功利的价值与目标取代了内在和终极的价值和目标，物质的追求和操作替换了生活的信念和理想，原本作为整体的生活观念、价值取向和思维方式遭到"解构"。显然，这种情形和心态极易导致在居住建筑创作和整个居住建筑话语走向浮浅、媚俗和虚假，导致建筑师放弃自己的权力和责任。而普通公众则在这种虚假、媚俗甚至无意义的居住氛围中日益丧失对生存环境和自身存在状态的自觉性、敏感性，丧失对现实城市居住文化的价值判断能力和批判精神，这就是当代岭南城市居住文化在表面繁荣背后所面临的严峻现实。

面对这样的现实，应该如何确立岭南城市居住文化的本真的价值目标呢？我们认为，岭南城市居住文化建构的价值目标就是要重新回归日常生活世界，重新建立日常的交往与思维模式，使岭南城市居住建筑重新充满诗意，充满人的情感和生活的意趣。在这里强调重视日常交往和思维，不是受某种怀旧情绪的驱使，拒绝现代居住文明，重归陈旧和落后的生活方式，而是对岭南城市居住文化中原本存在，但却被现代社会中非日常交往活动中所压抑遮蔽的那些人的真实需求的重新发掘，这也是对人的生命过程的真诚与真实的追求。

（二）价值目标的转变过程

毋庸置疑，居住建筑的目的在于为人的居住生活服务，但究竟需要怎样的居住建筑与人的居住生活匹配，或居住建筑又如何为人的居住生活服务，是一个值得认真思考的问题，也是"走向生活"的岭南城市居住文化建构的关键点。

古往今来，岭南人在岭南城市中不断地建造了各式各样的居所。在大多数人的心目中，建造居住建筑的"目标"是十分明确的，每类型的居住建筑都有着它应当具有的特征和品质，而建成的结果——居住建筑在多大程度上成为它"应当成为的"样子——又与这些"目标"能否实现直接相关。因此，对于居住建筑，大多数人建造的目标能否实现，即完成后的居住建筑能否具有它"应当具有的"特性和品质——包括风格、形式、功能质量与环境质量等——作为衡量一个设计作品成败的最终标准，即人们首先关心的是居住建筑的结果。

那么居住建筑的真正目标和结果究竟是什么？对这个问题的解答将随着时代和社会的发展而变化。至今为止，在大多数人的观念中居住建筑的目的就是提供尽可能舒适的、宜人的居住空间和环境。但是，这并没有触及问题的本质，真正需要深入思考的是，人们追求的居住理想与生存方式是什么？为人的生存而提供的居住建筑与环境怎样才是"舒适"和"宜人"的？对于这样的问题，恐怕并非每个人都能作出明确的回答，而这种对居住文化的价值思考又是当代建筑师必须面对也无法回避的问题。

居住建筑的基本功能是满足人的居住需求，但它并不仅仅是为了满足人之生存的必需的居住条件。当然在上千年的城市居住发展历程中，的确有过那样的时期，但今天居住建筑的功能早已不仅局限于此。早期居住建筑的作用是遮风避雨、防虫御兽，建造目标明确而单纯，因而岭南先民对居住建筑结果的要求也如此。但是，随着岭南城市社会的进步，对居住的要求产生变化，居住建筑也在不断地发展和超越。随着社会经济等条件的改善，居住建筑中便出现了各种装饰，出现了非功能性的构件和形式，出现了并非满足人的基本居住所必需的平面、立面以及空间的处理。岭南城市居住建筑活动始终在追求着对单一居住功能的超越，尽管在较长的时期内这种追求并非有意识的自觉行为，但今天的居住建筑活动比过去确实复杂得多，丰富得多。

当今居住建筑的基本功能并未改变，因为城市居住生存的"目标"和"结果"并没有发生根本性的改变。那么，当代岭南城市居住文化与过去的区别在哪里？纵观岭南城市居住文化的发展历程，我们认为主要是居住文化观念的转变，从历时性来看，当代岭南城市居住文化比以往任何时期更加重视与人的居住生活的联系，更加重视人对居住环境的选择和接受过程，更加重视人在居住建筑中的各种体验、感受等心理状况及其变化的轨迹。城市居住建筑以往被当作一种客观、恒常的物质存在，因此人们主要关心其所具备的内容和性质。而今天居住建筑更多地被视为一种在与人的交流对话中不断发展、变化的存在，一个不断生长的过程，因此人们更加关心其与人及人的生活交流、对话的方式。相比之下，前者指"什么"，主要涉及一种终极、恒定的结果；后者指"怎样"，主要涉及的是过程。这实际上表明了城市居住文化观念的一种转变，即人们对居住建筑关切的中心正从"结果"走向"过程"。

当代岭南城市居住文化观念的这种转变体现着人们表现自身生命过程的愿望，反映出人们对居住建筑更高层次的需求。在居住生活中，许多人都有过这样的体验，当基本的居住条件尚未满足时，人们对居住期望的"目标"往往是明确而单一的，此时他很少去具体考虑居住过程中的细枝末节，特别是在住房短缺的福利分房时代，人们更多地是盼望着"获得一套可居的住房"这样一个"结果"。但是，当居住的空间、面积等基本居住需求得到满足以后，他就会进一步考虑人在其间的居住活动，设法通过装饰和美化等手段使住房在视觉、触觉以至听觉、味觉等各方面都更加让人赏心悦目。甚至在力所能及的条件下，只能通过室内装修重新调整间隔或家具来改变住房的布局与空间感，为的是从中获得某种新的体验和感受，使人在其中的居住生活更加丰富多彩、情趣盎然。此时居住者已经将关注的重心由单一的"目标"转向了充满人的居住活动和事件的"过程"，尽管他并不一定是自觉地意识到了这一点，在住房商品化的今天，这种现象实际上较为常见。

今天正从"结果"走向"过程"的岭南城市居住建筑活动，反映了人们居住需求和观念的转变，居民对城市居住环境与建筑的要求已不再满足"可居"这一结果，而要求在居住的过程中真正地生活，在对居住建筑的"品味"中发现和体验人生的乐趣，使居住生活更加丰富并充满意义。因此，从重视结果到重视过程，反映了人们对基本居住需求以外更高的价值目标的追求，体现了人们对居住生活理解的不断深化和对真正有意义的居住生活的向往。

（三）价值目标的内容意义

有关生命过程与结果之间的关系，德国古典哲学家黑格尔曾多次阐述过，其主张把过程自身视为目的，而不仅是为其他目的服务的手段。他强调说，生命是一种变化的过程，其实质就在于变化过程本身。马克思则更鲜明地指出：人的生活乃是人的最高本质。因此，其本性应归结为他的生活过程怎样，而不是归结为他最终占有了什么。人的居住生活是一种高级自由的生命运动，它不应是一种迫于外力的机械的生命运动，而用"结果"和"目标"来替代居住生活的过程实则是一种"异化"，是对生命过程的歪曲。今天的人们已逐渐认识到，消除这种异化的唯一途径就是回到真正的城市居住生活中，追回失去的岭南城市居住文化的本真性。

这种居住文化哲学上对人生真义和生命过程的关注，引致了一种新的城市居住生活意识和生活方式。人们不再安于表面上的物质富足，而是追求一种更丰富、更真实的居住生活——一种创造性的、由自己的内在生命推动而不是由外力驱使和压制的居住生活。毫无疑问，这种追求与不顾生活理想，只图眼前利益的享乐主义是有本质区别的，它代表着一种更高层次的居住理想。在这种城市居住文化的价值目标的追求中，人们希望把自己的精力投入到城市居住生活的过程中，去发展自己本性的、审美的和精神方面的内涵，希望在人生的过程中通过各种选择和实践，去体验、感受和创造丰富多彩的城市居住生活，去探寻最适合自己个性的人生之路。可见，"走向本真"就是走向一种真正自由的城市居住生活，而呼唤这种本真居住生活的，正是人的生命本身。

认识和理解场所精神的一个基本目的，就是为了在居住文化的转型和演进过程中，保持和延续场所精神，这是确保人们居住生活本真性的一个极其重要的方面，因为从本质上看，场所精神是人们对生活世界和自身"存在于世"的本真认识的浓缩和体现。岭南城市居住文化建构的价值取向和目标确立就是要使居住建筑回归并立足日常生活世界，使之直面居住生活本身。这必然要求居住建筑的理论和创作面对和处理大量具体、细微、甚至琐碎的城市居住现象和问题，这需要通过针对现实岭南城市居住现象进行深入思索和解析才能达成共识。

最能概括城市居住文化的价值目标的表述就是"人，诗意地安居于大地之上"，这也是岭南城市理想的居住生活景象。"诗意地安居"并非是一种单纯的居住行为和状态，而是指人居住的整体的生命活动和生存状态，代表了岭南城市居住生活艺术化和审美化的价值取向。因此，这种城市居住文化的价值取向和目标确立就是对人居住的生命意义的追求，是人类永恒和内在的追求。城市居住文化虽然直接关系着人的居住行为，但其对人的影响却要超越居住本身，而关系人的存在的意义。岭南城市居住文化的最终关怀远不只是居住的方便、舒适之类可见的结果，而是人的生命过程的全面发展和完善，人的日常生活的尊严。这正是岭南城市居住文化建构的出发点。

二、审美体验与诗意追求

（一）审美体验的本质含义

城市居住建筑活动是一种实实在在的行为，但这并不意味着城市居住文化只关心和解决现实、可见的居住问题，而同样关注"人的存在"和"生命价值"之类的精神层面的问题。人的生命和存在虽然是无形的，但与人的日常生活息息相关，而且，形而上的追求也是十分必要的，它是一种更高层次的追求，也就是一种审美的体验与诗意的追求。

岭南城市居住文化价值目标的确立，城市居住生活价值取向的转变必然深刻地反映到与人的居住生活密切相关的城市居住建筑思想与建筑创作中。今天，岭南城市居住文化重新呼唤生命体验，正是希望通过让生命重新充满诗意和感染力，恢复人与自然、人与人、人与居住环境的和谐关系以达到"诗意地安居"的目标。因此，城市居住的精神文化对居民在居住环境中的体验、感受所发挥的实际作用和影响越来越引起关注，这也反映了人们盼望城市居住环境恢复失落已久的"诗意"，真正走向艺术化和审美化的强烈愿望。

城市居住建筑活动是一种有机的、整体的居住文化行为，"审美体验"在根本上是贯穿这一居住文化行为的一种态度、一种价值观念和一种思想方式，它决定着城市居住文化行为的出发点、方向和宗旨。因此，审美体验活动是整个城市居住建筑活动至关重要的一个方面，而不是可有可无的附属部分。当代岭南城市居住建筑活动本身就是一个"过程"，它不是传统意义上设计、建造、使用相分离的活动，而是一个由设计、建造与选择的互动所构成的连续应答的过程。岭南城市居住建筑的审美体验活动不仅贯穿于这个过程，而且也只能在这一过程中得以实现。所以，城市居住建筑活动走向过程本身，就意味着其审美化。

岭南城市居住建筑活动走向过程，不仅反映了人们对生活和生命认识的深化，它本身就包含着一种强烈的审美意识。因为，从美学的观点看，美就是人的自由的表现。早在两千多年前，战国时代的庄子学派就认为，人的生活要达到自然无为的境界，亦即自由的、美的境界，就要超出于人世的一切利害得失，处处顺应自然，不因得而欢喜，也不因失而哀伤。这样，人就可以摆脱外物对他的束缚和支配，达到像"天地"那样一种自然无为的绝对自由的境界。尽管作为人的自由的表现，美必须以维持人类生存的物质生产活动为前提，因而它在根本上离不开功利，但美既然是自由的表现，它又必然具有超功利的性质。这种超出了功利的愉悦，就其本质来看，正是一种审美体验。

（二）诗意追求的人文意义

诗意追求要为无意义的城市居住环境创造出意义，要为城市中孤独、漂泊的心灵安置一个归属的居所。概括起来，诗意追求就是要为岭南城市居民创造一个感性经验的居住生活世界，同时又是一个超验的居住价值世界。这才是"诗意地安居"的理想境界。实际上，岭南城市居住文化中所倡导的人本主义思想和人文主义精神，正是指向这种理想境界。在中国传统的居住文化中，人文主义精神也是浓厚和鲜明。唐代刘禹锡的《陋室铭》就有："山不在高，有仙则名。水不在深，有龙则灵。斯是陋室，惟吾德馨。谈笑有鸿儒，往来无白丁。可以调素琴，阅金经。"的表述，这是对居住的精神生活的强烈追求。而清代郑板桥的"室雅何须大，花香不在多"更是体现了一种传统文人居住生活的态度和境界，本身也代表了一种鲜明的居住文化的人文价值取向和尺度。岭南传统的居住生活更是讲求从淡泊中获得意趣，在天伦中获得情感，充满了人文主义精神。

　　传统岭南城市也历来注重居住环境的诗意追求，广州历代羊城八景的点题就可以领略到诗情画意。如宋代羊城八景为：扶胥浴日、石门返照、海山晓霁、珠江秋色、菊湖云影、蒲涧帘泉、光孝菩提、大通烟雨。而清代羊城八景则为：粤秀连峰、琶洲砥柱、五仙霞洞、孤兀禺山、镇海层楼、浮秋丹井、西樵云瀑、东海鱼珠。尽管羊城八景中以自然景观为主，但点题还是偏向人文韵味，表达岭南人寄情于山水、沉醉于自然的诗意追求。

　　这种人文主义思想正在当代岭南城市居住文化中不断得到展现。当代岭南城市居住文化建构的关键就是从人的存在去把握城市居住的审美和艺术。这是因为，人的存在构成了对客观世界的参与，也正是由于这种主体积极的参与，对象世界才获得了它原本没有的人类学意义，而居住文化哲学的根本任务就在于从人的这种深刻而广泛的存在中，去把握主体居住存在的真实意义，去揭示人生命过程的丰富内涵。这样，居住文化的诗意追求便不再是传统意义上对客观居住环境的欣赏，也远不是形式和风格在视觉上的愉悦与满足。居住文化的诗意追求的本质是主体以全面的感觉去面对居住生活世界，而真正实现全面的感觉则有赖于主体对自身本质的真正占有。要达成这一点，主体对客体就必须进行扬弃功利性的超越和升华，即达到充分自由的境界，只有这样，主体才可能全面、充分地体验和领悟自身居住存在的价值和意义。这就是说，居住文化的诗意追求是从自身需要出发的，只有那些由主体的整个心灵选择出来的与自己类似和沟通的居住环境才能使人愉快而产生诗意。换言之，城市居住的诗意追求就是自由的主体在对居住生活世界的参与和体验中确证自我，发现自我，塑造自我的过程。

　　正如充满诗意情趣的人生才是充分发展、完善的人生一样，岭南城市居住建筑活动只有上升为一种诗意追求活动，才会成为真正健康的充满意义与生机的居住文化活动。城市居住文化的诗意追求活动离不开对对象世界的参与和体验，而强调岭南城市居住建筑的"过程"实际上就是注重"人"对岭南城市居住建筑活动的参与和体验。因此，走向"过程"的岭南城市居住建筑活动本身就是一种诗意追求的审美活动。

（三）审美与诗意的居住建筑创作

　　抽象的平面、立面、空间、构件以至装饰细部本身并没有实际意义，只有当作为主体的"人"介入居住建筑中，它们才可能产生某种经验或意义。当主体觉得这个居住建筑实体与其意愿背道而驰，他就会感到不适应，或者想逃离。如果居住建筑与其目标或需求相匹配，则主体对居住建筑的感受将是愉悦的。居住建筑对主体需要的适应或适宜的程度越强，主体对该居住建筑体验的舒适程度也越高，审美感受也会越加强烈。因此，居住建筑虽然是以一定的物质空间与形态存在，但它对主体作用的效果却不是恒定不变的，即人对居住建筑的审美体验与诗意追求不是预成的，而是在主体对居住建筑的选择、体验和品味过程中实现的。

往往人们习惯于把建筑划分为功能和艺术两部分，认为居住建筑的功能在于满足人的居住要求，与艺术无关。而居住建筑审美体验活动仅仅是对居住建筑艺术品质的认识或反映，也与功能无关。这其实是一种误解，把居住建筑创作分为功能的满足和艺术的表现两个部分，必然导致了两种相向的操作：一种是将一些预设的功能放在首位，而把所谓"艺术"当作建筑的装饰成分或"标签"在"功能"设计完成后附加上去，以满足"审美"的需求。另一种操作则是把居住建筑创作视为一种诗意追求的"艺术的创作"，特别是在所谓"艺术品位"较高的某些居住建筑中，由于"功能"被视为次要的或容易满足的，居住建筑便被当作某种纯空间体量的变幻表演，当作一种艺术品。这两种创作倾向的错误在于，它们都把审美与诗意仅仅视为对某种预成的结果的欣赏和被动选择，而不是人在对象世界中生活体验的过程。

其实，当人们真正认识了城市居住文化的审美体验与诗意追求的本质——主体以全面的感觉去面对生活世界，就不难理解，居住建筑的"功能"与"艺术"即它的物质文化与精神文化是不可分割的，它们都直接关系到人在城市居住建筑中的生活和体验，从而都直接影响着居住建筑文化的价值取向。尽管人们通常习惯于把居住建筑中满足人的物质生活的内容理解为"功能的"，而把其他非功能性的东西，如装饰的构件、色彩的配置、体现传统与文化的符号等视为"艺术的"，但在对居住建筑的实际体验中，人们却很难严格区分所谓"功能"和"艺术"。特别是今天，随着当代城市居住建筑技术和手段的发展，居住建筑的功能划分不断趋向复杂、多样，这种界限更加难以把握。

今天的岭南城市居住建筑环境，无论从形式到内容，都比以往丰富得多、复杂得多，而这些新增的部分往往又是以具有一定效用的、"物质的"形态出现的，如室内设计中对墙地面的装饰、对照明效果的推敲、对门窗五金形式的革新，立面设计中对细部材料、色彩质地的选择和表现，公共空间中那些供人倚靠、歇息的室外装置的分布，以至城市居住社区中那些为居民提供小憩、交谈、游戏的活动场所，给人以亲切感和舒适感的街心广场和园林景观的设计……所有这些方面的满足很难区分为是物质的"功能"需求，还是精神的"艺术"享受。但有一点可以肯定的是，这些元素都将有利于城市居住环境更好地满足人的居住需求，有利于丰富人在居住建筑中的审美体验，因而也有利于加强人们对城市居住文化的感受。城市居住

　　生活的需求是多方面、多层次的，既有物质的，又有精神的，正因为如此，对居住建筑的考察往往是综合、直观的。实际上，人在居住建筑中所获得的感受和经验是人与来自多方面的刺激，如物理的或心理的，理性的或情感的相互之间作用所产生的综合结果。因此，居住建筑能否与人的需求趋向一致，或者说，居住建筑能否成为人所"愿意归宿的地方"，就不单单取决于居住建筑的物质功能或精神功能，而是取决于居住建筑能否提供人们这样一个真正适合其居住生活的空间与场所，在这里人们可以按照自己的愿望休憩、娱乐、进餐、沐浴、交谈……人们不仅选择和喜爱宜人的居住场所，也喜欢并重视在这种居住场所中所形成的与其他人和物的关系。因为，正是这些关系才使人得以确立自己存在的立足点，从而领悟其自身存在的价值和意义，而这正是居住建筑的居住文化价值目标得以真正实现的根本所在。

　　关于审美体验和诗意追求的思索在当代岭南城市居住文化的建构中备受关注，体现了岭南人向自身生命价值和意义还原和复归的愿望和方式，目的是使在当代岭南城市社会居住中严重异化的人重新获得感性和生命力。由于岭南城市居住建筑活动与人的生存和生命活动息息相关，涉及城市居住日常生活和非日常生活的方方面面。毫无疑问，把握居住主体的居住环境的空间意象，对于居住建筑创作相当重要，但仅仅把握意象又是不够的。要设计能够满足主体多方面需要的居住场所，还需要深入研究城市居民的居住生活过程，对每一居住空间的目的及性格特征加以详尽的考虑。因为作为人在其中生活的居住建筑，其每一个居住空间对人来说都是不断演进的时空序列中的一个节点。这一序列及每个节点便构成了人在居住建筑中的体验，或称居住场所经验，这些经验可以通过外部因素加以调节、修正或强调，而这正是岭南城市居住建筑设计的基本任务和前提。也就是，在任何给定的情况下，所有设计因素的综合效果都为主体提供某种特定的经验，因此，设计者不仅要了解主体，也需预期每一设计因素的效果。了解主体是为了把握主体居住的环境空间意向及其生活行为模式，而预期设计对主体所带来的确切效果和影响，则使设计者有可能根据不同的意象，预先决定并进而控制其设计为主体所提供的居住场所经验。

　　当然，居住建筑设计在将上述研究具体化的过程中，无疑还需面对更加具体的问题。设计者通过对所有组成要素，如居住场所的场地选择、建筑材料、施工技术以及空间特征等，进行分析、比较，权衡这些要素间可能的相互关系及其相互影响的程度，最后使它们之间的关系最优化。优化的过程就是解决一系列问题和矛盾，而这仍需以人的居住环境意向和生活过程为依据。居住场所就应当是在这种优化基础上，通过对区域、形状、材料、质地、标识、光线、色彩及空间特征等诸多细节方面的精心组织所形成的和谐整体。这样的城市居住场所才是人们愿意居住和生活的地方，因为它不仅实用、悦人，更重要的是提供了人们不断获得新的经验的真正生活的天地。

总而言之，居住建筑创作的根本仍在于理解每一主体和主体群的特质，领会每一设计因素对主体生活所产生的效果及影响。因为居住建筑创作的目的并非设计实体和空间，它最终是为主体提供各种生活经验。只有这样认识，居住建筑的创作设计就不应再把居住建筑本身作为"目标"或者"结果"，而应把人对居住建筑的审美体验和认知感受，即人对居住建筑的选择活动作为关注的中心。这样的居住建筑才会散发出人文之美和人伦之美，这样的城市居住文化才具有诗意美学的意义，才真正走向了本真的"生命过程"。

三、过程探索与方法创新

（一）过程探索的含义解读

过程与生活密切相关，岭南城市居住建筑活动"走向过程"体现着对人的居住生活的关注，也与以人为本的时代意识相一致。当然，走向过程也并非意味着只重视城市人在居住建筑生活中内在的经验和感受，而漠视城市居住建筑外在的形式和风格问题。岭南城市居住文化建构之"走向过程"的探索就是强调回归和立足日常生活世界，在对人的生活场所和生命过程的全面和细微的关怀中开启诗意的追求，以获取并体验生活的价值和存在的意义。

如第六章所述，岭南城市中人的生活世界范畴是十分宽广的。居民的城市生活，不仅内容丰富，从工作、学习、购物到休闲、社交、娱乐，而且活动范围也很广泛，从城市广场、街道、商场到社区、组团、庭园、居所。因此人的城市居住生活不可能只限于某一个单体居住建筑中，而是涉及更大的居住空间领域，甚至可能是整个城市。事实上，人在居住建筑中的活动就是其在城市中活动的延伸。对于在城市中生活的人而言，整个城市就宛如扩大的居住建筑，广场如客厅，街道如走廊……城市中的每一个空间在与他的居住生活的联系中都具有特定的含义而成为一个居住场所。因此，城市的这种特征会直接影响到居民的居住行为和心理，从而影响其对居住生活的感受和体验。居住建筑又是构成城市居住环境的重要因素，当今的城市居住建筑活动日益强调与城市的一体化关系，居住建筑的形式问题不仅没有因为强调生活过程而被忽视，相反，它正受到比以往任何时候都更多的重视，只是对这一问题认识的角度和强调的方法有了很大的改变。居住建筑的形式与风格不再被视为居住建筑自我夸耀的显现，而成为城市居住环境设计的一部分，其主要目标是改善人的城市居住空间环境质量，丰富和扩大人在城市居住环境空间中的多重感受和体验，使其生理和心理需求得到满足，从而提升人的居住生活质量。

此外，对于生活在城市中的每一个个体来说，直接容纳其生活的居住建筑毕竟是有限的，与其生活联系更为广泛和频繁的还是城市中的广场、绿地、街道和那些沿街的建筑，这些城市居住生活世界的要素共同构成了城市特有的空间和形象，影响着人的城市生活经验。因此，人们对容纳自己居住生活以外的其他建筑，主要关心的还不是它的物质功能，而是关心其在城市居住环境中的作用以及与周围居住建筑的联系，关心这些居住建筑与当地其他环境因素共同构成的居住环境、居住空间的性格与特征。人们总是希望从这些性格与特征中感受和体验其依存的城市居住文化，并印证自己的城市意象，从而产生归属感和认同感。因此，走向生活过程的居住建筑比过去更加重视外部公共空间形式的塑造，整体考虑各种户外活动的设施需求。通过再现传统街区的历史情境和生活痕迹这些外部空间和形式所构成的丰富的城市居住环境和景观，为居民提供展开居住生活过程的重要场所。

当代城市居住社区是城市市民社会的缩影，城市居住环境的公共空间营造的本质就是城市市民社会的发展和完善的过程。因此，城市居住环境的公共空间的建构过程也是一个社会组织结构、社会文化生活的建构过程，其作用不仅是物质层面的，更是社会层面的。良好的公共空间不仅使城市居住环境得到美化，还能增强居民对自身居住社区的自豪感，增加不同背景的人群进行平等交往的机会，使不同阶层的居民尤其是低收入人群得到一定的自由感。同时还能提高居民的审美追求与自身素质，在社区居住文化建构过程中，城市居住公共空间是培养居民社区认同感、归属感和场所意识，保持居住环境的"场所精神"，实现居住社区整合的重要因素。

（二）居所设计的方法创新

重视生活过程的思潮使城市居住建筑活动真正走向了情境化、本真化。新的城市居住生活观念不仅催生了新的居住建筑观念，也促进了居住文化观念的更新。随着居住建筑活动走向过程，人们对居住建筑与城市居住环境的价值取向和评价标准正在发生着巨大的变化。衡量一座居住建筑，乃至城市的居住环境的好坏，首先应视其能否为城市人的居住生活提供更多自由选择的可能，能否创造出供他们充分展开居住生活过程的良好环境。城市应当把人的日常居住生活中的尊严放在首位，为其细致地考虑和提供"适宜"的日常生活的"居住场所"，而不只是注重城市中那些宏伟建筑和宽阔大道的建造，这种建筑价值观的转化已成为当今世界建筑界的一种潮流。这本身就耐人寻味，实际上，不仅反映出今天人们对平凡的居住建筑有了更加深刻的理解，而且也清晰地表达了当代岭南城市居住文化的强烈而鲜明的"人本主义"的思想倾向。

这种"过程探索"更表现在城市居住建筑活动中,因为居所是直接容纳人们日常生活的居住场所,与人的居住生活、居住行为关系最为紧密。居所的内涵在于它构成每个人的"家",每个家庭和每个人都是唯一的,而且他们必须能够表达这种唯一性,通过自己的居住行为求得尊严的保持和显现,因此居所是一种个人居住行为的结果。另一方面,每个家庭和个人又都是特定社会的组成部分,如果要在社会居住"场所"中与周围的人发生关系,便需要有共同的表达方式、交往模式等,因此居所又是社会居住行为的结果。建筑师能够设计出一定的居住物质形态,而居住物质形态又对人的居住行为产生着影响,因此居住建筑设计和建设必须考虑这种影响,使居住建筑适应人的需求,而不是让人去适应居住建筑。然而,在现代工业社会中,住宅建设被纳入了一种大规模机器生产的组织系统中,是利用高度发展的技术、选择最有效最经济的方法来满足人们对基本居住空间需求的住宅产品。于是,住宅的观念便不是来自个人独特的居住生活的需求和意象,而是把住宅当作"住人的机器",可以进行标准化产业化的批量生产。同时,住宅在金融投资系统的束缚下成为房地产经营者牟利的工具,表现为一种财产和资本的占有。在这种观念和机制中,人们的居住需求和欲望被定制成型,成为工业化的标准形式,居住者丧失了表达居住生活愿望和个性的能力和机会,而只能被动地接受给定的居住条件,无奈地选择成型的居住模式。城市居住环境形态的僵化和单调给人以孤独、隔绝和淡漠的心理感受,使居住者丧失良好的邻里空间和交往条件,产生了一种普遍的交往危机。总之,岭南城市居住建筑失去了作为生活场所应该具有的场所精神和人文内涵,甚至成为居住者自己无法认同的居住物质环境。

针对当代岭南城市居住文化的普遍危机,人们对居住建筑观念进行了反思和修正。逐步形成的城市居住文化的新观念强调居住社区是人的社区而不仅是住宅等物质形式,人是居住社区的主人,因此有关居住场所的一切决定和决策应该尊重人、尊重使用者的各种物质和精神的需求,并以此为依据探索岭南城市新的居所形式。为此,首先要准确地把握岭南城市居住者的生活方式及其规律,通过调研和分析来探讨家庭居住生活方式以及影响要素。并在居所设计中考虑可供选择的提高居住舒适度和灵活性的居住空间,如中西厨房、双主人房、音像室、休闲阳台等。其次强调居所的精神层面的追求,在居所设计中努力满足居民的心理需求和地域性的生活习俗,创造居住空间的新形态,以增添家庭居住生活的情趣,如高层住宅中的叠加别墅式(或空中别墅式)以及入口花园式、扩大露台式以及错层高厅花园式,高层院落式住宅,而在低多层住宅则出现了"情景洋房"和"合景洋房"等追求生活情调和意境的"情境居所"。再次是讲求居所设计的精细化,通过对岭南城市居住生活方式和居住行为的分析，在设计中对平面布局、功能配置、竖向空间、细部处理进行精心考虑、仔细推敲，以满足居住者的各种细微的需求。

（三）公众参与的模式创新

岭南城市居住建筑模式在尊重居民意愿的探索中，引入了公众参与的理念，让使用者参与设计、建设及决策等过程，推动城市居住建筑逐步走向开放式设计。因为居住作为城市中与居民生活最为密切的职能，居民对居住模式和居住区位的权衡、选择与决策都直接影响城市居住空间的分布和发展。因此在岭南城市居住文化的重建走向过程中，引入公众参与机制，对城市居住环境的营造具有重要的意义。居住建筑活动将不再仅仅是目的或者结果，也将不再是建筑师或少数人的标志。它是一个动态过程，一个大众参与设计，并不断呈现其生活变换的过程。新型岭南城市居住建筑并不只是新的风格或新的形式，而更是新的居住内容和创造新的居住生活方式。

公众参与的主旨是从使用者的主体出发，根据居民的生活理念与实际需求提出对城市居住空间的设想和要求。在岭南城市居住环境的营造中，提倡公众参与的方式，通过公众参与使居住者的意愿和要求反映到城市居住空间从规划到建设乃至后续发展的全过程之中。要做到这一点，首先必须改变建筑观念，居住建筑不是一种先验的创作活动。建筑师只有深入居住生活的各个层面，深入居住建筑形式背后的种种深层结构，深入到居住建筑环境的整个营造过程中去，居住建筑才会真正达到宜居，趋于完美。无论是居住环境评价还是居住建筑设计，都将不再是由某几位建筑师或专业人员能彻底包揽与控制，需要由包括建筑师在内的一系列专家（建筑师在其中可居主导地位）集体设计与决策，以此取代建筑师的个人方案。这是一个不可逆转的趋势，尽管它可能带来相关行政或组织机构上的麻烦和工作效率的降低。但无疑地，公众参与在方法上为城市居住空间规划设计中体现市民阶层的利益、表达城市使用主体的意愿提供了行之有效的操作方法，这种"自下而上"的工作程序弥补了功能主义形体规划"自上而下"设计方法的不足，使城市居住环境的设计更能体现"公开、公平、公正"的原则，也有利于岭南城市和谐社会的建立。

通过公众参与这种自下而上的程序，在城市居民参与居住空间规划设计目标的制定、方案的设计与选择以及实施和反馈等程序的过程中，政府主管部门与建筑师可以确切地了解城市居民的意愿和要求，使规划设计能够对应特定的居住阶层，针对相应的居住需求做出具体安排，最终使城市居住空间的规划设计的结果与居民的需求相一致，从而避免了城市居住空间规划设计和建设中的盲目操作。也有助于减少千篇一律的住宅小区，在增加居住空间多样化的同时，真正体现在"以人为本"原则下对人的居住生活的整体关怀。在当今"大数据"时代，人们已开始跳出标准化、复制化的居住建筑现代生产模式，更强调"个性化"的居住需求信息数据分析，居住建筑正依据居住者最直接和真实的要求进行"定制化"的建造。

城市居住环境的营造又是动态的、可持续发展的过程，当前生态建筑的观念深入人心。城市居住建筑应如同具有生命的有机体一般，具有生命周期的过程。居住信息的反馈至关重要，通过对使用者的调查、采访，居住环境的评价也将列入居住建筑设计的程序之中，并注重建成后的使用评估。因此，只要居住建筑存在一天，这一动态过程的城市居住建筑的设计就永远不会完结。在城市居住空间中，公共服务设施也需要通过公众参与逐步完善，这些设施功能的实现和确立需要得到居住社区的居民共同使用和认可。居民参与这些设施使用与完善过程，通过各种居民自发建立的服务设施在住宅单一、匀质的居住功能中引入异质的成分，居住空间中通过多种功能混合增加日常交往的频率和密度进而提高居住生活的丰富性，居住社区中的社会网络也会逐渐建立起来。

总之，城市居住社区自身的个性与居住文化特质是居民长期共同生活、共同参与居住环境的塑造共同作用的结果。走向过程的公众参与促进居住社区中地缘关系的建立并提高密切程度，通过居民的集体活动、共同生活建立居民日常交往的人文基础，从而使居民在精神追求上得到满足，赋予居民以强烈的"家园感"，增强他们对居住空间环境的心理归属。

第二节   当代岭南城市居住建筑的设计原则

舒尔茨认为，场所精神不是一幅图景，而是一种整体的氛围。氛围是多维的，包括形式、材料、味觉、触觉……它最终可以归结为最原始的"大地与天空的关系"。聚居地认同感的建立很大程度上是需要尊重岭南当地的特点，用建筑表现和补充它；另一方面，这种表现和补充也并非一定是静态的，它也可能是一个人参与天、地之间建造的一个过程，一种情景。例如广州十三行地区，由于早期开埠贸易的发展，靠近口岸的商业贸易活动使得当地居民在同一地点叠合了经商与居住两个功能，既节省了成本又提高了效率，结合岭南的气候特征，形成了敞廊骑楼这一独特的建筑形式。骑楼不仅仅代表的是一种建筑形式，它更重要的是映射了当时人们整个生活的过程。虽时过境迁，但这种居住形式的认同感仍在岭南人心间，他们热切盼望岭南城市居住"场所精神"的重新发掘和塑造。

走向本真的当代岭南城市居住建筑设计就是"为生活而设计"，需要追溯传统岭南居住建筑的本源，回归人的日常生活世界，结合当代岭南城市的居住特征以及当今各种建筑技艺和材料，满足人们在当代岭南城市也能体验"诗意安居"，感受"场所精神"的现实要求。而我们提出的设计方法就是"与自然共融"、"与城市共生"、"与邻里共享"等三大原则（图7-1）。

一、与自然共融

岭南传统居住建筑讲求与自然交融，居住场所选择既生活方便又景色优美的环境，所以山水格局成为生活空间的首选。古代有"仁者乐山、智者乐水"一说，寄情于自然山水、享乐于庭园景观，是岭南人的一种生活追求。

人类建造的居住建筑依托大自然而存在。当一个自然的场地被选为安居之地时，建筑物可以用来加强这种已有的自然环境特征，如一个建筑可以成为平地的中心，或连接两地的桥梁，或提供一个驻足观赏的场所。而当没有足够突出的自然环境特征时，舒尔茨指出"建筑物就必须补缺。"[②]也就是说，用建筑物来限定一个区域，建立一种与天地的关系。他还提到："作为一个目标，聚居区域必须具有与周围环境相关的'图形质量'。正是这种质量才可能使聚居区域成为'场所'。通过生活'拥有'、'发现'和'占据'场所，自然与生活成为一个整体中相互加强的元素，在古代已经被认为是场所精神。"[②]

当代岭南城市居住建筑与自然的关系主要体现在居住建筑与自然地相融合，现代住宅中的"花园"、"合院"、"露台"、"阳台"等，无论是"园"还是"院"，它就是围墙里的自然。园的功能很单纯：即满足人们对经验的愉悦的追求。[③]而对于这种经验性的愉悦，自然界很重要的因素便是"花"、"草"、"树"、"石"、"水"等，

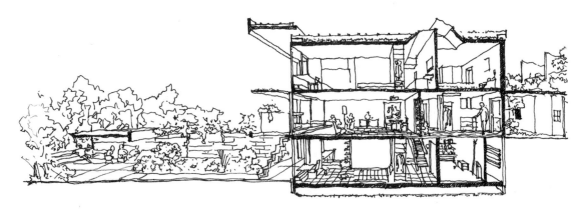

图7-1　居住与自然
（来源：根据荷兰第五工作室绘制的房屋重新分配方式、循环条件、绿地和公共空间，作者自绘）

岭南传统园林常用手法就是"理水"、"叠石"等。

建筑离不开自然，自然离不开树木。有树就会有树影、青苔，加上通风带来的各种花香，这一切形成了一幅完整的"图形"，而这幅"图形"又不单单是一幅静止的画面，它随着日光变幻，随着四季更迭，这是一种情景。院落是一种建筑形态，而这种建筑形态除了保证通风采光，实际上是把自然围在里面。住宅容纳着家居以及更复杂的文化现象，"我们愿意超越家居，去建立一个更基本的住——存在的经验和一个广义的宅。"④

要创造这种居住情景，除了各种外在物理条件配合外，建筑空间的秩序、尺度；庭园植物的习性、颜色；居民的生活习惯、心境都是营造这种氛围的重要构成因素。作为建筑师，我们应该考虑到种种相关因素，使得开发者、设计者、建造者、使用者都能协调起来，使居住建筑能以一个介入环境最理想的状态存在。

当代高密度的城市住宅使得居所与自然离得越来越远，与自然近距离接触已变得可望而不可即。作为21世纪人居环境回归自然，绿色生态的主旋律，当代居住建筑与自然之间的共融关系变得越来越重要。

二、与城市共生

郑时龄院士也在《我们城市的建筑与文化向何处去？》一文中指出：建筑与城市其实是共生关系。建筑为城市创造场所、界面和环境，城市也为建筑提供物质环境和文化环境。当代城市是一个及其错综复杂的综合体，若在其中居住，必定不能避免其与城市公共空间之间的关系。舒尔茨认为，"场所能够'容纳'则是关心它的'在内'的性质。"到达表示一种"室内—室外"的关系。"定位和设置场所的主要要素时并未考虑它们的'在内/在外'的关系；因此，地方精神失去了。"⑤因此，把握好"在外"的公共空间与"在内"的私密空间对于找回居住本源的场所精神非常重要。

一个聚居地既是一个到达的场所，也是一个集会的场所，这样的场所自然而然便成为一个适宜长期居住的场所。柯布西耶曾经试图将"栖居"发展成为"居所的延伸"，将这个概念概括为服务社区的公共建筑。从原始聚落发展至今，"居民"的日常生活除了在停留时间最长的房子或庭院里活动外，还包括在城市公共空间或公共建筑物中休闲放松。"公共建筑物并不是一个抽象的标记，它们参与到人们的日常生活之中，从而与永恒和共同有关。"⑥城市公共空间与居住区的空间关系与居民的居住舒适度也有非常紧密的联系。

2005年，意大利建筑师吉安卡罗·德·卡罗（Giancarlo De Carlo）试图将居住空间作为一个质量指标，强调其重要性："重建住房也就是重建城市，这也就意味着我们在重建住房时能够带来一切政治、社会和文化后果……在这些已经确定的方案中，比较而言，更为明智和合理的方案是公共资源应专用于住房建设，以便以可能最低的成本修建数量最多的住宅。"⑦在这里他认为住宅的建设与城市的各个方面息息相关，人在住宅空间中生存的感受也从各个方面影响着整个城市的氛围。

他试图解释人与城市空间的关联："下面是我了解的唯一的城市规则：当人类开始行走的时候，就出现了路；当人类停下来的时候，就出现了广场。当我们四处闲逛的时候，那么就有了花园；如果我们坐下来，就有了庭院。这些形式深深地铭刻在住户集体潜意识之中。"⑧而这一切的日常活动均是以在城市中居住为基础和前提的。

人们对当代岭南城市居住所有的认同感和归属感，也都依赖于对岭南城市的认同感与归属感。整个城市的公共空间，公共空间与居住建筑，同时与工作地点之间的相互关系所编织的复杂网络，特别是居住建筑与城市的共生关系带给人的体验与感受很大程度上影响着人们对于"当下"岭南城市场所精神的感受。

三、与邻里共享

建筑大师路易斯·康曾说过："一个城市就是一个场所，在那里，当一个孩子在来回游荡的时候，将会看到一些预示着这个孩子在他或她的未来生活中将要做的事情。"⑨同时，海德格尔指出了"建造"与"聚居"之间的联系，"这种联系关系到逗留的行为，如在某个场所中。因此，建造与聚居表达了人"存在于世"的方式。"⑩可见人的群居特性从根本上决定了居住建筑中不可避免的邻里关系的处理。但历史上功能主义信条"形式追随功能"使得设计趋于简单效益，从而使得建筑物缺乏意义。这样一来"人们往往会失去归属感和相伴关系，现代城市中缺乏会合的可能加剧了疏远和离间的感觉。"⑪

在现当代居住建筑设计中，邻里关系均以住宅小区形式呈现，而设计的出发点大多集中在容积率、建筑密度、安全性等方面，很少有居住区的设计会考虑到邻里关系。随着全球化的不断加剧和信息时代的不断发展，邻里关系似乎变得极其微弱。但邻里的相处仍然是日常生活交往不可分割的一部分。若以社区来分析当代城市居住组团，大到城市规划和改造，小至居住单元的形式、院落的尺度以及社区的建设都会影响社区形态和邻里关系。邻里关系建立的基础便是处于人类群居的本能：归属感、安全感、亲情感和自豪感等。因此，追溯当代岭南城市的本源，它的场所精神，不可避免地要回归居住给人们带来的归属感、安全感等。

伴随日益复杂的日常生活，现代岭南城市家庭的组成也发生了很大变化。"家庭"不再是传统意义上的一家三口，也有单亲家庭、双人家庭、独生生活者等。因此，各户之间的联系也发生了微妙的变化。促进人与人之间的联系也成为设计的切入点之一，同时随着社会老龄化的加剧，社区邻里关系更能体现设计的优劣。20世纪60年代丹麦建筑师延·古迪曼·霍耶（Jan Gudmand Hoyer）提出了公共住宅的概念，即"在公共住宅项目基础上，未来居民有一些共同的期待和愿望，比如寻求大城市中遗失的社交尺度，重新找回邻里的感觉、安全感和归属感，并努力减少生活的复杂性、日常活动的指出管理以及每天的压力。"⑫

在居住建筑中，与邻里共享和与自然共融是相辅相成的关系。有一个空间被用来与自然对话的同时，也可以成为邻里交往的发生地。邻里空间可以被认为是居住组团中的公共空间，岭南传统居住建筑中，聚落的公共空间如榕荫广场是不可缺失的一部分。

在网络发达的今天，一群陌生人能够通过出租公寓以及网络联系在一起。在"小米公寓"（YOU+国际青年公寓）中，新型的出租筛选机制（例如带小孩的不租，不爱交朋友的不租等）让大家对彼此有一份自然而然的身份认同感和安全感，在这样的出租公寓中，他们也有了邻里、社群的概念，甚至产生了归属感。特别在现代大都市中，年轻人们依照需求而群居，依群居而取暖，在开放的思维下让心灵回归传统，搭建"共享"的邻里关系（图7-2）。

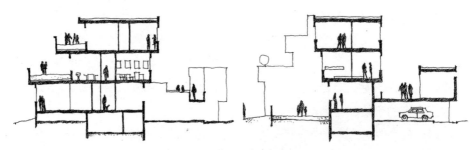

图7-2　居住与邻里

（来源：根据荷兰第五工作室绘制的房屋重新分配方式、循环条件、绿地和公共空间，作者自绘）

第三节　当代岭南城市居住建筑的设计语言

前一章总结了传统岭南居住建筑的基本元素和场所要素，当代岭南城市居住建筑的设计创作，力求重拾传统的场所精神，重回日常的生活世界，要做到融会贯通、形神兼备，就应立足于岭南城市居住文化，并在设计实践中不断地探索和创新。目前岭南城市居住建筑设计语言大致可以分为三个方面：符号叠加、类型变换和拓扑变形。这些设计语言通常都是混杂在一个好的建筑设计之中，最后以一个突出的形式呈现出来。

一、符号叠加

新的事物如果试图与旧的事物发生关系，符号的暗示是最为直接有效的。这也是许多仿古建筑的惯用手法。例如广州的方圆集团，一直致力于把自己定位为"现代东方居住建筑与生活研发商"，即在探索岭南城市居住理想时，吸收中国传统居住建筑精髓，运用现代的手法和材料演绎"东方神韵"，其投资开发的广州"云山诗意"的住区项目就是运用了符号叠加的手法，与部分的空间类型转换，在城市高层居住建筑创作中大胆尝试（图7-3）。广州云山诗意地处广州白云山麓，总体布局结合地形特点，以折线形住宅与半地下会所围合下沉式住区中心花园，主体建筑平面引入空中花园，立面以白色墙面为主基调，配以黛瓦坡顶、木隔窗、马头墙、玻璃加钢的栏杆，是民居形式在高层居住建筑的大胆而成功的运用。又如广州亚运城运动员村，高层住宅的屋顶采用了传统的岭南非常典型的"镬耳墙"符号，极具有识别性（图7-4）。

图7-3　云山诗意
（来源：郭成奎，张一莉. 广东省优秀工程勘察设计作品集2007. 北京：中国建筑工业出版社，2008：159）

图7-4　广州亚运城运动员村
（来源：http://image.baidu.com）

广州的清华坊也是岭南现代院落民居式居住区，本着让民居现代化的思想，不仅灵活地保留了岭南传统的建筑符号，而且讲究开阔从容的空间、自由闲适的生活意境。以马头墙、天井、青瓦粉墙、门坊等传统居住建筑元素灵魂来构筑现代居住空间，通过传统建筑成熟的细部处理，令居所在继承古韵情调的岭南传统居住文化之时，也秉承了现代设计手法带来的舒适和便捷。同类型的设计项目还有中山·泮庐，其规划设计的出发点是在自然山川溪水、竹林睡莲的映衬下，体现素雅、幽静、轻灵的感觉，给人以世外桃源的印象，打造修身养性，成为远离城市喧嚣的人间仙境。建筑形象与风格采用中国徽派传统民居建筑和园林手法，突出以中国传统居住之韵味，并力求将传统居住文化与现代生活模式有机地结合在一起。建筑别墅单体布局通过小院、天井、庭洞的布置，体现岭南的地方特色，同时吸收江南园林建筑的特点，形成宁静、幽深、高雅、舒适的院落空间环境。

但此种符号叠加设计语言总的来说在市场上还不普遍，创作手法还是以传统民居的形式上的模仿为主，特别是更多地借鉴江南民居和徽州民居的外观形式，岭南民居的韵味不足，在空间上也不能完全体现岭南居住文化的内涵和实质。虽然也采用了一些新技术、新材料，但创新的程度与现代生活的契合还显不够。不过值得肯定的是，其在探索岭南城市居住文化的回归之路方面做出的努力还是值得肯定的。

二、类型变换

20世纪50年代，路易斯·康指出了形式与设计的区别，他认为做建筑意味着将原始的形式解释为一种依照情况的设计。中国传统建筑中的合院通常为正格状的关系组成，看似简单，却有无穷的变换可能。整体建筑中除了有大小、高低、深浅、长短等建筑单体尺度的不同，自由组合的建筑群形成了特有的变化与气魄。

岭南传统居住建筑就大多采用不同类型的院落空间组合方法。内部的居住功能模块无非为厅、房、厨房、书房、卫生间、杂物间等。但依据地势不同，材料不同，以及周边环境的不同，就出现了许多种有趣的空间变换（图7-5）。传统广府民居的集中式聚落空间类型，

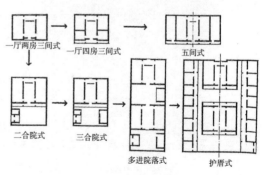

图7-5 岭南民居的形式及其演变
（来源：陆琦. 广东民居. 北京：中国建筑工业出版社，2010：82）

如聚族村落、城镇街区等。类型作为一种基本形式并非是静态的，它具有多样性的可能，可以提供了相互间排列组合的基础。

岭南粤园汲取了岭南传统庭园和岭南建筑文化的精髓，致力于创造一种新的岭南城市民居风格。除了在通风、隔热、防风、防雨、防潮等方面吸取岭南传统建筑适应自然条件的技术特色之外，在居住空间和风格造型上赋予其现代岭南居住建筑的气质和神韵。较有代表性的园林式独立住宅，设计中称为"园院住宅"，其入口面向组团庭园，建筑围绕内庭花园而建，后院与天然荔枝林、荔枝溪相连，居所坐拥前庭、后院、中花园三重景观，迎风纳水，与自然环境融为一体。园、院、宅结合的形式是岭南传统居住理想模式，中国的"家"的概念中，既有住人的"宅"，又有观赏种植的"园"，因此又合称为"家园"，表达了岭南城市居住文化的人文韵味和返璞归真的追求。（图7-6、图7-7）

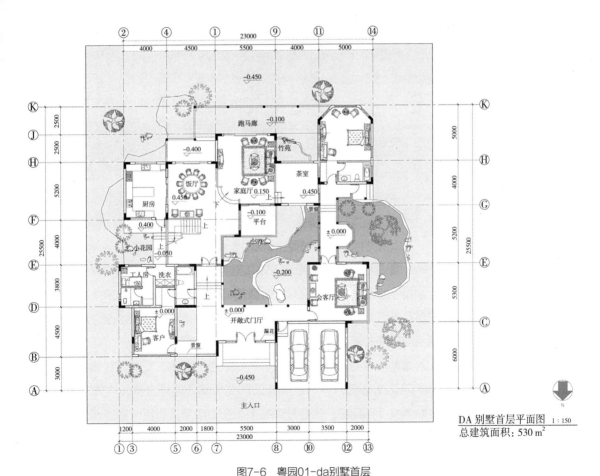

图7-6　粤园01-da别墅首层
（来源：广州珠江外资建筑设计院有限公司项目组提供）

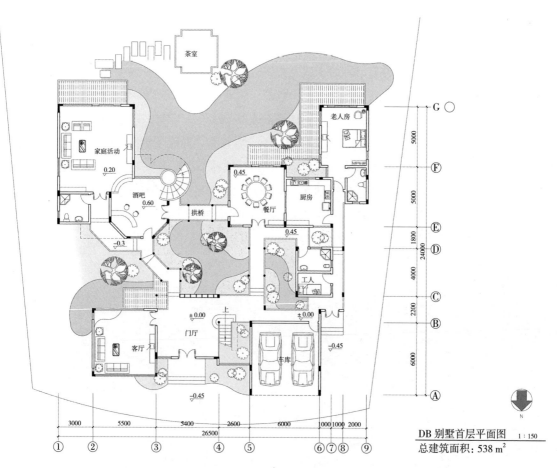

DB 别墅首层平面图　1:150
总建筑面积: 538 m²

图7-7　粤园03-db别墅首层
（来源：广州珠江外资建筑设计院有限公司项目组提供）

　　另一个案例是万科在广东东莞的棠樾别墅区设计。万科棠樾一期建筑采用多层
次院落设计，每个单元有侧院、花园、庭院、露台等，建筑群以水位主体，前水后
街，从空间类型与符号叠加两方面再现了传统居住建筑的空间感。整个居住组团的
设计既使用了雕饰等符号，也运用了古木、廊道、庭院等空间手法，结合现代材料
进行设计，也是新中式的一个典型代表。在建筑色彩方面，借鉴传统岭南城市居住
建筑黑、白、灰的主体元素，朴素淡雅。外立面赋予建筑含蓄、内敛、活泼的气
质，较好地融入整个环境中，居住社区在类型变换中给人以统一的整体形象，充满
质朴、典雅又不失现代的亲和感和家园感。（图7-8~图7-11）

图7-8　万科棠樾别墅

（来源：万科东莞棠樾居住区.UED.2011:208）

总平面图

图7-9　万科棠樾别墅总平面图

（来源：杨超英. 东莞万科棠樾. 建筑学报. 2010，8：38）

图7-10　万科棠樾立面上的类型变换

（来源：杨超英. 东莞万科棠樾. 建筑学报. 2010，8：39）

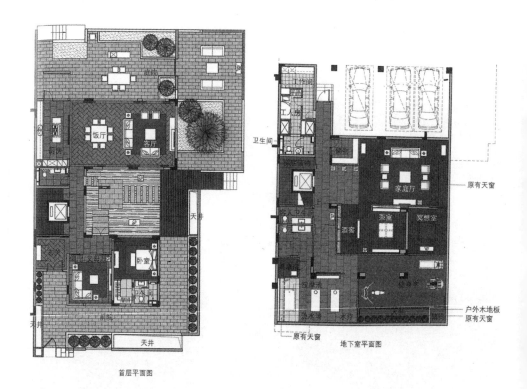

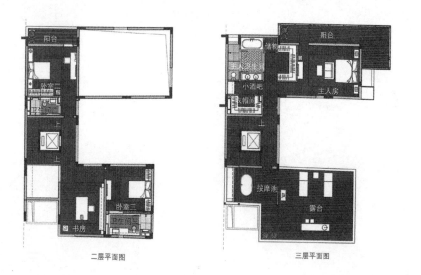

图7-11 万科棠樾户型示意

（来源：万科东莞棠樾居住区. UED. 2011：205 杨超英. 东莞万科棠樾. 建筑学报. 2010，8：42）

广州亚运城媒体村项目在总体布局上，以中央的景观为生态簇团的中心，并形成多个独具岭南水乡特色的生态簇团。在这个居住区中更多体现的是包容开放、多元融合（图7-12）。因此，岭南的居住建筑从适应社会、适应生活的实际出发，并不拘泥传统的形制和模式，媒体村力求因地制宜，采用新技术、新材料结合新的形式等，既体现了时代气息，又营造出传统意境。

媒体村的类型变换主要体现在其总体布局采用岭南传统居住建筑的总体布局，在媒体村的总体布局上，借鉴岭南传统城镇居住格局，提出"生态簇团、择水而居"的规划理念（图7-13）。以中央景观作为居住区生态簇团的中心，呈开放姿态的中央景观与组团景观互相渗透，并形成多个独具岭南水乡特色的生态簇团。住宅的布置则采用基地外围采用行列式，内部采用点式或两单元双拼式相结合的方式，使更多的住宅可以享受居住区内宁静优美的环境。

广州亚运城媒体村的规划设计，探讨岭南城市居住文化特质的再现，力求以传统的色彩，经过抽象的细部，传统建筑元素的现代表达等手法去体现岭南城市居住文化的精神内涵。以现代时尚的建筑语言创造符合现代岭南人生活方式的居住空间，使居住环境既有现代时尚感又有历史价值感，赋予当代岭南城市居住建筑以鲜明的地域特色。

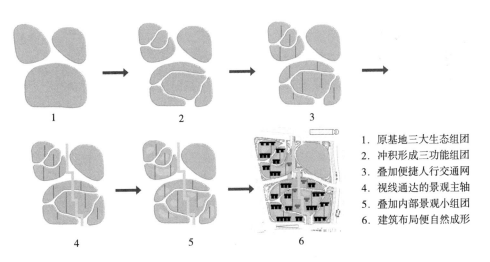

1. 原基地三大生态组团
2. 冲积形成三功能组团
3. 叠加便捷人行交通网
4. 视线通达的景观主轴
5. 叠加内部景观小组团
6. 建筑布局便自然成形

图7-12　广州亚运会媒体村总体构思分析
（来源：广州珠江外资建筑设计院有限公司项目组提供）

三、拓扑变形

舒尔茨认为，"场所"所容纳的内容以及其发生方式构成了拓扑学整体。真实的空间边界同时分离与联系，空间从一个延伸到另一个，或者在室内、室外通过窗洞渗透联系。窗洞口定义了方向，作为路径和轴线来引导空间的走向。"拓扑学"作为空间组织，包括空间的所有互动，从而形成在内—在外关系组成了复杂的互动"场地"，导致了运动，形成了变化的节奏和界面。[13]

日本当代建筑师妹岛和世在谈到当代空间本质时认为，清晰地解释每个设计的内在关系十分重要，尤其应该以最简洁与直接的方式，而并非通过几何图形或者形式来表现。[14]也就是说，空间的表达应依托于空间本身，而非二维的几何形式或图案。建筑学中的拓扑与分型体现在对空间原型的抽象提取并加以衍化。拓扑变形不同于类型变换之处在于，类型变化是将具体的空间类型进行组合叠加或穿插，其基本单元不变；而拓扑变形是指整个形态由一个原型演变而来。既然是演变，必然伴随着对其空间本质的挖掘与提炼。拓扑变形这一方法更加适用于当今寻求岭南城市居住"场所精神"，因为提取并再现岭南城市居住"场所精神"需要对传统居住空间进行抽象并转化，再利用现代的手法进行重新演绎。

最为典型的拓扑变形是由一个原形衍化而来。或根据场地所需，或根据功能布局等各方面因素综合影响形成最后的形体。以丹麦BIG建筑事务所的8住宅的生成方式为例，整个推演过程就是将原型拓扑变形的过程（图7-14）。

图7-14　拓扑变形的图解过程
（来源：http://www.big.dk/#projects-8）

　　深圳都市实践的作品之一蛇口半山公寓主要运用了拓扑变形的设计手法。半山公寓主要为主题式酒店和主题式公寓，整体的设计构思是希望营造山外山、园中园的意境，实现山水与园林的构想。总平面的设计就是将中国传统园林抽象后拓扑变形而来，在流线上同样保留着游览园林的"移步异景"和空间的透明性。而在建筑单体上，整个屋顶练成不规则的多边形，也是由传统居住建筑的双坡屋顶拓扑而来，形成了有独特传统韵味的现代建筑（图7-15~图7-18）。

　　半山公寓的基地处于山地上，设计者将单个住宅以线性相连，屋顶以折线形式呈现，暗喻着山的轮廓，中间围成高低、大小不一的庭院，园中凿咫尺小池为镜，以桥为舟，一个个房子从"建筑山"中生长出来。不规则的走向使得人们每一处看

图7-15　蛇口半山公寓

（来源：孟岩，郑颖，黄志毅，刘小强，叶沛军，姚晓微，左雷，李达，沈艳丹，丁钰，嵇羽宇，张震，刘浏，刘子荣，Cedric Yu，夏森，袁懿，郭东海. 蛇口半山公寓. 城市环境设计，2010，3：73）

区位图   总平面图

图7-16   蛇口半山公寓平面图

（来源：http://www.archreport.com.cn/show-6-636-1.html）

图7-17   公寓
剖立面

（来源：十年/都市
实践 URBANUS.
UED. 2010.3）

图7-18　设计
意向

（来源：http://
www.archreport.
com.cn/show-6-
636-1.html）

到的景色都不一样，做到步移景异。另外，用于住宅公寓和酒店房间的建筑面积为
25100平方米，酒店和公寓成为一个为短期和长期租户设置的特殊的生活环境，也
是对传统居住模式的创新和突破。

　　整个建筑的设计并非采用常用的几何化形式，其设计的出发点在于行走过程
中对建筑和空间的体验，即是上文所说的用空间来解释空间。通过空间上的群集
或分区（clustering or compartmentalisation）、集中或分散（concentration or
dispersal）、紧凑或分裂（compactness or breakup）、缝隙或封闭（aperture or
closure）、室外或室内、限制与联系、连续与断裂等方式来获得另一种空间解读，
这便是建筑拓扑学的变换手法。

第四节　岭南城市居住实践的实例解析

一、万科第五园

　　目前较为成功的融贯创新模式探索实践还是首推BIAD王戈主创设计的深圳万科·第
五园这个"现代中式"项目。万科·第五园位于深圳市龙岗区坂雪岗片区南部，是深圳
万科地产公司为探索新的岭南园林居所形式而进行的突破性的实践项目。其用意是依据
"岭南四大名园"的整体思路，探寻一种新型的、岭南的现代城市居住模式[15]。

（一）总体规划

深圳万科·第五园主入口位于雅园路南侧，主入口广场两侧是中国式的商业街。联排住宅、情景洋房、合景多层住宅以商业街为中心依次呈放射状布置。一条自由式中央景观绿带从主入口广场延伸，南北贯穿整个住区。住区路网结构平直顺畅，建筑排布合理有序。从联排住宅构成的小院落到多层住宅构成的围合，整个住区组团结构明晰，不同类型的住宅通过环境与道路自然联系在一起，有变化、有统一。住区停车采用地面停车和半地下停车相结合的方式。

（二）建筑设计

1. 院落式布局：居住单元以联排式住宅为主，联排式住宅（Townhouse）又称排屋，在万科第五园中分为多种类型，运用了多种组合的院落布置方式，对中式住宅形态进行充分的演绎。对于面积大的户型，如A型Townhouse，采用独立的中间内院，又相互并联，通过巧妙的设计手法，使其拥有宅院建筑的前庭、内院、宅前绿地，形成一家三院。同时与公共绿地间形成相互渗透和穿插，为居住者提供更大的活动空间，为住宅组合融入更多的活泼的因素。面积较小的户型，如B型、C型、D型联排住宅（Townhouse），采用独立前院、几户组合，形成半公共前庭方式，将几个相对独立的院落共置于一起，对室内外进行完整的布置，通过将半私密空间公开化，提高了院落建筑的实用性，对居住人文观念进一步合理诠释，对院落空间进行充分表达，利用现代生活观念及生活方式对传统合院空间的进一步重塑（图7-19~图7-21）。

2. 居所：在居所单体设计中则着墨于中式民居的庭、院、门的塑造，采用中国传统民居（包括岭南的"镬头屋"、江南的"四水归堂"天井院等）的建筑符号，进行推敲与重新组合，通过寻找空间的对比和共性，在碰撞中寻找一种共鸣，从而形成一种打破时间、空间维度限制的全新的建筑环境。同时也适时运用现代建筑材

图7-19　深圳万科·第五园院落式布局
（来源：作者自摄）

图7-20　深圳万科·第五园叠院式住宅
（来源：作者自摄）

图7-21　深圳
万科·第五园多
层住宅

（来源：王戈，
赵晓东. 万科第
五园. 深圳，中
国. 世界建筑.
2006（3）：59）

料，合理地与传统相融合，钢、玻璃、大面积开窗及室内空间的合理重构，为现代
生活方式提供了良好的适应性。在色彩方面，以用黑、白、灰素色为主，朴素淡
雅，外立面赋予建筑含蓄、内敛、活泼的气质，较好地融入整个环境中，整个社区
给人一种古朴、典雅又不失现代的亲和感和家园感。

　　情景洋房是一种独特的建筑形式，又称为叠院式住宅。在万科第五园中有独特
的设计理念，其有单独的院落，充分利用地形高差，形成前入人、后入车的现代居
住形式。在居所设计中采用退台式处理手法，通过花池的合理布置，有效地解决了
目前人们普遍提出的视线干扰问题。同时退台也是生态建筑设计手法中的重要组成
部分。首层设有半地下室，供业主自己使用，可做健身室、放映室等，是现时非常
流行的所谓"小资"空间。合景洋房又称合院阳房，是脱胎于传统意义的多层住
宅，但又不是简单地去变异和增减。其通过之字形平面的多层围合而形成的一个大
的合院，每个合院又通过架空层廊架相勾连，形成环环相套的空间格局。

（三）社区中心

　　1. 商业街：独具特色的商业街既可为社区的居民提供服务，又可以成为附近
居民的商业中心。万科第五园的商业街突出了岭南传统街市的特点。商业街的设计
因地制宜，并且重视岭南传统商业街道的特征，对商业街的尺度和形态着重处理，

采用内街与外街，内院与外院的无缝转换，在整条商业街中衍生出数条支巷，这些小巷相互汇通，将相对独立的院落串联起来，对室内外空间合理的整合，提高了商业空间的有效性及实用性，同时也实现了商业人流的引入。人们在此购物、进餐、休憩、观景和娱乐，加强了商业部分的可参与性和由生动的生活场景所带来的活力。商业街与联排住宅之间，围合成一组水体景观，颇有几许岭南水乡的韵味。共同编织成一道既有传统市井风情，又有现代商业功能的商业风景带（图7-22）。

2．书院：书院是万科地产公司首次将专业化的图书馆引入社区，作为"文化含量"最重的一部分被设置于对称院落的一侧，其空间性格较为内向，相对独立，安静闲适。书院作为服务于社区居民的文化类活动场所。根据功能需要，空间上化整为零，高低大小不一，形式丰富，尺度情切。阅览座椅以各种形式的沙发为主，仰、卧、坐、躺随心所欲，阅览灯也以台灯为主，像家里一样舒适宜人。书院的内部庭院由三个小院园组合而成，为阅览者提供室内外交融的幽静清雅的富有"书卷气"的文化活动场所（图7-23）。

（四）环境营造

环境营造强调居住的精神文化，景观上大量运用竹子，竹丛掩映的曲径通幽，反映出岭南人的低调和内敛，而且非常适合广东的气候，并强化竹子的观赏功能性，具体种植的位置要突出而不张扬。而富于广东特色的旅人蕉和芭蕉等植物点缀其间，体现着浓郁的亚热带风情。第五园在设计中吸取了富有岭南特色的竹筒屋和

图7-22 深圳万科·第五园商业街

（来源：王戈，赵晓东．万科第五园，深圳，中国．世界建筑，2006（3）：56）

图7-23　深圳万科·第五园书院　　　　　　图7-24　深圳万科·第五园环境营造
（来源：作者自摄）　　　　　（来源：试图用白话文写就传统——深圳万科第五园设计.
朱建平. 时代建筑. 2006.3）

冷巷的传统做法，通过小院、廊架、挑檐、高墙、花窗、孔洞、格栅等一系列手法改善居所的遮阳和通风，让居住者能享受清风荫凉，有效地降低能耗。整个居住环境在窄街窄巷、高墙小院的映衬下更显得深邃与清幽，不断营造出当代岭南城市居住文化的氛围（图7-24）。

（五）实践解析

深圳是一个新兴的移民城市，居住生活方式多样化，并深受香港文化的影响。在万科第五园建成之前，居住区普遍采用舶来和现代的建筑形式，如万科系列的"城市花园"、"四季花城"、"17英里"等。但也正因为深圳是移民城市，居民心理更需要一种身份的认同与归属，以"岭南"为主题的城市居住文化就最能带给大家一种回归和认同感。

万科第五园的设计目标追求"骨子里的中国情结"，设计者希望以白话文的现代手法演绎中国特别是岭南地区的传统居住文化精髓，创造现代岭南城市居住实践的典范项目。其最大的特色就是通过营造各种形态的私密性的院落空间，着力契合岭南传统民居中那种"内向"型日常居住生活，为居住者提供了一方自得其乐的小天地，宜人的尺度又构成了富于人情味的邻里空间。整体居住环境体现了人文主义的精神，为现代岭南城市居民创造了一种富有"诗意"的全新的居住生活场所。

二、万科土楼公舍

万科土楼公舍是都市实践在快速城镇化背景下解决低收入人群居住问题的一个积极的尝试，其主要目的是探究快速城镇化进程中大量人口迁入产生的居住问题的解决方法，并以此为契机，探索中国城市低收入住宅的发展方向。土楼公寓主要借鉴了传统客家土楼的建筑形式，试图通过土楼建筑形式的向心性及其公共空间的开放性，设计出相对舒适的居住及社交环境，在满足低收入人群基本居住需求的同时，提高居住者的生活质量。

（一）建筑设计

土楼公舍位于佛山市南海区万科四季花城东南侧，紧邻广佛高速路，其选址相当符合设计师的初衷——将"新土楼"植入当代城市开发过程中遗留下来不便使用的"城市空墟（urban voids）"中，作为一种快速城镇化背景下大量人口迁入问题的解决方法。公舍的建筑设计参照了圆形土楼的建筑形式，以外圆内方两个主要的建筑体量嵌套而成，平面为"e"字形，通过外围圆楼打开的一个通高的缺口作为建筑的主入口，三种30㎡左右的标准居住单元以单廊的形式排列其中，体现了集合式住宅高效实用的特征。两层建筑实体围合出的弧形内庭、建筑的外廊与内侧方形体块的角端的半室外平台、首层的半地下室以及屋顶平台共同组成内部公共交往空间系统。这些大大小小的开放或半私密空间通过建筑内部的流线巧妙地串联在一起，打破了传统板式集合公寓单调呆板的特征，为住户提供了丰富交流活动场所，创造出了和谐活泼的社区环境。在立面设计上，土楼公舍打破了传统土楼封闭的外部形象特征，圆楼外侧均为标准居住单元的阳台，立面由外挂的预制花格混凝土板及木质的可开启百叶窗组成，在保持传统土楼建筑的完整统一外观的同时也满足可现代居住的通风、采光、防盗等需求；内部的方楼则使用了模数化的钢框防腐木百叶的立面系统，通过使用功能的私密性需求决定木百叶的疏密程度，在统一立面的同时减少了公共空间与住宅间活动的相互影响。公舍的建筑色彩以黑白灰及木色为主，塑造出淡雅又不失活泼的建筑气质，营造出的温馨平和居住氛围。（图7-25~图7-27）

图7-25　土楼总平面图
（来源：刘晓都. 土楼公社. 时代建筑.
2008（6）：48）

图7-26　土楼公舍立面

（来源：刘晓都.土楼公社.时代建筑，2008（6）：51）

图7-27　土楼公舍立面

（来源：刘晓都.土楼公社.时代建筑，2008.（6）：49）

（二）社区营造

　　传统的土楼建筑实质上是一种聚族而居的生活方式，一座土楼即一个完整的社区，各家庭房间沿周边均匀布局，祖堂、学堂、水井、浴室等公共设施居于其中，从起居饮食至婚丧嫁娶等大小事务均能在一座建筑中完成。土楼公舍正是与之相仿的一个小型的社区，公舍中设有食堂、图书室、乒乓球室、网吧、篮球场等公共服务资源，甚至为前来探访的亲友准备有小型旅店，公舍的入口处还设置有餐饮、零售、美容美发等配套商业，满足了公舍中住户的基本生活需求。土楼的设计者并不仅仅关注了其中住户的基本生活需要，也为他们的精神需求提供了相应且丰富的公共空间配套。穿插在其中的公共平台、内庭院、屋顶平台等公共活动空间为也打破了传统的低收入住宅带给人们的拥挤、破旧、阴暗的固有形象，为低收入人群创造出高质量的公共空间，为低收入群体的精神需求提供了切实的物质载体。公共资源和公共空间的集中也促使了居民产生真正的交流，为社区带来了温馨活跃的人际交往氛围（图7-28、图7-29）。

（三）实践解析

中国正处于不可逆转的快速城市化进程中，而在快速城市化的移民浪潮中，低收入者正是最被忽略的一部分人群。由于经济水平的限制，大量的低收入者被迫蜗居在高密度、低配套的生活环境中，而现阶段的地产商业化的环境也决定了他们的境遇在短期内很难得到改善。土楼公舍则是针对这一现状一个较为合理的解决方案。借助对于传统土楼建筑的拓扑与改造，土楼公舍不仅为低收入人群提供了低成本的居所，满足了他们最基本的生活需求，而且营造出了传统土楼建筑中家族般的生活氛围，满足了低收入者的精神需求，为他们在城市中提供了"家宅"式的居所。

尽管土楼公舍由于其自身的"乌托邦"特征，在现今商品经济的社会背景下难以被大量实现，但其在对于传统建筑的继承创新、公共空间营造等方面的探索对于当代岭南居住建筑的设计有较大的启示意义。

三、岭南新天地

广东的佛山岭南新天地，以祖庙、东华里、历史风貌区为基础，运用现代设计的手法将片区内的22幢文物建筑及众多优秀历史建筑，延续其原有的历史街巷，创造尺度适宜的开放空间，同时利用骑楼、锅耳式山墙、屋脊雕花等传统岭南建筑特征及符号，将新旧建筑整合在一起，让佛山的历史文化与整个岭南居住文化相结合，赋予了老建筑新的生命力（图7-30、图7-31）。

（一）整体改造思路

佛山岭南新天地项目作为商业改造也算是香港瑞安一个成功的案例。整套项目包括了佛山祖庙、东华里古建筑群保护文物、岭南新天地商业区以及东华嘉苑居住小区。商业区整体的改造依托于东华里片区。东华里片区是佛山现存的最完整的古街道，也是旧时达官、富商的集居地（图7-32、图7-33）。东华里在建筑上的突出特点使得整体改造更出彩：镬耳式的封火山墙；花岗岩青石板路；水磨青砖墙；三间两廊式的建筑结构。改造的原则是"修旧如旧"，街区延续传统街道的尺度以及风貌，材质与形式也尽量保持一致；而功能上置换成各类商业功能。替换了传统建筑中的居住功能，整个街区的氛围也会与传统的居住氛围大有不同。

配套岭南商业区的改造，项目在商业街南侧新建了居住区东华嘉苑。东华嘉苑为全新建设，所运用的手法也是当代常见的符号叠加与现代居住空间的类型转换。

图7-28　共享空间

（来源：谭刚毅.土楼、土楼公社、乌托邦住宅及其他.住区，2012（12）：53）

图7-29　土楼公舍中的生活

（来源：饶小军.土楼公舍——一种集体主义的梦想.世界建筑.2009，（2）：28-29）

图7-30   佛山岭南新天地街巷
（来源：作者自摄）

图7-31   佛山岭南新天地开放空间
（来源：作者自摄）

图7-32   东华里旧城区
（来源：http://www.fswenhua.gov.cn/whyc/
WWBH/201009/t20100916_1828288.htm）

图7-33   东华里旧城区街巷
（来源：http://image.baidu.com）

在高层居住建筑本身来说并未有很大突破，但其与东华里老城区的联系与对比，人
们居住在高层建筑中，日常与"新街"老区的互动，改善了岭南当代居住现状的单
一与麻木的状况（图7-34）。

（二）重塑岭南居住"场所精神"的可能性

重塑岭南居住的"场所精神"是指在当今岭南居住建筑技术与居住文化的发展
下，我们试图从居住的本源——人对场所的认同、对自然的认同出发，找到新的切

图7-34　新区东华嘉苑

（来源：http://fs.fang.anjuke.com/loupan/xiangce-243935/s?ca=8&from=loupan_view_photo###）

合当下的居住方式或模式。旧城改造更新也是近年来业界聚焦的话题。岭南的传统中有很多值得深入挖掘，并重新加以利用的历史空间。

　　新的居住建筑设计注重适应新的居住生活模式，与日常生活联系紧密，居住空间丰富而且实用。居住组团设计强调必要的私密性和向心性，做到层次分明、内外有别、处理灵活、联系便捷。单体设计中，较为注重吸取传统岭南城市居住文化的优秀元素，体现出求实亲和的特征。通过丰富居住者的行为习惯过程中的细节，探索符合现代居住生活模式的富有生活情调和意趣的居所形式，塑造具有岭南人心中归属感和认同感的居住场所的精神内涵。

　　岭南新天地作为一个有示范作用的案例，为我们展示了：在传统居住建筑已经无法满足人们的需求时，将功能置换，新建居住区与其建立新的关系不失为一种探索新旧结合的方法。这是一种重塑岭南居住"场所精神"的可能性之一。在城市更新的进程中，这无疑也提高了旧城的使用效率，同时大大活跃了历史街区，为城市注入了新的活力。

本章小结

　　本章在实践探索的层面上，从居住文化建构之价值取向与目标确立、审美体检与诗意追求以及过程探索与方法创新等方面，论述了当代岭南城市居住文化建构的策略。当前，"生活般的文化"已成为岭南城市现代化时代人们对城市居住生活和居住文化价值取向的诠释。这种回归生活世界的居住文化哲学思想必然将导致当代岭南城市居住文化对人的生活经验和生命过程的重视，也使岭南城市居住文化在不断的探索和实践中实现对自身的重建。

岭南城市居住文化建构策略的价值和目标就是要重新回归日常生活世界，重新建立日常的交往与思维模式，使岭南城市居住建筑重新充满诗意，充满人的情感和生活的意趣。审美体验和诗意追求就是要为无意义的城市居住环境创造出意义，要为城市中孤独、漂泊的心灵安置一个归属的居所。也就是要为岭南城市居民创造一个感性经验的居住生活世界，同时又是一个超验的居住价值世界，即"诗意地安居"的理想境界。而走向过程的探索就是强调回归和立足城市居住生活世界，在对人的生活场所和生命过程的全面和细微的关怀中展开诗意的追求，并通过"为生活而设计"的设计方法的创新，以获取并体验居住生活的价值和存在的意义。

当前岭南城市居住实践探索为当代岭南城市居住文化的建构奠定了坚实的基础。本章通过居住实践实例的解析，重点探讨了"与自然共融"、"与城市共生"、"与邻里共享"等三种设计原则以及"符号叠加"、"类型变换"、"拓扑变形"等三种设计语言，并重点推介了深圳万科·第五园、万科土楼公舍、佛山岭南新天地等较为成功的探索"再现岭南城市居住文化"的居住实践项目。为当代岭南城市居住文化建构提供更加直观的借鉴和启示。

[注释]

① 徐千里. 创造与评价的人文尺度：中国当代建筑文化分析和批判[M]. 北京：中国建筑工业出版社，2000：238-354.

② [挪威]克里斯蒂安·诺伯格-舒尔茨.居住的概念——走向图形建筑. 北京：中国建筑工业出版社. 2012：29-31.

③ 张永和. 非常建筑. 黑龙江科学技术出版社，2002：2.

④ 张永和. 非常建筑. 黑龙江科学技术出版社，2002：66.

⑤ （挪威）克里斯蒂安·诺伯格-舒尔茨.建筑——存在、语言和场所. 北京：中国建筑工业出版社，2013：191.

⑥ （挪威）克里斯蒂安·诺伯格-舒尔茨.居住的概念——走向图形建筑. 北京：中国建筑工业出版社，2012：69.

⑦ 涂山，梁文，苏丹. 先进住居. 北京：中国水利水电出版社，2008：47.

⑧ Kroll Lucien, Bio, psycho, socio/eco. Ecologies urbaines, Italian translation

by Cavallari Luigi, Ecologie Urbane, Franco Angeli, Milano, 2001.
涂山，梁文，苏丹编著. 先进住居. 北京：中国水利水电出版社，2008：90.

⑨　（挪威）克里斯蒂安·诺伯格·舒尔茨.建筑——存在、语言和场所[M]. 北京：中国建筑工业出版社，2013：34.

⑩　（挪威）克里斯蒂安·诺伯格·舒尔茨.建筑——存在、语言和场所[M]. 北京：中国建筑工业出版社，2013：231.

⑪　（挪威）克里斯蒂安·诺伯格-舒尔茨.居住的概念——走向图形建筑. 北京：中国建筑工业出版社，2012：86.

⑫　涂山，梁文，苏丹编著. 先进住居. 北京：中国水利水电出版社，2008：68.

⑬　（挪威）克里斯蒂安·诺伯格·舒尔茨.建筑——存在、语言和场所[M]. 北京：中国建筑工业出版社，2013：189.

⑭　Juan Antonio Cortes, Architectural Topology -- An Inquiry into Nature of Contemporary Space, EL：33-57.

⑮　王受之. 骨子里的中国情结[M]. 哈尔滨：黑龙江美术出版社，2004：106-115.

第八章
结语：走向本真的岭南城市新居住文化精神

行文至此，我们已基本建构起一套相对完整的岭南城市居住文化研究的理论框架，一方面从居住的文化模式、文化危机和文化转型三个基本范畴揭示了岭南城市居住文化的社会运行和历史演进的内在文化机制。另一方面以居住文化的理论模式为依据，对当代岭南城市居住文化的建构进行实践策略的探索。但总的方向还是在当今新型城镇化与全球化和信息化的语境下找寻走向本真的岭南城市新居住文化精神，这也是当代岭南城市走向"宜居"目标的迫切要求。

第一节　新型城镇化背景下的岭南城市居住发展目标——"宜居"

城市与社区的"适宜居住性"当前越来越得到人们的关注，特别是20世纪90年代"新都市主义"的兴起，引起对现代功能主义城市的反思，新都市主义批判了现代主义缺乏城市生活、丧失社会意识和社区意识，强调要重新定义城市、社区的意义和形式，创造新一代的城市和住宅。具体做法是恢复传统社区设计中的社区形成原则，以小的群落建构方式寻回往日亲切的市民生活空间，包括人性尺度的街道、邻里关系、公共空间。实际上就是以"人"重新作为城市尺度的衡量标准，使城市与人的关系更加和谐。

"适宜居住性"的概念具有较广泛的含义，包括安全与健康、居住环境质量、社会交往质量、享受休闲娱乐、审美体验和现存的独特的文化和自然环境资源等。它不但使一个城市或社区充满活力和吸引力，而且居民生活愉快并对城市或社区感到自豪。社区邻里和睦，设施完善，配套齐全。社区环境宜人，建筑精美，有独特的反映城市地域和社区特色的标志性的人文景观。总之，"适宜居住性"就是要求城市或社区具有健康向上的城市居住文化。

宜居城市（Livable Cities）在1996年的联合国第二届世界人居大会"可持续的人居环境"中得到系统发展。居住文化内涵丰富、自然生态良好的城市人居环境是人的需要，也是城市适宜居住的重要特征，并与可持续发展的城市形态和结构密切相关。2000年岭南地区中心城市广州编制了城市总体发展战略规划，其中明确提出了"适宜创业发展，适宜居住生活"的城市发展理念。"宜居城市"概念首次在国内提出，随后全国各地许多城市都将"宜居城市"作为未来城市的建设发展目标。

那么，"宜居城市"的概念是什么？我们认为"宜居城市"体现了城市居住建设和发展体现了以"物"为中心向以"人"为中心的转变，城市拥有舒适的居住条件、良好的生态环境、富有活力的社区氛围、完善的生活设施、完备的社会保障、安全的社会治安与和谐的人际关系。在此背景下，居民开始追求更高水准的生活品质，宁静、舒适、安全、和谐的"宜居城市"环境和独具特色的城市居住文化。"宜居城市"的标准并非城市的大小、硬件的好坏，更重要的是城市居住文化的培育、当地居民对城市的满意度和忠诚度。因此，"宜居"更是一种理念、一种和谐和一种文明。

2008年广州市市委市政府提出对于"宜居城市"建设的具体目标是："必须以'生态优先，宜居为重'的总要求统领城市规划建设"；"加大环境整治，高水平实施'青山绿水、碧水蓝天'工程，推动生态建设从'绿化'向'美化'和'艺术化'提升"，"以实施'花园城市'建设行动纲要，促进生态文明建设"[①]。2011年广州市又召开了"传承和弘扬岭南建筑文化研讨会"，明确提出积极推进岭南特色宜居城乡建设的努力目标。因此，"宜居"的岭南城市的前景必然是"文化传承、安居乐业"的幸福城市。

2013年12月，中共中央召开了城镇化工作会议，提出了推进城镇化的主要任务；提出强调以人为核心的城镇化，进而提出："以人为本、优化布局、生态文明和传承文化"四条基本原则。2014年3月，又公布了《国家新型城镇化规划（2014-2020）》，在推进新型城镇化的过程中，要求"要发掘城市文化资源，强化文化传承和创新，促进传统文化与现代文化、本土文化与外来文化的交融，把城市建设成为历史底蕴厚重，时代特色鲜明的人文魅力空间，形成多元开放的现代城市文化"。[②]因此，在新型城镇化背景下，要注重文化生态的整体保护，留住存续城市文化记忆。人居环境建设应做到"看得见山、望得见水、留得住乡愁"，这也是为"宜居"城市描绘了生动美好的前景。

2014年9月，广东省住建厅网站公布了广东省住建厅和广东省发改委就《广东省新型城镇化规划（2014-2020年）》征求意见，提出2020年前1300万转移人口落户城镇。这给岭南城市人居环境的建设又带来了新的机遇和挑战。

新型城镇化背景下的岭南"宜居"城市建设的目标就是要传承岭南城市居住文化，展现地域自然人文特色，让城市具有亲和力和凝聚力，让居民拥有归属感和幸福感。这些目标体现了中央和地方政府对"宜居城市"建设和发展的重视，也可以作为当代岭南城市居住文化建构的努力奋斗的方向。孔子曰"仁以为己任"，作为建筑师，我们应牢记和履行自己的社会责任，推动"人人有适宜的住房"的贯彻和实施，关注岭南城市居住文化的建构，积极参与社会居住的变革和转型，努力使所有的人得以安居，这也是我们的宏观目标与现实选择。

第二节　全球化和信息化时代的岭南城市居住文化

全球化时代的数字化和信息化生存方式所带来的一系列变化，如信息来源的非集中化、信息生产和消费的平民化、交往的平等化和自由化、政治的非神圣化等，特别是移动互联网时代信息的对称与透明，已经给当代岭南城市社会居住生存方式和生活模式带来较大的冲击和震撼，也对岭南城市居住文化的重新建构带来深远的影响。

全球化时代的世界范围内的文化整合是一种不可抗拒的历史潮流，它在人类的一些基本的文化精神和价值层面上造成一种越来越有力的共同性和认同感。这种文化整合与共同文化的生成，一方面来自经济全球化以及国际范围内交往的客观要求，另一方面则越来越成为各个民族和人们自觉的和主动的价值选择。而现代信息技术的发展所支撑的数字化和网络化生存方式则为这种文化整合与共同文化的生成奠定了基础，并加速了全球化的进程。

当前信息化社会的来临以及可持续发展生态观的确立，使城市居住空间面临新的发展背景和机制，城市居住的郊区化日趋明显，同时以数字化生存方式为依托，居民生活和交往模式也有新的转变，社会各界大力倡导互联、互通、共享，居民不仅仅关注住房本身，更关心围绕居住的一系列生活服务，以及邻里间互动的社区氛围，关心各自的居住体验，因此城市居住文化模式也将发生新的变化。

全球化和信息化时代的文化整合和共同文化的生成，以及多元文化的互动形成了一种关系到人类生存和人类社会发展的共同的价值取向和价值追求。在全球化文化的开放与交流中，一方面促使共同文化的健康发展，形成人类社会发展的共同的文化氛围和肌理；另一方面也使个人自身文化得到修正、丰富与完善。

在这种全球化和信息化时代的岭南城市居住文化中，个人的作用虽然大大发挥，但居民还是急切追求人际情感的沟通，追求精神生活的圆满。例如广州的"小米公寓"（YOU+国际青年公寓）就是在互联网时代的创新的居住类型，人们在网络虚拟平台上交流联谊、在居住实体空间里交往互助，整个公寓有重现传统居住"熟人社会"的温馨感和归属感。这时城市居住的主体性不再是极端个体化，而是与人的发展完善相统一。城市社会居住活动不再简单地指向对自然环境的征服，而是作为具有超越性和创造性的人的生命活动的一部分，推动一个开放的岭南城市居住全新的历史进程。当今信息社会人的数字化生存的现状，以及"个性化定制"，"扁平化设计"理念的普及，特别是在新常态时期"大众创业、万众创新"的氛围下，使得城市居住交往主体性日趋合理化和理性化，岭南城市居住文化精神也更趋平等化和平民化。城市"公民社会形态"的不断成熟和完善，催生了合理的理性与人之主体性相结合，使"理性主义"不再成为人的居住活动的一种外在的支配力量，而是与"人本主义"一起构成岭南人的居住生活世界的内在的精神动力。

全球化信息化的进程并没有否定岭南城市过去百余年现代化进程所追求的城市居住文化转型的目标，即确立现代理性主义居住文化模式，以取代岭南传统自然主义和经验主义的居住文化模式。而是使岭南城市城居住文化理性启蒙的目标和内涵更加合理化，能够更加自觉地汲取发达国家的现代化城市居住实践的历史经验和教训，吸收全球化的先进的城市居住文化价值内涵。只有这样才能促进走向本真的岭南城市新居住文化精神内涵的探求。

第三节　走向本真的岭南城市新居住文化精神内涵

当代岭南城市"新居住文化精神"的建构，当然主要是针对城市居住现状而言。目前岭南城市居住文化正面临着十分严峻的现象，在这里城市居住文化价值信念和价值理性的偏差，使居住建筑的创作和评价失去了内在的依据和准则，日益为外在商业利益的价值目标和力量所左右。在这里，大量的城市居住建筑行为和思想都不再是经过城市居住文化价值判断的选择，而充满随意性。实际上，岭南居住建筑活动无论是理论还是创作都缺乏真正的自由，表面喧嚣和繁荣的居住景象背后是居住建筑活动的盲目、混乱、肤浅和空洞。在这里，本体的追求遭到拒斥，对城市居住文化的生命价值与精神深度的探求在无意义的话语和操作中遭到消解。在这里，对消费文化的时尚风格和先锋流派的追逐，对外表形式和浮华装饰的热衷代替了对城市居住建筑基本目标的追求。这种局面造成了当代岭南城市居住建筑活动日益丧失其居住文化的超越性和创造性，而走向一种"平面化"的大众文化模式，使岭南城市居住活动挟裹着一种虚无主义的文化精神，与"诗意地安居"渐行渐远。

面对这种城市居住文化危机，人们期盼真诚和真实的岭南城市居住文化，实际上就是期盼当代岭南城市居住文化走向本真，走向人性的返璞归真。这既是对当前城市居住文化现状的一种反抗，也是对人的生命价值和意义的一种追求，其本身就反映了人的生命活动与城市居住环境之间本质的永恒的相互关系。岭南城市居住文化活动，必将重新以人的生存和生活意义作为自身发展与进步的标尺。当前，人们对岭南城市居住文化的重新关注和研究，使得岭南城市居住建筑活动开始由"物本位"向"人本位"的思想转变，以及由无意义和深度的居住建筑语境重新向追求人文精神的转化，这也显示了岭南城市居住文化发展的必然方向。

走向本真的居住生活一方面意味着人与自然环境是一个和谐的整体，另一方面也表明，本真的居住环境建设只有通过本真的技术才能实现。本真的技术是给予和美化生活，而不是对生活世界的挑战和征服。居住场所是居住生活发生的主要地方，对一个居住场所的真正感受需要较长时间重复性的日常生活和经验的积累才能获得，尤其是城市居住环境的体验有赖于生活其中的人的生活方式和态度。居住场所需要创造和经营，只有熟悉它、经营它，赋予其生活的本真意义，才能创造自己的生活世界。

岭南传统园林建筑向来讲求"求真而传神，务实而写意"，因此，新的岭南城市居住文化的建构应秉承这种"求真务实"的文化精神。"走向本真"首先应当"去伪存真"，是岭南城市居住文化的价值理念的建构，是城市居住生活态度与生命意识的建构。通过这种建构，使当代岭南人——不仅是建筑工作者，更主要是广大公众——充分认识和理解城市居住建筑对于人的生命活动和生活世界的价值和意义，才有可能对当代岭南城市居住文化重新进行有意义的价值选择和精神定位，从而使当代岭南城市居住建筑活动走出价值取向的偏差，重建居住精神价值的新框架，使当代岭南城市居住环境真正成为人们"诗意地安居"的家园。

在当今全球化信息化的趋势下，为了让岭南城市居民拥有自己的物质的和精神的"家园"，创造适应新的居住生活需求、同时又具有地域文化特质的当代岭南城市居住文化显得尤为重要。走向本真的岭南城市居住文化重建，就是要重塑本真的岭南城市居住环境，重新赋予居住场所以岭南城市居住的"场所精神"。在形态空间层面，岭南城市在历史中形成了独特的居住空间形态特征与传统，应批判地继承并使之适应新居住生活需求。如近年岭南城市居住实践证明，"庭园空间"、"生活街道"、"社区中心"、"情境居所"等居住空间要素仍是理想的城市居住社区所必备的。在社会文化层面，岭南传统的守望相助、里仁为美等居住邻里观念也可以在新时期焕发新的生机。当前岭南城市居民来自全国各地，新客家人较多，异质程度较高。因而需要通过组织多样化社区公共活动，扩大居民主体间的交往，使居民加快融入居住社区，增强其归属感和认同感。

总而言之，走向本真的岭南城市新居住文化精神内涵，就是以人的现代化和城市居住文化转型为核心，重新建构岭南城市居住文化哲学，对岭南城市文化理论走向深化和岭南城市社会发展走向健全具有十分重要的意义。我们可以依据岭南城市居住的历史进程和社会发展趋势，确定岭南城市居住文化精神内涵。其主要内涵是理性主义和人本主义，而人的现代化是最重要的核心部分，只有实现岭南人的现代化，提高全体市民的文化素质和道德修养，才能创造走向本真的岭南城市新居住文化。

在岭南城市的历史进程的漫漫长路中，岭南人一直为拥有一个理想的居住场所而上下求索，岭南城市居住文化的重建就是为了给渴望安居的人们带来新的希望和慰藉。我们坚信只要关注人的存在与生命的意义和价值，重新回归生活世界，真正做到人与自然和谐共生，使居住建筑活动凸现人的真正本质和品质，使建成的城市居住环境成为人自由生活的新天地，岭南城市居住文化实现"天人合一"、"诗意安居"的居住梦想的那一天一定不会遥远。

[注释]

① 中共广州市委、广州市人民政府．关于推动广州科学发展建设全省"首善之区"的决定[N]．广州日报，2008年7月7日．A1版．

② 王建国．新型城镇化背景下中国建筑设计创作发展路径刍议[J]．建筑学报，2015，02:9.

参考文献

[1] 衣俊卿. 文化哲学——理论理性和实践理性交汇处的文化批判[M]. 昆明：云南人民出版社，2001.

[2] （德）海德格尔. 人，诗意地安居——海德格尔语要[M]. 郜元宝. 桂林：广西师范大学出版社，2002.

[3] （德）马克思. 1844年经济学——哲学手稿[M]. 北京：人民出版社，1979.

[4] 张岱年、方克立. 中国文化概论[M]. 北京：北京师范大学出版社，1994.

[5] 庄锡昌等. 多维视野中的文化理论[M]. 杭州：浙江人民出版社，1987.

[6] 《辞海》缩印本[Z]. 上海：上海辞书出版社，1980.

[7] 胡适. 胡适选集[M]. 天津：天津人民出版社，1991.

[8] 罗荣渠. 从"西化"到现代化[M]. 北京：北京大学出版社，1990.

[9] 李建平. 丧经·宅经·周易[M]. 郑州：中州古籍出版社，2002.

[10] 吴庆洲. 建筑哲理、意匠与文化[M]. 北京：中国建筑工业出版社，2005.

[11] 吴良镛. 人居环境科学导论[M]. 北京：中国建筑工业出版社，2001.

[12] 吴良镛. "人居二"与人居环境科学[J]. 城市规划，1997，3.

[13] 吴良镛. 广义建筑学[M]. 北京：清华大学出版社，1989.

[14] 吴良镛. 明日之人居[M]. 北京：清华大学出版社，2013.

[15] 张宏. 从家庭到城市的住居学研究[M]. 南京：东南大学出版社，2002.

[16] 张宏. 中国古代住居与住居文化[M]. 武汉：湖北教育出版社，2006.

[17] （日）稻叶和也、中山繁信. 图说日本住居生活史[M]. 刘缵. 北京：清华大学出版社，2010.

[18] （日）光藤俊夫、中山繁信. 住居的水与火[M]. 刘缵. 北京：清华大学出版社，2010.

[19] （日）后藤久. 西洋住居史：石文化和木文化[M]. 林铮凯. 北京：清华大学出版社，2011.

[20] （日）布野修司. 世界住居[M]. 胡慧琴. 北京：中国建筑工业出版社，2010.

[21] Christian Norberg-Schulz.Genius Loci——Towards a Phenomenology of Architecture[M]. New York: Rizzoli International Publications,Inc.,1979.

[22] Douglas Kelbaugh. Common Place neighborhood and Reigional Design[M]. Washington: University of Washington Press, 1997.

[23]　Christopher Alexander.A Pattern Language[M].New York:Oxford University Press 1977.

[24]　Correa.Charles Correa.Housing and Urbanization[M].London:Thames and Hudson, 2000.

[25]　C.Rowe & F.Koetter.Collage City[M].Cambridge, MA:MIT Press 1978.

[26]　David Seamon & Robert Mugeraure.Dwelling, Place and Environment——Towards a Phenomenology of Person and World[M]. Dordrecht:Martinus Nijhoff Publishers, 1985.

[27]　DoloresHayden.The Power of Place: Urban Landscapes as Public History[M]. Cambridge, MA: MIT Press 1997.

[28]　杨万秀、钟卓安．广州简史[M]．广州：广东人民出版社，1996．

[29]　陈泽泓．广府文化[M]．广州：广东人民出版社，2007．

[30]　李权时、李明华、韩强．岭南文化[M]．广州：广东人民出版社，2010．

[31]　（德）蓝德曼．哲学人类学[M]．北京：工人出版社，1988．

[32]　（德）雅斯贝尔斯．历史的起源和目标[M]．北京：华夏出版社，1989．

[33]　（美）刘易斯·芒福德．城市发展史——起源、演变和前景[M]．宋俊岭 倪文彦．北京：中国建筑工业出版，2005．

[34]　（美）卡斯腾·哈里斯．建筑的伦理功能[M]．申嘉等．北京：华夏出版社，2001．

[35]　杨新民．原始建筑的本质及其现代启示[J]．建筑师（47）．

[36]　杨鸿勋．中国早期建筑的发展[C]．建筑历史与理论，1980．1：114．

[37]　杨鸿勋．中国古代居住图典[M]．昆明：云南人民出版社，2007．

[38]　余英．中国东南系建筑区系类型研究[M]．北京：中国建筑工业出版社，2001．

[39]　陆元鼎、魏彦钧．广东民居[M]．北京：中国建筑工业出版社，1990．

[40]　陆元鼎．中国民居建筑[M]（上、中、下卷）．广州：华南理工大学出版社，2003．

[41]　汤国华．岭南历史建筑测绘图选集[M]．广州：华南理工大学出版社，2001．

[42]　陆琦．广东民居[M]．北京：中国建筑工业出版社，2012．

[43]　陆琦．广府民居[M]．广州：华南理工大学出版社，2013．

[44]　陆琦等．岭南建筑文化论丛[M]．广州：华南理工大学出版社，2010．

[45]　王玉德等．宅经[M]．北京：中华书局，2011．

[46]　（英）B.马林诺夫斯基．文化论[M]．北京：华夏出版社，2002．

[47]　（英）B.马林诺夫斯基．科学的文化理论[M]．北京：中央民族大学出版社，1999．

[48]　（法）列维·布留尔．原始思维[M]．丁由．北京：商务印书馆，1981．

[49]　（德）马克思、恩格斯．马克思恩格斯选集[M]．北京：人民出版社，1972．

[50]　（德）马克思、恩格斯．马克思恩格斯全集[M]．北京：人民出版社，1979．

[51]　彭努等．现象学与建筑的对话[M]．上海：同济大学出版社，2009．

[52]　沈克宁．建筑现象学[M]．北京：中国建筑工业出版社，2007．

[53]　（挪威）诺伯格·舒尔茨．西方建筑的意义[M]．李路珂等．北京：中国建筑工业出版社，

2005.

[54]　（挪威）诺伯格·舒尔茨．存在·空间·建筑[M]．尹培桐．北京：中国建筑工业出版社，
　　　1990.

[55]　（挪威）诺伯舒兹．场所精神——迈向建筑现象学[M]．施植明．台北：尚林出版社，
　　　1986.

[56]　（挪威）诺伯格·舒尔茨．场所精神——关于建筑想象学．前言[J]．汪坦．世界建筑，
　　　1986，6.

[57]　（挪威）克里斯蒂安·诺伯格·舒尔茨．居住的概念——走向图形建筑[M]．北京：中国建
　　　筑工业出版社，2012.

[58]　（挪威）克里斯蒂安·诺伯格·舒尔茨．建筑——存在、语言和场所[M]．北京：中国建筑
　　　工业出版社，2013.

[59]　（挪威）诺伯格·舒尔茨．含义，建筑和历史[J]．薛求理．新建筑，1986．2：41-47.

[60]　（美）阿摩斯·拉普卜特．建成环境的意义——非言语表达方法．黄兰谷等．北京：中国
　　　建筑工业出版社，2003.

[61]　（美）阿摩斯·拉普卜特．宅形与文化[M]．常青等．北京：中国建筑工业出版社，2007.

[62]　（美）阿摩斯·拉普卜特．文化特性与建筑设计[M]．常青等．北京：中国建筑工业出版社，
　　　2004.

[63]　（加拿大）简·雅各布斯．美国大城市的死与生[M]．金衡山．南京：译林出版社，2005.

[64]　（美）C．亚历山大．城市并非树形[J]．严小婴．建筑师，24.

[65]　陈占祥．雅典宪章与马丘比丘宪章述评[J]．建筑师，1980，4.

[66]　陈立旭．都市文化和都市精神——中外城市文化比较[M]．南京：东南大学出版社，2002.

[67]　张鸿雁．城市形象与城市文化资本论——中外城市形象比较[M]．南京：东南大学出版社，
　　　2002.

[68]　（德）海德格尔．存在与时间[M]．陈嘉映．北京：生活·读书·新知三联书店，2006.

[69]　（美）克利福德·格尔茨．文化的解释[M]．韩莉．南京：译林出版社，1999.

[70]　（英）迈克·费瑟斯通．消费文化与后现代主义[M]．刘精明．南京：译林出版社，2000.

[71]　（德）埃德蒙德·胡塞尔．生活世界现象学[M]．倪梁康　张廷国．上海：上海译文出版社，
　　　2005.

[72]　（德）埃德蒙德·胡塞尔．欧洲科学危机和超验现象学[M]．张庆熊．上海：上海译文出版
　　　社，2005.

[73]　王振林．解析与探索——哲学领域中的主体际交往[J]．人文杂志，2000，3.

[74]　（德）阿尔弗雷德·许茨．社会实在问题[M]．霍桂桓等．北京：华夏出版社，2001.

[75]　衣俊卿．文化哲学十五讲[M]．北京：北京大学出版社，2004.

[76]　衣俊卿．回归生活世界的文化哲学[M]．哈尔滨：黑龙江人民出版社，2000.

[77]　衣俊卿. 现代化与日常生活批判[M]. 哈尔滨: 黑龙江教育出版社, 1994.

[78]　（匈）阿格妮丝·赫勒. 日常生活[M]. 衣俊卿. 重庆: 重庆出版社, 1990.

[79]　（美）C. 恩伯、M. 恩伯. 文化的变异[M]. 沈阳: 辽宁人民出版社, 1988.

[80]　（美）菲利普·巴格比. 文化: 历史的投影[M]. 上海: 上海人民出版社, 1987.

[81]　（德）奥斯瓦尔德·斯宾格勒. 西方的没落[M]上、下卷. 1963年版. 北京: 商务印书馆,
　　　　1995.

[82]　[英]阿诺德·汤因比. 历史研究[M]. 刘北成 郭小凌. 上海: 上海人民出版社, 2000.

[83]　（英）泰勒. 原始文化[M]. 上海: 上海文艺出版社, 1992.

[84]　（德）雅斯贝尔斯. 历史的起源和目标[M]. 北京: 华夏出版社, 1989.

[85]　（美）R. E. 珀克、伯吉斯、麦肯齐. 城市社会学[M]. 宋俊岭等. 北京: 华夏出版社,
　　　　1987.

[86]　（德）霍克海默. 批判理论[M]. 重庆: 重庆出版社, 1989.

[87]　（美）马尔库塞. 单向度的人[M]. 刘继. 上海: 上海译文出版社, 2006.

[88]　（美）露丝·本尼迪克特. 文化模式[M]. 杭州: 浙江人民出版社, 1987.

[89]　（美）露丝·本尼迪克特. 菊花与刀[M]. 杭州: 浙江人民出版社, 1987.

[90]　（美）弗洛姆. 逃避自由[M]. 北京: 北方文艺出版社, 1987.

[91]　（德）恩斯特·卡西尔. 人论[M]. 上海: 上海译文出版社, 1985.

[92]　（法）萨特. 存在主义是一种人道主义[M]. 上海: 上海译文出版社, 2005.

[93]　梁漱溟. 东西文化及其哲学[J]. 东方杂志, 第19卷第3号.

[94]　梁漱溟. 中国文化要义[M]. 上海: 学林出版社, 1987.

[95]　林语堂. 中国人[M]. 北京: 学林出版社, 1994.

[96]　费孝通. 乡土中国 生育制度[M]. 北京: 北京大学出版社, 1998.

[97]　（美）C·克鲁克洪. 文化与个人[M]. 高佳等. 杭州: 浙江人民出版社, 1986.

[98]　（美）沙里宁. 城市: 它的发展、衰败和未来[M]. 顾启原. 北京: 中国建筑工业出版社,
　　　　1986.

[99]　（美）肯尼斯·弗兰姆普敦. 现代建筑: 一部批判的历史[M]. 张钦楠等. 北京: 生活·读
　　　　书·新知三联书店, 2004.

[100]　司徒尚纪. 广东文化地理[M]. 广州: 广东人民出版社, 1993.

[101]　龚伯洪. 广府文化源流[M]. 广州: 广东高等教育出版社, 1999.

[102]　叶春生. 岭南民间文化[M]. 广州: 广东高等教育出版社, 2000.

[103]　中国城市活力研究组. 广州的性格[M]. 北京: 中国经济出版社, 2005.

[104]　陆元鼎. 岭南人文·性格·建筑[M]. 北京: 中国建筑工业出版社, 2005.

[105]　周霞. 广州城市形态演进[M]. 北京: 中国建筑工业出版社, 2005.

[106]　陆琦. 岭南造园与审美[M]. 北京: 中国建筑工业出版社, 2005.

[107]　陆琦. 岭南私家园林[M]. 北京: 清华大学出版社, 2013.

[108]　刘管平. 岭南园林[M]. 广州: 华南理工大学出版社, 2013.

[109]　唐孝祥. 岭南近代建筑文化与美学[M]. 北京: 中国建筑工业出版社, 2010.

[110]　杨宏烈. 岭南骑楼建筑的文化复兴[M]. 北京: 中国建筑工业出版社, 2010.

[111]　彭长歆. 现代性·地方性——岭南城市与建筑的近代转型[M]. 上海: 同济大学出版社,
　　　　2012.

[112]　吴庆洲. 广州建筑[M]. 广州: 广东省地图出版社, 2000.

[113]　刘致平. 中国居住建筑简史[M]. 北京: 中国建筑工业出版社, 1990.

[114]　吕俊华等. 中国现代城市住宅: 1840—2000[M]. 北京: 中国建筑工业出版社, 2003.

[115]　徐千里. 创造与评价的人文尺度: 中国当代建筑文化分析与批判[M]. 北京: 中国建筑工
　　　　业出版社, 2000.

[116]　聂兰生等. 21世纪中国大城市居住形态解析[M]. 天津: 天津大学出版社, 2004.

[117]　王彦辉. 走向新社区: 城市居住社区整体营造理论与方法[M]. 南京: 东南大学出版社,
　　　　2003.

[118]　王振复. 中国建筑的文化历程: 东方独特的大地文化[M]. 上海: 上海人民出版社, 2006.

[119]　丁俊清. 中国居住文化[M]. 上海: 同济大学出版社, 1997.

[120]　曹炜. 中日居住文化: 中日传统城市住宅的比较[M]. 上海: 同济大学出版社, 2002.

[121]　(意) 路易吉·格佐拉. 凤凰之家: 中国建筑文化的城市与住宅[M]. 刘临安. 北京: 中国
　　　　建筑工业出版社, 2003.

[122]　单霁翔. 从"功能城市"走向"文化城市"[M]. 天津: 天津大学出版社, 2007.

[123]　杨德昭. 新社区与新城市: 住宅小区的消逝与新社区的崛起[M]. 北京: 中国电力出版
　　　　社, 2006.

[124]　王受之. 当代商业住宅区的规划与设计: 新都市主义论[M]. 北京: 中国建筑工业出版
　　　　社, 2001.

[125]　论文集编委会. 21世纪中国城市住宅建设——内地·香港21世纪中国城市住宅建设研讨
　　　　论文集[M]. 北京: 中国建筑工业出版社, 2003.

[126]　秦红岭. 建筑伦理意蕴[M]. 北京: 中国建筑工业出版社, 2006.

[127]　沈克宁. 建筑现象学[M]. 北京: 中国建筑工业出版社, 2008.

[128]　(丹) 扬·盖尔. 交往与空间[M]. 第四版. 何人可. 北京: 中国建筑工业出版社, 2002.

[129]　(英) 克利夫·芒福汀. 街道与广场[M]. 第二版. 张永刚等. 北京: 中国建筑工业出版社,
　　　　2004.

[130]　(英) 大卫·路德林等. 营造21世纪的家园——可持续的城市邻里社区[M]. 王健等. 北
　　　　京: 中国建筑工业出版社, 2002.

[131]　(美) 凯文·林奇. 城市意象[M]. 方益萍等. 北京: 华夏出版社, 2001.

[132]　（丹）S. E. 拉斯姆森. 建筑体验[M]. 刘亚芬. 北京：知识产权出版社，2002.

[133]　（法）勒·柯布西耶. 走向新建筑[M]. 陈芯华. 西安：陕西师范大学出版社，2004.

[134]　（美）罗伯特·文丘里. 建筑的复杂性与矛盾性[M]. 周卜颐. 北京：中国水利电力出版社：知识产权出版社，2006.

[135]　（清）屈大钧. 广东新语[M]（上、下）. 北京：中华书局，1999.

[136]　宗白华. 美学散步[M]. 上海：上海人民出版社，1981.

[137]　李庆霞. 社会转型中的文化冲突[M]. 哈尔滨：黑龙江人民出版社，2004.

[138]　邓正来、（美）杰弗里·亚历山大. 国家与市民社会：一种社会理论的研究路径[M]. 上海：上海人民出版社，2006.

[139]　王建国. 城市设计[M]. 南京：东南大学工业出版，2000.

[140]　方可. 当代北京旧城更新：调查·研究·探索[M]. 北京：中国建筑工业出版，2000.

[141]　刘先觉. 现代建筑理论[M]. 北京：中国建筑工业出版，2000.

[142]　程建军. 藏风得水：风水与建筑[M]. 北京：中国电影出版社，2005.

[143]　单小军、贺承军. 走向新住宅：明天我们住在哪里？[M]. 北京：中国建筑工业出版社，2001.

[144]　王受之. 骨子里的中国情结[M]. 哈尔滨：黑龙江美术出版社，2004.

[145]　王受之. 纵情现代[M]. 哈尔滨：黑龙江美术出版社，2005.

[146]　罗哲文. 中国古园林[M]. 北京：中国建筑工业出版社，1999.

[147]　时国珍 主编. 中国风：新本土居住典[M]. 北京：中国城市出版社，2005.

[148]　广州市唐艺文化传播有限公司. 中式住宅[M]. 大连：大连理工大学出版社，2007.

[149]　王健. 广府民系民居建筑与文化研究[D]（博士论文）. 广州：华南理工大学，2002.

[150]　戴颂华. 中西居住形态比较研究——源流·交融·演进[D]（博士论文）. 上海：同济大学，2000.

[151]　刘宇波. 生态地域观[D]（博士论文）. 广州：华南理工大学，2002.

[152]　陈世民. 健康住宅的生态性与文化性——时代呼唤第五代城市住宅[G]. 广东省注册建筑师协会通讯，2004，2：18~29.

[153]　赖振寰. 朱子碑楼辑存. 徐俊鸣. 广州都市的兴起及其早期发展. 岭南历史地理论集[J]. 广州：中山大学学报编辑部，1990（11）：4.

[154]　（德）M·海德格尔. 建·居·思[J]. 陈伯冲. 建筑师，47.

[155]　郑振紘. 岭南建筑的文化背景和哲学思想渊源[J]. 建筑学报，1999，9.

[156]　王路. 论居住[J]. 建筑学报，2001，12.

[157]　王紫雯、涂银霞. 城市居住环境中的人文要素研究[J]. 建筑学报，2002，1.

[158]　吴燮坤、曹涵棻. 城市住宅的人文景观[J]. 建筑学报，2002，3.

[159]　单军. 城里人、城外人——城市地区性的三个人文解读[J]. 建筑学报，2001，11.

[160]　许安之. 后小康居住模式展望[J]. 建筑学报，2000，4.

[161]　邹颖、卞洪滨. 对中国城市居住小区模式的思考[J]. 世界建筑，2000，5.

[162]　窦以德. 回归城市——对住区空间形态的一点思考[J]. 建筑学报，2004，4：8.

[163]　佟裕哲. 居住文化精华的继承与延续[J]. 建筑学报，2005，4：8.

[164]　设计选例. 万科·蓝山，万科·第五园，万科·17英里[J]. 世界建筑，2006，3：42-62.

[165]　王毅. 中国城市住宅20年变奏[J]. 建筑学报，2008，1.

[166]　黄捷. 岭南城市居住文化特质的再现——广州亚运城媒体村设计[J]. 建筑学报，2009（02）.

[167]　郑时龄. 建筑与城市共生[J]. 建筑学报，2015（02）：5.

[168]　王建国. 新型城镇化背景下中国建筑设计创作发展路径刍议[J]. 建筑学报，2015（02）：9.

后　记

　　本书是在本人的博士论文《岭南城市居住文化研究》基础上进行修订完成的，增补了部分内容，有些章节也作了一定的调整和删减。在这次修订中广东工业大学建筑与城市规划学院副教授王瑜和北京市建筑设计研究院有限公司华南设计中心建筑师孙竹青参与了部分工作。

　　衷心感谢恩师何镜堂院士多年来对我的悉心指导！先生平易近人、虚怀若谷，对建筑事业的不懈追求，对弟子慈父般的关怀感染着身边的每一个人。在攻读博士学位过程以及一直以来的教学中，先生在理论学习、工程实践、人品塑造等各方面的表率和指导使我终身受益。在写作过程中，先生高屋建瓴的理论修养和求真务实的学术精神使我深受启发和鼓舞，并克服繁忙的在职工作中各种困难，最终完成博士论文撰写。感谢师母李绮霞高级建筑师在我读博期间给予的各种关照。

　　感谢吴庆洲教授、孟建民教授、孙一民教授、肖大威教授、王鲁民教授在繁忙的工作中拨冗对论文的认真评阅，并提出宝贵的建议使本文更趋完善。

　　感谢华南理工大学建筑设计院陶郅副院长、倪阳副院长、郭卫宏书记、汤朝晖副总建筑师以及建筑系刘宇波主任的鼓励与支持。

　　感谢我的同学陈际凯博士、蒋涛博士、陈军博士、姜洪庆博士、王扬博士、赵勇伟博士等，多年同窗我们结下了深厚友谊，我们共同求学的每一天，都是珍贵的回忆！

　　感谢所有在我攻读博士学位期间和平时工作研究中帮助过我的朋友、同事和客户，特别是我的老同事宋凯宏书记、黄泰赟副总经理、曹栩总建筑师、伍晖虹主任、张桂玲高级建筑师等。

　　感谢北京市建筑设计研究院有限公司朱小地董事长、徐全胜总经理、陈杰副总经理、张宇副总经理、邵韦平执行总建筑师、郑昕部长、马跃所长等领导对我和我的团队的认可，让我们有机会成为BIAD这个大家庭中的一员，给我们提供了更大的事业平台。

　　还要感谢我的家人的关爱：感谢父亲黄见德和母亲漆兰芬，作为华中科技大学教授及博士导师，他们严谨和刻苦的治学精神让我终身受益；感谢我的妻子王瑜和儿子黄逸成，他们在我漫长的攻读博士学位期间，默默地支持和鼓励我，使我能够坚持下来，全身心投入学习研究工作中，并最终完成本书写作。

最后感谢华南理工大学德高望重的陆元鼎教授，他一直关心和鼓励我修订和出版本书；感谢中国建筑工业出版社的各位编辑，帮助我实现了出版的愿望。

黄捷

2015年4月11日北京市建筑设计研究院有限公司华南设计中心成立一周年之际